WOLF-DIETER STORL

Die Magie der SONNEN-WENDEN

Unsere Pflanzen und ihre Bedeutung für Brauchtum, Symbolik und Rituale

WOLF-DIETER STORL

Die Magie der SONNEN-WENDEN

Unsere Pflanzen und ihre Bedeutung für Brauchtum, Symbolik und Rituale

Inhalt

Die Natur verbirgt Gott!
Aber nicht jedem!

JOHANN WOLFGANG VON GOETHE
MAXIMEN UND REFLEXIONEN

WINTERSONNENWENDE, JUL ODER WEIHNACHTSZEIT 72

Der kosmische Puls der Natur

Das Wirkliche ist ebenso zauberhaft, wie das Zauberhafte wirklich ist.

ERNST JÜNGER
SIZILIANISCHER BRIEF AN DEN MANN IM MOND

VIELE FESTE, DIE die Menschen feiern, sind einfach erdacht, sind Kopfgeburten, kulturelle Konstruktionen – etwa die Nationalfeiertage, Heldengedenktage und Kirchenfeiertage, wie zum Beispiel der Valentinstag oder Fronleichnam. Der amerikanische *Thanksgiving Day,* der spät im Jahr, am 4. Donnerstag im November,[1] zelebriert wird, wenn es nichts mehr zu ernten gibt, gehört auch dazu. Dagegen gibt es Feste, die von der Natur vorgegeben sind, die Ausdruck der kosmischen Rhythmen sind und sich mit diesen im Einklang befinden. Viele Feste der naturnahen Völker waren von dieser Art, etwa die Zeit des Lachszuges oder die Zeremonien zum Auftakt der winterlichen Bisonjagd der Prärieindianer; für die alten Ägypter war es die mit dem Sichtbarwerden des Hundssterns (Sirius) verbundene Nil-Flut, die dem Land Fruchtbarkeit brachte; für die Japaner ist es das Kirschblütenfest *(Hanami* = »Blüten betrachten«), das den Abschied vom Winter, die Schönheit und die Vergänglichkeit feiert. Für die Völker der nördlichen geografischen Breiten, von Europa bis nach Ostasien und Nordamerika, waren besonders die Sonnenwenden von überragender Bedeutung. Im bäuerlichen Jahr markierte der Mittsommer den Übergang von der Zeit des Wachsens und Blühens in die des Reifens und Fruchtens. Zur Wintersonnenwende dagegen kommt die Natur zur Ruhe und nimmt die kristallinen Kräfte des Sternenhimmels auf. Die Sonnenwenden wurden in China seit Jahrtausenden ausgiebig gefeiert. Der Kaiser, der »Sohn des Himmels«, zog sich zur Wintersonnenwende in den kaiserlichen Tempel »in der Mitte des Universums« zurück und holte mittels eines komplizierten schamanischen Rituals den Himmel auf den Altar herab. Somit würde das kommende Jahr harmonisch verlaufen. In China

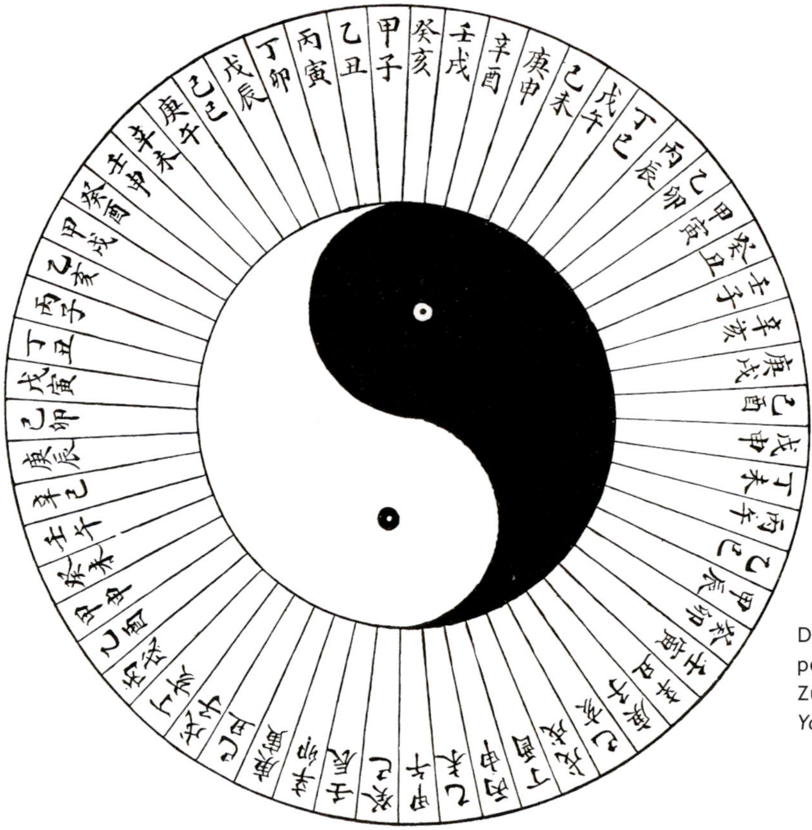

Die Sonnenwenden sind perfekter Ausdruck des Zusammenspiels der *Yin-Yang*-Kräfte in der Natur.

bedeutet die Sommersonnenwende die Fülle der hellen, warmen, trockenen, maskulinen *Yang*-Energie, die Wintersonnenwende dagegen ein Maximum der feuchten, kalten, weiblichen *Yin*-Energie. Es sind die gegenüberstehenden Kräfte, wie man sie dem Rad des *I-Ging* entnehmen kann:

KRAFT (乾, QIÁN) = HIMMEL (天, TIĀN) VATER

FELD (坤, KŪN) = ERDE (地, DÌ) MUTTER

Den Jahresrhythmus, den Tiefpunkt (Nadir) und den Höhepunkt (Zenit) der Sonne, spüren auch die Tiere und die Pflanzen. Das haben die chronobiologischen Recherchen von Frank A. Brown Jr., Biologieprofessor an der Northwestern University (Evanston, Illinois), feststellen können. (Brown 1959) Bei seinen Experimenten spickte er Kartoffeln mit Elektroden und entdeckte – auch bei denen, die im dunklen Keller lagerten – drei metabolische Höhepunkte: am Morgen, Mittag und Abend; die Knollen reagierten auch auf Vollmond und Neumond; sie wissen also, wo Sonne und Mond stehen, und kennen die Jahreszeiten und Sonnenwenden. Mit anderen Worten: Sie sind sich der kosmischen Rhythmen »bewusst«. Pflanzen sind intelligenter, als wir allgemein glauben. Zu diesem Schluss kommen inzwischen wegweisende Avantgarde-Wissenschaftler wie der italienische Botaniker Stefano Mancuso: Mit sorgfältig ausgeführten Experimenten konnte er zeigen, dass Pflanzen sehen, hören, riechen, schmecken und tasten können. (Koechlin 2014) Obwohl sie ohne entsprechende Organe, ohne Nervenzellen und Gehirn auskommen müssen, verfügen sie über zusätzliche Sinne, darunter einen für Schwerkraft, über das Vermögen, Giftstoffe im Boden aufzuspüren, und sogar über eine Art Gedächtnis. Sie sind imstande, auf Veränderungen in ihrer Umwelt zu reagieren.[2] Sein Kollege, der amerikanische Ökologieprofessor Ian Baldwin, fragt sich, ob wir Menschen intelligent genug sind, sie zu verstehen!

Am 21. Juni erreicht die Sonne ihren Zenit. Der Bogen, den das Tagesgestirn schlägt, ist dann am weitesten. Je weiter man nach Norden kommt, desto länger werden die hellen Tagesstunden, bis dann in den »Weißen Nächten« nahe dem Polarkreis die Sonne gar nicht untergeht. Menschen (und Tiere) werden von diesem kosmischen Geschehen ergriffen und mitgetragen; sie geraten dann leicht in rauschhafte Ekstase. Dieses Erleben steht im vollkommenen Gegensatz zur Wintersonnenwende, wenn es kalt und dunkel ist, wenn die Menschen sich in ihre Stuben zurückziehen, das Vieh mit dem warmen Stall zufrieden ist und die Tiere im Wald Winterschlaf halten oder – wie Rehe, Hirsche und Gämsen – ihren Stoffwechsel weitgehend zurückfahren und sich in einer Art Trance befinden.

KOSMISCHE POLARITÄT

Die dunklen Wintersonnwendnächte sind für Menschen in den nördlichen Breitengraden eine Zeit der Innenschau, der Innigkeit und der Sammlung. In diesen heiligen, geweihten Nächten offenbart sich die Ewigkeit innerhalb von Raum und Zeit. Der Schleier zum Jenseitigen wird dünner. Wesen aus der Anderswelt – imaginiert in Gestalten wie dem Weihnachtsmann, Zwergen, Engeln, den Ahnen und Naturgeistern – kommen uns näher und besuchen und segnen jeden Hof, jedes traute Heim.

Im Mittsommer – dem entgegengesetzten Pol im Jahreskreis – drängt es Mensch und Vieh hinaus auf die bunten Wiesen. Die Sommerlinden blühen und duften nach Honig, die Bienen summen, die

Der Mittsommer Ende Juni, wenn die Sonne ihren höchsten Punkt erreicht, wird seit Menschengedenken mit rauschhaften Festen gefeiert.

Die Seelenbilder, die Mythen und Märchen der verschiedenen Kulturen, lassen sich nicht auf Physik reduzieren; sie sind metaphysischer Natur. Sie sind Teil der Seelenlandschaft.

Erdbeeren werden reif. In mystischer Teilnahme geben sich die Menschen dem Licht und der Feuerkraft hin; da wird wild getanzt, geschäkert, da berauscht man sich, zündet große Freudenfeuer an und umtanzt und überspringt dessen feurige Glut.

Diese kosmische Polarität wurde seit den Anfängen der menschlichen Kultur wahrgenommen.[3] Einige Kulturen, wie etwa die indoeuropäische, die altmexikanische oder die vom Manichäismus beeinflussten Weltreligionen, sehen in diesem natürlichen Phänomen den universellen, unerbittlichen Kampf zwischen dem göttlichen Lichtreich und dem Reich der Finsternis, zwischen Gut und Böse. Da kämpft – so die christliche Vorstellung – der Erzengel Michael im Spätherbst gegen die Scharen der anstürmenden Dunkelheit; im hitzigen Gefecht fliegen die Funken (Sternschnuppen). Und am Funkensonntag, dem ersten Sonntag nach Aschermittwoch, wird die »Winterhexe« in einem öffentlichen Feuer verbrannt.

In anderen Kulturen, etwa bei vielen indigenen Naturvölkern oder auch bei den Taoisten, deutete man das Geschehen nicht als Kampf, sondern als eine Liebesgeschichte: Das Licht liebt die Dunkelheit so sehr, dass es sich in sie hinein ergießt; und die Dunkelheit liebt das Licht so sehr, dass sie sich ihm hingibt.[4] (Haën 2012: 63) Aus ihrer Liebe wird das Sonnenkind gezeugt und die Schöpfung geboren.

SONNENWENDEN UND CHRISTENTUM

Auch das Christentum musste sich, als es die Kelten und andere Völker missionierte – obwohl sein eigentlicher Fokus ein anderer war –, mit den Sonnenwenden auseinandersetzen. Die Wintersonnwendnächte, die »Mutternächte«, in der die Sonne in den Tiefen der Erde wiedergeboren wird, wurden nun zu den Weihenächten, in denen die Geburt des Heilands, des »Lichts der Welt«, zelebriert wird. Dagegen soll in den lichtvollen Sommersonnwendtagen – so die volkstümliche Erzählung – der Bußprediger Johannes, der Jesus einst taufte, hingerichtet worden sein, deswegen feiert man die Mittsommerzeit als »Johanniszeit« (Johanni).[5]

Im Kirchenkalender wird zwar der offizielle Gedenktag der Enthauptung des Täufers als der 29. August angegeben und dessen Geburt am 24. Juni. Aber, wie der österreichische Volkskundler Richard Beitel hervorhebt: »Bestimmend für das Brauchtum des Tages ist nicht die Legende des Heiligen, sondern die Sonnenwende, die nach alter Auffassung und in germ. wie dt. Volksbrauch auf den 24.6. fällt. Die Sommersonnenwende wurde von den Germanen und ihren Nachbarvölkern (Slawen, Kelten) vor allem mit Feuern festlich begangen. Nach erfolglosem Kampf dagegen, legte die Kirche das Fest des Täufers auf diesen Tag, weil er die »Leuchte der Menschheit« war und sein Geburtstag ein halbes Jahr vor dem seines Herrn gewesen sein soll.« (Beitl 1974: 411)

In diesem Werk werden wir den Sonnwendbräuchen vieler verschiedener Kulturen nachgehen, auch – und vor allem – denen in unserem europäischen Kulturkreis. Dieses Brauchtum besteht aus einer kaum zu entwirrenden Verschmelzung aus uralten heidnischen Elementen, deren Wurzeln bis in die Steinzeit zurückreichen, und christlichen Inhalten, deren Ursprung in der klassischen Antike und dem Vorderen Orient liegt. Diese beiden Strömungen lassen sich nicht säuberlich analytisch trennen. Sie sind verwoben und bilden eine synkretistische Einheit. Die heidnischen Wurzeln wie auch die fast tausendfünfhundertjährige christliche Tradition machen den Reichtum unserer Kultur aus. Beide sind kulturelles Erbe. Man könnte es so formulieren: Der heidnische Blick richtet sich auf die Heiligkeit und Göttlichkeit der Natur, der christliche Blick auf das höhere Selbst, das Göttliche in uns, das durch Christus versinnbildlicht wird.

DIE SEELEN BRAUCHEN BILDER

Sich auf diese Traditionen zu besinnen, ist wichtig in einer Zeit, in der die bindenden Imaginationen, die unsere Zivilisation zusammenhielten und ihr Sinn vermittelten, verblassen. Seit der Aufklärung verliert die etablierte Kirche an Macht und Bedeutung; das Christentum wird »entmythologisiert« und zunehmend relativiert. Der Nihilismus und Materialismus, der das Denken der Menschen zunehmend bestimmt, nährt jedoch die Seelen nicht, gibt ihnen nicht die notwendige Geborgenheit. Die Seelen hungern. Sie brauchen Bilder und Geschichten, die ihr Sinn geben.

Die Reaktionen auf diese heutige Sinnkrise sind unterschiedlich. Zum einen gibt es fundamentalistische Christen, die alles, was nicht in der Bibel steht, als heidnisch ablehnen. Jehovas Zeugen zum Beispiel weigern sich, »heidnische« Feste wie Weihnachten oder Ostern überhaupt zu feiern. Bei ihnen gibt es keine Weihnachtsbäume, keinen Santa Claus, keinen Osterhasen, kein Sonnwendfeuer und dergleichen. Andererseits gibt es die neopaganen Gruppierungen, wie die Wicca- oder die Asatru-Bewegung, die alles Christliche als etwas Fremdartiges ablehnen, als etwas, was einst den

Die Farbe Gold symbolisiert die Pracht des himmlischen Paradieses und bringt den Glanz der Sonne in den Winter – hier ein Engel beim Nürnberger Christkindlesmarkt.

Maibaum oder Maistange stehen für die intime Vereinigung der Vegetationsgöttin mit der Sonne: das Grün für die Fruchtbarkeit und bunter Schmuck für die fröhliche, sonnige Jahreszeit.

hiesigen Ureinwohnern gegen ihren Willen übergestülpt wurde. Ähnlich wollen Anhänger rechtsextremer, völkischer Ideologien das »artfremde« Kulturgut tilgen.[6] Andererseits gilt bei linken Ideologen alles Metaphysische als irrational und als Ablenkung von den Erfordernissen des Kampfes um soziale Gerechtigkeit. Wie etwa in der DDR, wo der Staat mit christlichen Symbolen fremdelte und wo der Weihnachtsengel zur »geflügelten Jahresendfigur«, das Weihnachtsfest zur »Jahresendfeier«, der Christbaum zum »Schmuckbaum« und das Christkind ausgeblendet wurde. Aus anderen Beweggründen, nämlich um keine Andersgläubigen zu diskriminieren, exkludieren oder beleidigen, wurde in den USA aus dem Christmas das X-mas und aus dem Gruß »Merry Christmas« wurde »Happy Holidays« oder, ganz neutral, »Season's Greetings«.

Als Kulturanthropologe und Ethnologe nimmt man diese Ansichten und Ideologien lediglich als kulturelle Phänomene wahr, ohne sie zu werten oder sich damit zu identifizieren. Die traditionellen Jahreszeitfeste gründen viel tiefer als all die intellektuellen Gedankenspielereien. In diesen Festen äußert sich das kollektive Unbewusste ganzer Gesellschaften und dessen Zusammenspiel mit den Phänomenen der Natur. Die mit den vielen jahrhunderte- und jahrtausendealten Überlieferungen verbundenen Imaginationen von Geistern und Göttern ähneln eher Trauminhalten. Sie wesen und weben jenseits der Schwelle des gewöhnlichen Alltagsbewusstseins. Die Bilder wandeln sich und passen sich fließend dem jeweiligen Zeitgeist an.

KULTURSPEZIFISCHE ERZÄHLUNGEN

Die Inhalte der Imaginationen sind kulturspezifisch. Sie entspringen der kollektiven Erinnerung (dem morphogenetischen Feld) der jeweiligen unterschiedlichen Ethnien. Sie kleiden wirklich vorhandene, natürliche Vorkommnisse in die entsprechend geeigneten bunten Bilder, in Symbole und mythologische Erzählungen ein.

So sahen zum Beispiel die jungsteinzeitlichen und bronzezeitlichen bäuerlichen Kulturen im Jahreslauf den Tanz eines Götterpaares, den Reigen der Vegetationsgöttin, der Tochter der Mutter Erde, mit ihrem Geliebten, dem Sohn des Himmels, dem Sonnengott. Im Vorfrühling, zum Februarvollmond, erscheint die Göttin als Weiße Jungfrau und weckt die Samen und den Saftfluss der Bäume; ihr Gefährte erscheint als Hirsch oder als Bär, der gerade aus dem Winterschlaf erwacht. Im Mai, wenn alle Zugvögel wieder da sind und der Kuckuck ruft, wirft der Sonnengott – den die Kelten Belenos, den »Strahlenden«, nannten – seine Tierverhüllung ab, und das Paar feiert Hochzeit, wobei der Maibaum, der geschälte Stamm mit dem grünen Kranz, ihre intime Vereinigung symbolisiert. Im Sommer ist die schöne Göttin schwanger und träumt den Mittsommertraum, derweil sich ihr Gatte in einen feurigen Meister verwandelt. Seine Hitze lässt das Korn reifen und gibt den Kräutern ihre Heilkraft. Im Herbst, ab August, gebiert die Göttin ihre Kinder, die Früchte des Feldes. Im November wird es dunkler und kälter, die Sonne verliert an Kraft, das Götterpaar wird alt, das Haar der Göttin wird silbern – man sieht es im »Altweibersommer« gelegentlich flimmernd durch die Luft schweben. Und dann geht es in die Tiefe hinab, wo sich unter den Wurzeln des Weltenbaumes die Göttin verjüngt und wo der Sonnengott in der Stille der Wintersonnwendnacht wiedergeboren wird.

Mit dieser Geschichte haben wir eine imaginative, aber genaue Beschreibung des Jahreskreises vor uns. Die Geschichte spiegelt die Naturvorgänge und die Kultur im vorgeschichtlichen Europa; sie würde anderswo, in Australien, Afrika oder Südamerika, keinen Sinn machen. Die dortigen indigenen Völker habe ihre eigenen Erzählungen, die ihrerseits den dortigen ökologischen und kulturgeschichtlichen Umständen gerecht werden. Es handelt sich dabei immer um die kulturelle Antwort auf das Naturgeschehen.

In unserer technologisch geprägten Kultur beschreiben wir den Wandel der Jahreszeiten anders; wir fassen unsere Erkenntnisse lieber in mathematische Formeln und in Computermodelle, stellen astronomische Berechnungen an und verwerfen die bildhaften Deutungen, wie man sie in fast allen indigenen Kulturen findet und auch bei unseren eigenen Vorfahren fand, als irrational. Diese mechanistische Vorgehensweise ermöglicht es uns, Sonden zum Mars zu schicken und Galaxien zu erkunden, aber sie bietet wenig Nahrung für unsere Seele. Und diese Nahrung brauchen wir Menschen.

Die Seelenbilder, die Mythen und Märchen der verschiedenen Kulturen, lassen sich nicht auf Physik reduzieren; sie sind metaphysischer Natur. Sie sind Teil der Seelenlandschaft. Und in dieser Landschaft fliegt tatsächlich ein Santa Claus mit einem Rentierschlitten durch den Äther und schlüpft trotz seines dicken Wansts mühelos durch den Schornstein.

Die Natur und die Mächte – die Götter, die darin wirken – sind, nach Auffassung der Alten, unsterblich. Und immer wieder legen sie ihre Masken ab und ziehen andere an. Als das Fische-Zeitalter[7] kam, wechselten die Heidengötter ihre Verkleidung und zogen sich andere Masken an: Nun erschienen sie auf ihrem Maskenball als christliche Heilige, Engel, Erzengel und Teufel. Jetzt – so sagen es die Astrologen – stehen wir wieder vor einer Zeitenwende. In neuen Vermummungen und neuen Masken werden die Götter und Göttinnen wiederkommen – vielleicht als »Außerirdische« –, uns erneut begaben und uns neue Rätsel aufgeben.

MITTSOMMER

Johanni und die Sommersonnenwende

Wer nicht von dreitausend Jahren
sich weiß Rechenschaft zu geben,
bleibt im Dunkel unerfahren,
mag von Tag zu Tag leben.

JOHANN WOLFGANG VON GOETHE
WEST-ÖSTLICHER DIVAN, 1819

Fest der Lebensfreude

Wohl ist alles in der Natur Wechsel,
aber hinter dem Wechselnden
ruht ein Ewiges.

JOHANN WOLFGANG VON GOETHE
GESPRÄCHE MIT KANZLER FRIEDRICH VON MÜLLER, 15. MAI 1822

I**M SOMMER – SO** die Geistesschau Rudolf Steiners – träumt die Erde in den Kosmos hinein, so wie der Mensch, wenn er schläft; im Winter ist sie wach. Das Johannisfest ist ein freudiges, euphorisches Miterleben des »Mittsommertraums« von Mutter Natur.

Das Mittsommer-Sonnenfest ist ein Fest der Lebensfreude und Dankbarkeit dem Lebensquell Sonne gegenüber, ein Fest, das unsere europäischen Vorfahren mindestens seit der Jungsteinzeit feiern.

Heutzutage liest man oft, die Menschen hätten die Sonnwendfeuer entzündet, um Dämonen abzuwehren. Diese Umdeutung erfolgte aber erst im Mittelalter. Denn in dieser Zeit herrschte viel Angst. Die »kleine Eiszeit« war im Anmarsch; das Wetter wurde unbeständiger und es wurde kälter. Das bedeutete, dass die Anbauflächen sich verringerten und vielerorts Hungersnot drohte. Die immunologisch geschwächten Menschen waren anfälliger für Seuchenzüge und Pest.

Das Getreide, vor allem der Roggen für das tägliche Brot, war oft von dem schmarotzenden Mutterkornpilz *(Claviceps purpurea)* befallen, der die Menschen vergiftete. Nachdem man das verseuchte Brot gegessen hatte, fing der Körper an zu kribbeln, es fühlte sich an, als verbrenne man innerlich; wegen Durchblutungsstörungen wurden Finger und Zehen schwarz und starben ab; schlimme Halluzinationen – Mutterkorn enthält LSD[8] – begleiteten den Schrecken der Brandseuche. Es schien, als hätten sich die Tore der Hölle geöffnet. Man rief den heiligen Antonius (251–356 n. u. Z.) an, der der Überlieferung nach in seiner Einsiedelei in Ägypten von ganzen Horden Höllendämonen angegriffen wurde, diese aber dank seines unerschütterlichen Glaubens abwehren konnte. Erst im 17. Jahrhundert

Eines der bekanntesten Medicine Wheels in Nordamerika, in den Bighorn Mountains, Wyoming.

entdeckte ein französischer Arzt die Ursache dieses Antoniusfeuers, dieses »heiligen Feuers« *(Ignis sacer)*.[9] Die Angst vor Hexen nahm zu, man brauchte ja Sündenböcke. Die Inquisition wütete. Trotz dieser schwierigen Zeiten bestanden die Grundherren (Adel und Klerus) weiterhin auf Abgaben – ein Zehntel der Ernte: Heu, Holz, Fleisch, Eier, Milch usw. – ihrer zunehmend verarmten, bäuerlichen Untertanen. Zusätzlich bedrängten ab dem 14. Jahrhundert die gefürchteten Osmanen immer wieder die christlichen Länder und eroberten weite Teile Osteuropas. Kein Wunder, dass die Angst vor Dämonen und Teufeln zunahm.

DAS SONNWENDFEST IST URALT

Ursprünglich jedoch war das Sonnwendfeuer kein Ausdruck der Angst, sondern der Lebensfreude. Sein Entfachen diente dazu, mit der Sonne, dem Lebensquell, in Resonanz zu gehen und ihr auf ihrem Höhepunkt Beistand zu leisten. Wie angedeutet, kannten schon die Megalith-Menschen das Fest, denn viele vorkeltische Steinsetzungen, wie etwa die in Stonehenge (England), sind so aufgestellt, dass Licht und Schatten die Sonnenwenden wie auch die Tagundnachtgleichen genau anzeigen.[10] Auch die fast 4000 Jahre alte Himmelsscheibe von Nebra erlaubt die Annahme, dass man in der frühbronzezeitlichen Aunjetitzer Kultur nicht nur die Sterne genau beobachtete, sondern auch in der Lage war, die Sonnenwenden präzise zu berechnen. So konnte die Scheibe, waagerecht gelegt und auf eine Erhöhung (Mittelberg) gerichtet, als Kalender zur Verfolgung des Sonnenjahrs genutzt werden.

Dann wäre noch das von keltischen Druiden benutzte »Belchen-System« zu nennen, bestehend aus Berghöhen im Schweizer Jura (Baselland), im Elsass und im Schwarzwald, von denen aus sich die Sonnenwenden und die Tagundnachtgleichen genau bestimmen lassen. Die Bezeichnung Belchen lässt sich auf den keltischen Sonnengott *Belenos* zurückführen. Sein Name bedeutet »der Leuchtende«, »der hell Glänzende«.

Andere Kulturen kannten Ähnliches. Wie die Megalith-Menschen in Europa errichteten auch die südamerikanischen Inka Steinsäulen, etwa bei Cusco, welche die Sonnenwenden anzeigen. In Nordamerika gibt es Hunderte von präkolumbianischen Steinkreisen mit astrologischer Ausrichtung. Eines der bekanntesten sogenannten *Medicine Wheels* befindet sich auf 3215 Meter Höhe im Bighorn-Gebirge in Wyoming. Das Steinrad hat einen Umfang von 24,3 Metern, besteht aus 28 Speichen und wurde (ähnlich wie die Scheibe von Nebra) astrologisch und als Kalender genutzt. Sonnenwenden und andere astronomische Daten können da abgelesen werden.

In Cahokia (Illinois) am Rande des Mississippi, nahe der größten Pyramide nördlich von Mexiko, entdeckten Prähistoriker 1961 zufällig einen tausend Jahre alten Kreis aus Holzpfosten mit einem Durchmesser von 70,5 Metern. Die Pfosten waren so aufgestellt, dass sich damit astronomische Daten wie etwa die Sonnenwenden exakt berechnen ließen. In Analogie zu Stonehenge (England), wurde der Kreis *Woodhenge* benannt. Die Baumstämme bestanden aus Virginischem Wacholder *(Juniperus virginiana)*.

NOTFEUER

Mit dem Sommersonnwendfeuer wollten die alten Europäer der Sonnengottheit beistehen. Der Glaube, dass Menschen mit ihren Feiern und Ritualen die Sonne stärken und unterstützen können, war bei mehreren Völkern bekannt. Bei den Azteken war dieser Glaube besonders ausgeprägt: Die Sonne, sagten diese mittelamerikanischen Indigenen, verausgabt sich in ihrem nächtlichen Kampf gegen die Heerscharen der Sterne; die Menschen seien aufgerufen, ihr zu helfen. Aus diesem Grund opferten die Azteken auf ihren Pyramiden Gefangene, schnitten ihnen die noch schlagenden Herzen aus der Brust und hielten sie der Sonne – dem Sonnengott *Huitzlipochtli* oder *Tonatiuh*[11] – entgegen.

Der Mittelpunkt des Sommersonnwendfestes ist das lodernde Freudenfeuer, das Johannisfeuer. Meistens sind es die jungen Burschen, die in den Tagen und Wochen davor das Holz zusammentragen und aufschichten. Manchmal holen sie es von den Dorfbewohnern und sprechen einen Bittvers dazu, wie etwa in Kärnten:

Heiliger Veit,
i bitt um a Scheit,
a kurzes und a langs
zan Sunnawendtanz.

Oder, um noch einen Heischereim aus dem Spessart zu erwähnen:

Sunnwendfeuer,
der Haber ist teuer.
Wer kein Holz zum Feuer git,
erreicht das ewige Leben nit.

Das Johannisfeuer muss immer ein Notfeuer sein. Das hat nichts mit Not oder Bedrängnis zu tun, sondern es ist ein »genötigtes« Feuer, althochdeutsch ein *Hnotfiur*, ein »Reibefeuer«. Nicht durch Feuerstein und Stahl, mit glimmender Kohle und schon gar nicht mithilfe von Streichhölzern wird es gezündet, sondern durch Reibung (Friktion) von Hölzern aufeinander, etwa mit einem auf ein Brett gestemmten Stab, der mit einem Seil umschlungen und rasch hin- und hergezogen und zum Glühen gebracht wird. Gerne wurde das Feuer auch durch das Drehen eines hölzernen Wagenrades erzeugt, das auf einer darunterliegenden Holzscheibe reibt. In vorgeschichtlichen Zeiten stellte man sich das Reiben als einen Geschlechtsakt vor, als eine Zeugung: Das unten liegende weichere Holz galt als weiblich, das härtere, oben liegende Holz als männlich. Durch die Reibung entsteht Hitze und das »Feuerkind«[12] wird gezeugt.

Das Sonnwendfeuer soll am Abend entfacht werden – in dem Moment, wenn die Sonne unter den Horizont taucht. Die Dämmerung ist, wie der Sommersonnwendtag selbst, eine magische »Zwischenzeit«, eine Zeitspanne des »weder/noch«, weder Tag noch Nacht. Besonders die Kelten beachteten solche geheimnisvollen Zeitspannen, wo nichts fix und alles möglich ist.

Ehe das Feuerkind geboren wird, hat man traditionell alle Feuer in den Herden und Öfen der Häuser gelöscht. Nach Abschluss des Festes am frühen Morgen, bei Sonnenaufgang, wurde die neue Glut in die jeweiligen Heimstätten getragen. Das erneuerte Feuer symbolisierte einen Neuanfang für die Gemeinschaft.

Angesammelter Unrat und Unnützes wurden einem solchen Flammenstoß übergeben, etwa alte Totenbretter (Bretter, auf die Sterbende gebettet waren); Mütter warfen die Kleider kranker Kinder darauf. Mancherorts wurden Pferdeschädel oder, wie in Osteuropa, Strohpuppen vom Feuer vertilgt. Es war aber kein Abfall, wie wir ihn heute in unserer Konsumgesellschaft kennen, der da verbrannt wurde; Kunststoff, Büchsen, Glanzpapier und Ähnliches kannte man ja noch nicht; alle Gegenstände waren natürlichen Ursprungs. Auch alte Sündenlast und hartnäckiges Leiden wurden den lodernden Flammen übergeben; man verbrannte sie zusammen mit dem Beifußgürtel, den die Feiernden vielerorts trugen.

Von Paracelsus, dem großen Arzt, Naturphilosophen und Alchemisten, wird erzählt, dass er (am 24. Juni 1527) zum Entsetzen der medizinischen Fakultät der Universität ein klassisches Lehrbuch der scholastischen Medizin ins Baseler Johannisfeuer warf, während das Volk fröhlich das Feuer umtanzte. Dazu sagte er: »Ich hab die summa der bücher in sanct Johannis feuer geworfen, auf das alles unglück mit dem rauch in luft gang.«

Das Johannisfeuer galt immer als heilend. Es macht die Augen gesund, wenn man in die Flammen schaut. Wenn der Rauch über die Felder zieht, bringt er diesen Fruchtbarkeit und vertreibt Schädlinge. Die Kühe trieb man durch den Qualm oder während des Johannisfestes zwischen zwei Feuern hindurch. Und, ähnlich wie bei der indischen Feuerzeremonie *(Agni Hotra)*, bringt die Asche, in kleinen Mengen in den Garten oder aufs Feld gestreut, Erntesegen und mindert Schädlingsbefall. Wir haben dabei mit uraltem Brauchtum zu tun: Schon im *Indiculus superstitionum et paganiarum* (8. Jh.) findet das *Notfyr* Erwähnung. Da heißt es, dass dieses Reibefeuer zur Heilung von Rindern und anderen Haustieren sowie bei Menschen gegen Krankheiten und Seuchen eingesetzt wurde. Bei dem *Indiculus* handelt es sich um ein »Kleines Verzeichnis des Aberglaubens und des Heidentums«, in dem die Kirche die Missionare der Sachsenmission anwies, was sie zu verbieten hatten und was sie bekämpfen sollten.

UMTANZEN UND ÜBERSPRINGEN DES FEUERS

Das Feuer brennt (brannte) die ganze Nacht. In der Johannisnacht soll man nicht schlafen, heißt es in Lettland, sonst würde man das ganze Jahr über müde sein. Der brennende Holzstoß wird im Reigen umtanzt. Einander an den Händen haltend, bewegte man sich sonnenläufig im Uhrzeigersinn, im Einklang mit der Bewegung der Sonne durch den Tierkreis. Meistens sind das zwei Schritte vorwärts und einen zurück oder auch fünf Schritte vor und drei zurück. Bekannt sind auch kreisende Tänze um das Feuer, die sich immer schneller drehen, bis die Tänzer taumelnd auseinanderfallen.

Nach altüberliefertem Brauch tanzte man nackt – bis auf einen Gürtel aus heiligen Kräutern. Das Abwerfen der Gewänder bedeutet, dass sich die Tänzer von den sozialen Konventionen des Alltags, symbolisiert durch die Kleidung, lösen und vorübergehend zum ursprünglichen (paradiesischen) Naturzustand zurückkehren. Man befand sich schließlich in der magischen Zwischenzeit, in welcher man dem Alltag entrückt ist und mit den Naturgeistern in Kontakt steht. Es ist sozusagen ein *regressus ad originem*, eine »Rückkehr zum Ursprung«, und in diesem Sinn ein Neuanfang.

Die Feiernden sprangen durch die Lohe oder über die glühenden Kohlen. Der Sprung galt als reinigend, denn all die kleinen Dämonen und Teufelchen, die sich über das Jahr in der Aura eingenistet hatten, können die Hitze nicht ertragen, sie müssen abspringen oder verglühen. Hier und da lief man sogar barfuß über die glimmende Kohle. Der Feuerlauf reinigt ebenfalls Leib und Seele und fördert die Gesundheit; den Zauderern bringt er jedoch manchmal schmerzende Brandblasen an den Sohlen oder zwischen den Zehen.

Uralt ist der Brauch, sich beim Tanzen und Springen mit einem Kranz aus geflochtenen Beifußstängeln *(Artemisia vulgaris)* zu umgürten. Gelegentlich wurden auch Eisenkraut *(Verbena officinalis)* oder Bärlapp *(Lycopodium clavatum)* mit in den Gürtel hineingeflochten.

Oft trugen die Feiernden einen Kranz aus Gundermann *(Glechoma hederacea)* auf dem Haupt. Der würzig-erdig duftende Gundermann, auch Gundelrebe genannt, kriecht über den Boden; im Gegensatz zu anderen Lippenblütlern richtet er sich kaum auf. An jedem Stängelknoten treibt er kleine Adventivwürzelchen, mit denen er den Boden abtastet und prüft, ob es sich lohnt, da zu wachsen. Mit anderen Worten: Er bleibt immer mit dem Erdboden verbunden. Fast könnte man meinen, dieses Kräutlein leide an Höhenangst. Somit ist die Symbolik klar: Ein Kranz aus Gundelreben hilft den Tänzern, auf der Erde zu bleiben, sodass ihre Seele in der Ekstase nicht abhebt und sich im Äther verliert. Dieser Gedanke mag uns heute eher seltsam vorkommen. Aber die Seele kann tatsächlich abheben und entrückt werden. Das aus dem Griechischen stammende Wort Ekstase besagt genau das – es bedeutet: »aus sich heraustreten«. Diesen Zustand kennen viele indigene Völker. Manchmal ist es ein fließendes Wasser, der Wind, ein vorbeifliegender Vogel oder ein »Geist«, der die Seele des Menschen mitnimmt, und wenn diese nicht zurückfindet, braucht es oft einen Schamanen, der ihr nachreist und sie wieder in die Gegenwart zurückführt. Meistens genügte ein Schlag mit einer Brennnesselrute, um die Seele wieder mit dem Körper zu verbinden. In der modernen technologischen Welt wäre eine solche Entrückung auch ansatzweise lebensgefährlich; beim Autofahren oder dem Bedienen einer Maschine könnte sie den Betroffenen etwa eines der Glieder oder gar das Leben kosten. Der Gundermann, dessen herb-würzig

Der Anblick des hoch auflodernden Sonnwendfeuers soll Glück, Gesundheit und Segen bringen, so weit der Feuerschein zu sehen ist.

EXKURS

Janis oder *Ligo* – das baltische Sonnwendfest

Braue, Bruder, Gerstenbier,
gib Janis (Johannis) zu trinken.
Dieses Jahr wuchs die Gerste fett,
das Bier gärt schäumend.

LETTISCHES DAINA-LIED

Das Mittsommerfest *(Ligo)* ist vielleicht das wichtigste Fest der Letten. Einmal wurde ich dazu eingeladen. Sämtliche Zimmer im Haus hatte man mit frischen Birkenzweigen geschmückt, Roggenbrot, Kümmelkäse und gutes einheimisches Bier für den Schmaus bereitgestellt. Aber es wurde nicht drinnen gefeiert: Am Sonnwendabend ruderten wir mit anderen Feiernden in einer Flottille von Booten auf eine bewaldete Insel inmitten eines Sees. Frauen und Mädchen trugen ihre schönste Tracht und prachtvolle Kränze aus Wildblumen auf dem Haupt, die Männer waren mit Kränzen aus Eichenlaub gekrönt. Die *Dainas*-Gesänge[14] erklangen, während wir über das Wasser glitten, und sie verstummten auch nicht, als uns die Insel mit ihren uralten hohen Birken, Eschen, Linden und Eichen in Empfang nahm. Die Gesänge erzählten von der Sonnengöttin *Saule*, die mit einem von goldglänzenden Pferden gezogenen Wagen über den Weltenberg fährt; von dem über Blitz und Donner gebietenden Eichengott *Perkunas* und von der Glücksgöttin *Laima*, der die Linden geweiht sind. Und alle – Männer, Frauen und Kinder – kannten die Lieder und sangen begeistert mit. Welch kultureller Reichtum! Die Insel schien von der Zivilisation unberührt; gezwieselte alte Birken und dunkle Eichen, die wahrscheinlich sechs, sieben Jahrhunderte oder noch älter waren, und viele große Findlinge gaben mir das Gefühl, auf einer heiligen Insel zu sein.

Die Eichenholzscheite für das Sonnwendfeuer waren sorgfältig aufgeschichtet, der Stoß mit Blumen und Kränzen geschmückt und von einer riesigen Eichenlaubgirlande umwunden, die einem grünen Drachen glich. Der Erdboden rundherum war mit Farnkraut und würzig duftenden Kalmusblättern ausgelegt. Ein Mann zündete den Holzstoß feierlich an, sodass er, von außen nicht sichtbar, von innen her zu brennen anfing und dann plötzlich aufloderte. Frauen, die das Ritual leiteten, räucherten mit Beifuß, sprengten Wasser auf die Teilnehmer und opferten dem Sonnenwendfeuer schließlich Wasser, Honig, Blumen und Bernstein. Traditionelle Speisen – dunkles kräftiges Roggenbrot, frische Erdbeeren, Kümmelkäse und Getränke – lagen als Opfergaben vor dem Feuer. Derweil erklangen, begleitet von Trommel und Dudelsack, die uralten sakralen, vierstrophigen Gesänge und man tanzte Hand in Hand Reigentänze um die feurige Mitte. Jeder Teilnehmer sammelte 27 Blumen – drei mal neun, eine magische Zahl –, die er dann einzeln jeweils für Verwandte, gute Freunde, das Heimatland und alle Letten in die Flammen warf. Irgendwann wurden auch die verdorrten Blumenkränze und Laubkronen vom vorhergehenden Jahr ins Feuer geopfert.

duftende ätherische Öle eine leicht psychedelische, subtile Wirkung auf das Gemüt haben, halten einen mit Mutter Erde verbunden.[13]

FUNKEN UND ROLLENDE FEUERRÄDER

Hier und da gibt es – ähnlich wie beim Funkensonntag – Läufe mit brennenden Besen und Fackeln, oder es werden, wie im alemannischen Raum, glimmende Feuerscheiben von den Höhen gestoßen. Bei diesem Scheibenschlagen wird die Scheibe auf eine ungefähr zwei Meter lange Haselgerte gesteckt, im Feuer brennend gemacht, unter Aufsagen eines Spruchs dreimal um den Kopf geschwungen und hochgeschleudert. Dass dabei Haselruten zum Einsatz kommen, ist nicht von ungefähr. Die Haselrute ermöglicht es, sich mit unsichtbaren, ätherischen Dimensionen zu verbinden (zur Hasel siehe Seite 59).

Seit vorchristlichen Zeiten beliebt ist es auch, brennende Räder von Hügeln und Büheln in die Täler hinabrollen zu lassen. Oft werden dazu Wagenräder mit Stroh umwickelt, mit Pech getränkt und angezündet. Wegen der erheblichen Brandgefahr hat man diesen Brauch vielerorts verboten. Im Jahr 831 n. u. Z. soll etwa das Kloster Fulda durch eine brennende Sonnenwendscheibe abgebrannt sein. War es ein »Sabotageakt« renitenter Heiden? Auch große Teile von Kloster Lorsch wurden 1090 n. u. Z. auf diese Weise ein Raub der Flammen.

In einigen Gegenden Frankreichs zieht man am Johannisabend, bei der *Fête des Brandons*, dem »Fest der Brandfackeln«, mit lodernden Fackeln umher und entzündet auf dem Dorfplatz oder an einer höhergelegenen Stelle große Johannisfeuer.

JOHANNISWUNDER

Das Fest, das seinen Höhepunkt zur astronomischen Sonnenwende oder am kurz darauffolgenden Johannistag hat, ist überall bekannt für sein ausgelassenes, ungezügeltes und übermütiges Treiben. Es heißt ja, dass an solchen Tagen des Übergangs zwischen zwei Zeiträumen der Schleier, der den Alltag von der Anderswelt trennt, dünner wird. Die Grenze zwischen den Menschen und den Geistern und Göttern wird aufgehoben. In Skandinavien heißt es, dass die Feen und Naturgeister – sogar die *Mor Hulda*, die Frau Holle oder gar Freya, in der Gestalt eines Mädchens mit langen Zöpfen – unerkannt mittanzen. Es ist nämlich so: Immer, wenn die Götter in solchen Zeitwenden über das Land ziehen und den Menschen nahekommen, dann verlieren diese ihren alltäglichen Verstand. Die numinose Gegenwart, die Lichtfülle und Wärme, berauscht die Menschenkinder – früher mehr als heute – und trägt sie fort. Aber auch kräftige Kräuterbiere und andere vergorene Säfte trugen dazu bei, und – wie einige Ethnobotaniker vermuten – möglicherweise auch das Essen von psychedelischen Pilzen führte zu Zuständen der Begeisterung und Hochstimmung.

Selbstverständlich mussten an diesen besonderen Tagen auch die allernotwendigsten Arbeiten getan werden, etwa das Melken der Kühe oder das Füttern der Hühner, aber dennoch verfielen die Menschen immer wieder in rauschhafte Zustände und erlebten wundersame Dinge, die als »Johanniswunder« bekannt und vielerorts belegt sind. Hier einige dieser überlieferten Wunder:

- Die Sonne macht drei Sprünge.
- Die Stalltiere, insbesondere die Pferde, können reden – ähnlich wie zu Mitternacht in der heiligen Weihnachtsnacht.
- Seltsame Töne werden gehört. Musik tönt aus dem Berg oder aus dem Wald; man hört Feengesänge oder Glockengeläut von unter dem See.
- Versunkene Städte oder Schlösser werden sichtbar.
- Weiße Jungfrauen zeigen sich oder wollen erlöst werden.
- Am Fluss- oder Seeufer werden Nixen sichtbar und Heinzelmännchen unter den Wurzeln alter Bäume.
- Am Baum der Frau Holle, dem Holunder, feiern Zwerge ihre Hochzeit mit der Göttin (dem Schneewittchen).

Wer am Johannistag einen Kranz von neunerlei Kräutern unter das Kopfkissen legt, wird prophetische Träume haben und in die Zukunft blicken können.

- Wer Glück hat, dem verraten die Gnome verborgene Schätze.
- Die Ottern huldigen ihrem mit einem goldenen Krönlein gekrönten König.
- Das Farnkraut blüht um Mitternacht und trägt sogleich Samen (siehe Seite 27).
- Die Hexen treiben ihre Künste und sammeln Kräuter. Um sich in der Johannisnacht vor ihren Machenschaften zu schützen, soll man Sand vor die Tür streuen oder Wacholderzweige oder, wie in Osteuropa, Brennnesselzweige aufhängen, denn die Unholdinnen stehen unter neurotischem Zwang, alle Sandkörner oder die spitzen Nadeln des Wacholders oder der Brennnesseln zu zählen, und sie verzählen sich oft. Wenn dann die Sonne aufgeht, verlieren sie ihre Kraft.
- Der Bilwis (Pilwis) reitet auf einem Bock über die reifenden Kornfelder und schneidet seltsame Muster in sie hinein (Kornkreise?). Um das zu verhindern, muss die Bäuerin einige Halme an allen vier Ecken des Feldes schneiden oder Johanniskräuter, insbesondere Arnika *(Arnica montana)*, in die Felder stecken, um diese Getreidegeister abzuhalten (siehe Seite 52f.).
- Zur Sonnenwende kann man zauber- und heilkräftige »Johanniskohle« finden. Sie schützt vor Würmern und Blitzeinschlag und macht sicher vor dem Biss tollwütiger Hunde. Man finde – so glaubte man – die magischen Kohlen unter einer Beifußstaude oder unter einem Knäuelkraut *(Scleranthus perennis)*, und zwar in der kurzen Zeitspanne, während die Kirchturmglocken zwölf Uhr Mittag oder zwölf Uhr Mitternacht schlagen. Wenn das Geläute verstummt, verschwinden die Kohlen. Es braucht Mut und eine eher unschuldige Seele, die glühenden Kohlen zu sammeln, denn sie werden oft durch einen zähnefletschenden Zauberhund mit tellergroßen, rot glimmenden Augen bewacht. Jungfrauen und Kinder sind dabei am erfolgreichsten. Man hat es offensichtlich mit der Symbolik der Sommerhitze und des Feuers zu tun. Einige materialistisch denkende Volkskundler versuchten, die an den Wurzeln mancher Pflanzen befind-

lichen roten Lackschildläuse für das Phänomen verantwortlich zu machen. Aber das ist weit hergeholt, zumal diese Schildläuse in tropischen Ländern zu Hause sind und in Europa nicht vorkommen. Die Johanniskohlen gehören eben nicht der normalen Welt an, sondern den Zwischenwelten.

- Wie auch die Johanniskohle, lässt sich zur magischen Sonnwendzeit auch die sogenannte Springwurzel oder das »Sprengkraut« holen, mit dem sich alle Schlösser sprengen lassen, auch die Keuschheitsgürtel der edlen Damen (siehe Seite 29f.).
- Wer am Johannistag stillschweigend einen Kranz von neunerlei Kräutern bindet und unter das Kissen legt, wird in der Johanniszeit prophetische Träume haben und in die Zukunft blicken können.
- Selbstverständlich kann man von einem Kind, das in der Johannisnacht geboren wird, nicht erwarten, dass es normal ist: Es wird entweder ein Hellseher oder ein Werwolf werden.

FARNKRAUTBLÜTE

Farnpflanzen *(Polypodiopsida)* haben keine echten Blüten; sie bringen, meistens unter den Blättern, nur unscheinbare Sporenkapseln hervor. Den Farn, diese Urpflanze, gab es schon im Erdaltertum vor 300 Millionen Jahren, als unsere biologischen Vorfahren noch als Lurche (Amphibien) durch die dampfenden Sümpfe krochen. Damals gab es überhaupt noch keine bunten Blüten, geschweige denn Bienen, Hummeln und Schmetterlinge, die sie hätten bestäuben können. Die Farnblüten, die für ein paar Sekunden in der Johannisnacht gelbrot, blutrot oder regenbogenfarbig aufblühen und sogleich versamen, gehören der Welt der Elfen und Einhörner an, dem Zwischenreich also.

Die winzigen schwarzen »Samen« haben magische Kräfte. Wer sie besitzt, hat Glück in der Liebe, beim Kegeln oder Kartenspiel; er kann die Sprache der Tiere verstehen und die Heilkraft der Pflanzen unmittelbar erkennen. Das einfache Volk glaubte, Paracelsus verdanke sein Wissen ebensolchen Samen. Auch werde man stich- und hiebfest, könne Reichtum erlangen, Schlösser öffnen, seine Speisekammer füllen und vieles mehr. Unters Schießpulver gemischt, macht er den Schuss unfehlbar und den Jäger zum Freischützen. Von jemandem, der Schweineglück hat oder zu plötzlichem Reichtum gekommen ist, sagen die Schwaben noch immer: *»Der hät de Farnsame g'holt!«* Auch könne man sich mithilfe des Samens unsichtbar machen. Dazu erzählte man die Geschichte von zwei Wanderern im Wald; einer wurde plötzlich unsichtbar, aber man hörte ihn noch reden. Erst als er seine Schuhe auszog – in die ein wenig Farnsamen gefallen war –, konnte sein Kumpan ihn wieder sehen.

Den Samen zu erlangen, ist jedoch alles andere als einfach. Gegen Mitternacht zu Johanni begibt sich der Farnsamensammler zu einem Farn, am besten einem, der auf einer Wegkreuzung oder -gabelung steht. Mit einem Haselstock – regional unterschiedlich kann es auch ein Ebereschen- oder Wacholderstock sein – muss er einen Schutzkreis ziehen und splitternackt in den Kreis eintreten. Nun muss er ein weißes Leintuch, in Schlesien die Haut einer einjährigen schwarzen Ziege, am besten aber das breite Blatt einer Königskerze unter die Farnpflanze legen, um die Samen aufzufangen. In katholischen Regionen nahm man gerne das heimlich entwendete, geweihte Tuch, mit dem der Abendmahlkelch bedeckt wird, um des Farnsamens habhaft zu werden, denn dieser sei so glühend heiß, dass er sich durch ein gewöhnliches Tuch hindurchfresse. Während der gefährlichen Handlung muss der Sammler absolut schweigen und den Blick ununterbrochen auf das Farnkraut richten. Sofort erscheint nämlich eine Schar Teufel oder wilder Waldgeister, manchmal auch Schlangen und Nattern. Diese versuchen den wagemutigen Glücksjäger oder die abgefeimte Zauberfrau abzulenken und zum Sprechen zu bringen. Wenn es ihnen gelingt, dann verliert er seine Seele an den Teufel. Oft donnert oder blitzt es, wenn Schlag Mitternacht die Blüte hervorbricht. Meistens soll der Samensammler dann bis Sonnenaufgang am nächsten Morgen in dem Zauberkreis verweilen und dabei Zauberlieder singen. Die magischen Samen können dann unter dem Hut, in einem Säckchen auf der Brust oder in der rechten Achselhöhle fortgetragen oder aufbewahrt werden.

Die politischen Autoritäten und deren gelehrte Ratgeber zweifelten nicht an der Macht des teuflischen Johannissamens, sie sahen darin eine Bedrohung ihrer Herrschaft. Was wäre, wenn Diebe, Einbrecher oder Meuchelmörder in Besitz dieser »pflanzlichen Tarnkappe« kämen, mit der sich zudem noch Schlösser aufsprengen ließen? Das musste strengstens unterbunden werden. Die Inquisition kannte kein Pardon: Wer so etwas tat, wurde hingerichtet. Der bayerische Herzog Maximilian (1573–1651) erließ 1611 ein »Landesgebot wider Aberglauben, Zauberei, Hexerei und andere Teufelskünste«, wonach das Holen von Farnsamen unter Strafe gestellt wurde. Im Jahr darauf verfügte die Kirchensynode von Ferrara ebenfalls ein strenges Verbot des Farnsamensammelns zu Johanni. Besonders gefährlich war es für den Sucher der magischen Samen, wenn das Ritual es erforderte, dass der Möchtegernzauberer sich eine Zeit lang weder wusch noch Fingernägel und Haare schnitt noch Weihwasser berührte. Dadurch wurde es für Tugendwächter und Denunzianten klar, dass da ein Hexer am Werk sein musste.

Trotz Acht und Bann, trotz des Gespötts aufgeklärter Zeitgenossen suchte man im ländlichen Raum, insbesondere in den slawischen Ländern, noch lange nach der mysteriösen Farnblüte in der Johannisnacht. Im Baltikum ist dieser Brauch, wenn auch auf spielerische Art, noch lebendig. Da wird zwar weniger der Zaubersame gesucht, sondern man versucht das Wunder des Aufblühens der Blume zu erleben. Die lettische Ethnologin Dr. Ieva Ančevska erklärt: »Selbstverständlich gibt es keine wirklichen Blüten beim Farn. Die Sonnenwende ist jedoch ein reales, kosmisch-terrestrisches Ereignis, das man auch in der eigenen Seele – besonders in der Stille der Nacht, in einsamer Natur – spüren kann. Die ›Blüte‹ ist eine seelisch-ätherische. Im Moment der Sonnenwende küsst der Himmel die Erde, und dann leuchtet die Blüte in der mystischen Schau auf.« (Storl 2020b:135)

Bis in die Neuzeit hielten die Menschen den in der Johannisnacht gesammelten Farn»samen« für eines der stärksten Zaubermittel.

Im Baltikum gehen junge Paare oft gemeinsam in den Wald, um die Farnblüte zu suchen. Kinder, die zufällig neun Monate später geboren werden, nennt man »Johanniskinder«.

Auch sonst spielt der Farn im europäischen Volksbrauchtum zu Johanni noch immer eine Rolle: Die Slowenen streuen in der Johannisnacht Adlerfarnwedel auf den Boden, damit der Täufer darauf schlafen kann. In Frankreich wird der Farn vor Sonnenaufgang am Johannistag gesammelt; er schützt gegen Zauber – ein Brauch, der auf römisch-gallische Zeiten zurückgeht. Im Vogtland wird die Wurzel zu Mittag am Johannistag gegraben und dem Vieh gegen Behexung eingegeben.

DER BILWISSCHNITTER

Der Bilwisschnitter gilt als elbisches Wesen, das zu Mittsommer auf einem schwarzen Bock über das reifende Getreidefeld reitet und mit Sicheln an seinen Füßen merkwürdige Muster ins Korn schneidet. Wo er durchs Korn reitet, werden die Halme oder die Getreidekörner schwarz (Mutterkorn; Brandpilz?). Der Unhold selbst trägt Hörner, hat langes, wirres Haar und einen zotteligen Bart. Die Bezeichnung Bilwis soll auf eine abstruse, wenig bekannte germanische Mondgöttin oder ein slawisches Wort für Hexe zurückgehen. Dem ist aber nicht so. Wie der friesische Künstler Herman de Vries hervorhebt, entstammt das Wort Bilwis (angelsächsisch *bilewit*) sprachwissenschaftlich dem germanischen Begriff Bil, »die zur Sonne gehörende, gestaltende Bildekraft«. *Bilidi* bedeutet »die passende Form«, wie man etwa in Bayern von einem echten »Manns*bild*« oder einem »Weibs*bild*« spricht. Die Nachsilbe *wis* oder *wit* bedeutet Wissen oder Weisheit. Das althochdeutsche *billih* bedeutet »wunderkräftig, bedeutsam, recht passend« und das altenglische *bilewit* heißt »wohlwollend«. In der heidnischen Kultur bezeichnete ein Bilwis einen »um die Wunder Wissenden«. Es handelte sich ursprünglich also nicht um getreideschädigende Dämonen, sondern um weise Priester des Brotkorns, die zur Mittsommersonnenwende Rituale durchführten, um die Ernte zu sichern und um den »Wachstumsgeist«[15] – den Kornbock, den Kornwolf, den Kornbär, den Roggenbär, die Windsau, den Kiddlhund, die »Alte« oder die Kornmuhme – im Feld zu halten, damit die Fruchtbarkeit nicht entschwindet.[16] Diese Priester oder Priesterinnen, heißt es, waren in lange, weiße Gewänder gekleidet, ihr Haar wurde nie geschnitten und war verfilzt – heute nennt man solche verzwirbelten Struwwelpeterhaare »Rastas« oder Rastalocken, volkstümlich aber sind es die Bilwislocken oder Wichtelzotteln.[17] Die Assoziierung mit Hörnern deutet auf sehr alte Ursprünge hin: Hörner trugen die paläolithischen Götter, die männlichen Gefährten der Erdgöttin, wobei das Horn immer auf Wachstumskraft und Potenz hindeutet. In der Zeit der Missionierung wurde sogar der Heiland als *Bilwit* bezeichnet und der liebe Gott als *bilenwit fader*. Die monotheistische Religion konnte sich mit dem Begriff nicht anfreunden; allmählich wurden die Hüter des Kornfeldes zu Korndämonen gemacht; die Sommersonnwendgetreiderituale wurden kooptiert und christlich umgedeutet. Die Rituale sollten nun die zu Schaddämonen mutierten Bilwisschnitter vertreiben.[18]

DIE SPRINGWURZEL

Als Springwurzel oder Sprengkraut bezeichnete man die Pflanzenwurzel, mit der man Schlösser, Truhen, Türen und auch – im Mittelalter der Rittersleute – den Keuschheitsgürtel aufsprengen kann, jene berüchtigte eiserne Unterhose mit Schloss, die sicherstellen sollte, dass niemand mit der Frau Geschlechtsverkehr haben kann, während ihr Gatte nicht zu Hause ist. Man glaubte auch, dass diese Wurzel hieb- und stichfest mache oder Diebe ausfindig machen könne. Es ist nicht leicht zu beantworten, von welcher Pflanze die Zauberwurzel stammte: Es sei der blühende Farn, glaubte man. Es könnte aber auch die Wurzel der Schlüsselblume oder des Himmelsschlüssels *(Primula veris)* sein, die einst der Göttin Freya gehörte und mit der sie jedes Jahr das Tor zum Frühling aufschloss.

Nach der Bekehrung zum Christentum wurde ihr diese Blume abgenommen und dem heiligen Petrus vermacht. Dieser schloss damit nicht das Frühlingstor auf, sondern, für fromme Seelen, das Himmelstor.

Das Sprengkraut könnte aber ebenso gut die im Juni blühende Weißwurz oder das Salomonssiegel (*Polygonatum* spp.) gewesen sein, mit dem vor allem von gelehrten »Pfaffen« (wie ein Kräuterkundiger des 16. Jahrhunderts spottete) und Alchemisten – nicht aber vom einfachen Volk – viel Zauber betrieben wurde. Im Winter sterben die oberirdischen Teile dieser Waldpflanze ab, wobei am Wurzelstock Narben entstehen, die einem Ringsiegel mit dem Davidstern gleichen sollen. Der Name dieses Spargelgewächses geht auf den weisen König Salomon zurück, der einen Siegelring getragen haben soll, dessen Abdruck der Narbe dieser Wurzel glich. Mit dem Ring ließen sich Felsen in Quader sprengen; mit den so erzeugten Gesteinsblöcken vermochte König Salomon seinen Tempel in Jerusalem zu errichten.

Am Johannistag graben Wenden in Sachsen übrigens die Wurzel dieser Pflanze, die sie Heilige-Maria-Wurzel *(swjatje Maryne koruschki)* nennen, und schnitzen daraus glücksbringende Amulette.

Auch die Mistel, dieses Wesen der Zwischenwelt, das nie auf dem Erdboden, sondern nur auf den Ästen lebender Bäume wurzelt, wurde als Sprengkraut in Betracht gezogen. Viele Bauern glaubten jedoch, das Sprengkraut sei jenes zähe Kraut, an dem beim Mähen im Mittsommer die Sense zerbricht. Auf jeden Fall ist das magische Kraut schwer zu bestimmen und noch schwerer zu erlangen.

Es gab dennoch raffinierte Mittel, um an das begehrte Kraut heranzukommen. Die Rezepte dazu sind sehr alt. Schon der römische Gelehrte Plinius der Ältere, der während des Vesuvausbruchs im Jahr 79 n. u. Z. starb, wusste Rat: Man solle das

Mit etwas Fantasie erkennt man im Wurzelstock der Weißwurz ein Ringsiegel mit dem Davidstern.

Einflugloch einer Specht- oder Wiedehopfhöhle verstopfen. Der Vogel holt dann ein bestimmtes Kraut und sprengt damit den Pfropf oder den Lehm heraus. Wenn man ein Feuer unter dem Baum macht oder sich rot anzieht, dann lässt er vor Schreck die Wurzel fallen.

Der Dichter und Pflanzenfreund Rudolf Baumbach (1840–1905) schrieb dazu ein Gedicht:

Der Schwarzspecht ist ein Kräutermann,
kennt manches Zauberkraut im Tann,
das im Verborgnen sprießet.
Er hält ob einer Wurzel Wacht,
die alle Schlösser springen macht
und jede Tür erschließet.

Ein anderer Trick, die Zauberpflanze zu erlangen, sei es, kopulierende Frösche zu trennen und das Weibchen einzusperren. Das Männchen kommt dann bald mit der Springwurzel herangehüpft, um es zu befreien.

Der Specht passt besser für die heikle Aufgabe als die armen Frösche, denn dieser Vogel wird immer wieder mythologisch und symbolisch mit Blitz und Himmelsfeuer in Verbindung gebracht.

BLITZ UND DONNER

Wie bei dem im Jahresrad gegenübergesetzten Wintersonnwendfest wurde einst die Mittsommerzeit, die Sommersonnenwende, nicht nur an dem Tag des Solstitiums, dem 21. Juni, sondern ganze zwölf Tage lang gefeiert. In dieser Zeit kommt es häufig zu Gewittern. Deswegen war der mächtige Gewittergott immer ein Gast bei den Festlichkeiten. Die indoeuropäischen Donnergötter – egal, ob es sich um den germanischen *Thor* oder *Donar*, den keltischen *Tanaris*, den slawischen *Perun*, den baltischen *Perkunas*, den römischen *Jupiter*, den griechischen *Zeus* oder gar den indisch-vedischen *Parjana (Indra)* handelt – sind Spender der Fruchtbarkeit, des Regens und der berauschenden Getränke. Was für die Menschen himmlische Ambrosia oder Soma ist und für die Felder ein erquickender Regenguss, soll lediglich der Harn- oder Samenerguss dieser göttlichen Wolkenbewohner sein.

Sogenannte Blitzkräuter, die diesen donnernden Gottheiten geweiht waren, spielten selbstverständlich in der Hochsommerzeit, beim Zaubern oder um Gewitterschäden abzuhalten, eine Rolle. Hier einige Blitzkräuter, die in Sommersonnwendritualen ihren Platz fanden:

- **Beifuß:** Die graue, würzig duftende Mugwurz *(Artemisia vulgaris)* ist das wohl wichtigste Sonnenwendkraut. Er ist eine lichtliebende Pionierpflanze, die schon von den Großwildjägern der eiszeitlichen Mammutsteppe als Sakralpflanze, zum Räuchern und Auslegen von heiligen Stätten verwendet wurde. Bei den Nordvölkern wurde die Staude dem Donnergott Thor (südgermanisch Donar, angelsächsisch *Thunar*) geweiht; er trug einen Beifußgürtel, den *Megin-gjarder*, den ihm die klugen Zwerge gemacht hatten und der neben dem Blitzhammer sein wichtigstes Kleinod war. Wenn er sich damit gürtete, verdoppelte sich seine Kraft. Nach der Bekehrung zum Christentum wurde dieser Beifußgürtel nicht vergessen; man sagte nun, Johannes der Täufer hätte einen solchen getragen. Bei dem slawischen Mittsommerfest, der *Ivan-Kupala*-Nacht, wird noch immer mit Beifuß geräuchert, um die geistige Atmosphäre zu läutern.
- **Eisenkraut:** Das Gewöhnliche Eisenkraut *(Verbena officinalis)*[19] oder die Verbene galt als eine der wichtigsten Zauberpflanzen der Druiden. In der Antike war es dem Donnergott, dem Träger des Blitzkeils, Jupiter, geweiht – seine Altäre und Opfersteine wurden damit gefegt. Mit diesem Kraut schützten sich die Schmiede vor dem Zorn der Erdgöttin. Diese Frevler entrissen der Erdgöttin ihre metallenen Embryos, brachten sie im Feuer zum Glühen und schlugen sie gnadenlos mit ihren Hämmern. Die Göttin, fürchtete man, würde in Drachengestalt erscheinen, um sich zu rächen. Jupiter aber würde die verwegenen Schmiede beschützen, denn überall bekämpfen die Gewittergötter das Drachengeschlecht.

- **Keulenbärlapp:** Der Bärlapp *(Lycopodium clavatum)* hat ebenfalls mit Blitz und Donner zu tun. Sein üppig vorhandener Sporenstaub (Hexenmehl, Blitzpulver, Drudenmehl) entzündet sich explosionsartig, wenn er mit einer Flamme in Berührung kommt. Schon steinzeitliche Schamanen benutzten den Staub, wenn sie in dramatischen Vorstellungen den Feuer- oder Donnergott beschworen. Die pyrotechnischen Effekte des Staubs wurden noch im 19. Jahrhundert in Theatervorstellungen verwendet; das erste Blitzlicht der Fotografie (Daguerreotypie) beruhte auf Bärlappstaub, und die Hardrock-Band Rammstein verbrauchte bei ihren Bühnenauftritten in Amerika im Jahr 2012 vier Tonnen Hexenmehl (Rammstein kaufte dafür ein Viertel der gesamten chinesischen Jahresernte auf). Bei den alten Angelsachsen wurde das Drudenmehl dem *Thunar* (Donar) in seiner Gestalt als kosmischer Götterbär (Asenbär, altenglisch *Osborn*) geweiht; seine Tatzenschläge sind am Himmel als Blitze sichtbar.
- **Eiche:** Meistens wird Eichenholz für das Sonnwendfeuer verwendet. Bei den indoeuropäisch sprechenden Völkern – den Hellenen, Römern, Kelten, Slawen, Germanen, Balten – war dieser Baum dem mächtigen, blitzführenden Donnergott geweiht. Für die vorkeltischen britischen Waldvölker war es der Baum des Eichenkönigs, dessen Herrschaft zur Sommersonnenwende seinen Höhepunkt erreicht und zugleich seinen Untergang einleitete (siehe Seite 38ff.). Hier und da, wie etwa in Wales, wurden für das heilige Feuer neun verschiedene Holzarten gesammelt; auch ein Reisigbündel vom letzten Mittsommerfeuer wird mit verbrannt. Die Russen verwenden, neben Eichenholz, gern das sehr heiß brennende Wacholderholz bei dem zeremoniellen Feuer; Wacholder gilt ebenfalls als dämonenabwehrend.

NACKT ÜBERS FEUER SPRINGEN

Beim Sprung über die Glut springt man von einer Jahreshälfte in die andere, vom aufsteigenden Jahr ins absteigende. Oft war es Brauch, splitterfasernackt zu springen. Ein Sprung genügt, aber oft springen die Kinder munter über das Feuer hin und her. Liebespaare springen, einander an den Händen haltend, zu zweit; wenn sie einander nicht loslassen, werden sie zusammenbleiben. So hoch, wie die Bäuerinnen springen – hieß es auf dem Lande –, so hoch wird der Flachs oder das Korn wachsen.[20] Und wenn man an diesem Fest viele Holunderküchlein verzehrt (siehe Seite 59f.), dann wird man besonders hoch springen können.

DAS MITTSOMMERBAD

Wie schon erwähnt, spielte rituelle Nacktheit in den ländlichen Regionen in vorchristlichen Zeiten, im Mittelalter und sogar bis in die Neuzeit, trotz moralischer Bedenken der Kirche, eine Rolle beim Überspringen des Feuers. In den slawischen Ländern gehörte das Nacktbaden mit zum Sonnwendfest, dem *Ivan-Kupala* (Iwan-Kopala), dem Fest Johannes (Ivan) des Täufers.[21] Zu einer Taufe gehört

Unterm Kopf und überm Kopf,
tua i's Hüatl schwinga.
Dirndl, wennst mi gern hast,
musst durchs Feuer mit mir springa.

ALTBAYERISCHER BAUERNSPRUCH
FÜRS SOMMERSONNWENDFEUER

Wenn Liebespaare Hand in Hand übers Feuer springen und sich dabei nicht loslassen, heißt es, dann werden sie zusammenbleiben.

selbstverständlich Wasser. Da ist das Baden (altslawisch *kupal* = »baden«) unumgänglich. Mit Blumenkränzen geschmückt und splitternackt springen die Mädchen in der Nacht oder gerade, wenn die Sonne aufgeht, in einen See oder Fluss oder sie waten im frischen Tau. Für die slawischen Völker war das Fest ursprünglich nicht nur ein Fest des Feuers, sondern eines der beiden Urelemente, des Feuers und des Wassers. Feuer und Wasser symbolisieren das Männliche und das Weibliche. Ihre innige Vereinigung bedeutet Fruchtbarkeit. In alten *Kupala*-Liedern wird von der Hochzeit von Bruder (Feuer) und Schwester (Wasser) gesungen. Es ist ein Fest der sinnlichen Liebe. Entsprechend wurden nicht nur bei Jünglingen und Mädchen, sondern auch bei verheirateten Männern und Frauen die Bande der Sittlichkeit, der Keuschheit und Ehetreue gelockert. Das hat nichts mit perversen Ego-Spielchen zu tun, sondern hat eine tiefe spirituelle Dimension; man befindet sich schließlich in der magischen Zwischenwelt, der Welt der Natur- und Ahnengeister.

Die christlichen Priester hatten wenig Verständnis dafür. Kirchenverbote wurden erlassen. Schon der heilige Ioannes Chrysostomos (4. Jh.), der Erzbischof von Konstantinopel, soll gewarnt haben: »...das Weib wird bei solchem Fest Frau des Satans und Geliebte des Teufels genannt. Denn die Frau beim Fest wird Frau von vielen Männern, und es ist eine Schande für den Gatten, sich mit einer solchen Frau zu verbinden. Und die Männer? Nach dem Trinken fangen die Tänze an, und nach dem Fest fangen sie an, mit fremden Frauen und sogar mit den Schwestern Unzucht zu treiben. Und die Mädchen verlieren ihre Jungfräulichkeit dabei.« (Vána 1992: 245) Die Theologen erklärten auch, dass Kinder, die in der Sonnwendnacht gezeugt wurden, den »bösen Blick« besitzen würden.

Das zügellose Treiben solcher Feste ist den Ethnologen und Kulturanthropologen aus vielen Kulturen bekannt: Es ist ein typisches Fest der Fruchtbarkeit, ein Heraustreten aus der alltäglichen Wirklichkeit, ein ekstatisches Kontaktnehmen mit den wilden, Lebenskraft vermittelnden Naturkräften.

Der heilige Vitus wird oft mit einem Hahn abgebildet, der zu den Opfertieren für den Heiligen zählt, der aber auch den Sonnenaufgang und das Licht ankündigt.

In verschiedenen Ländern mähten die Bauern in diesen Mittsommertagen im Zustand ritueller Nacktheit von jeder Ecke des Getreidefeldes einige Halme ab, hängen diese kreuzweise an den Schornstein, dort, »wo weder Sonnen- noch Mondschein auf sie fällt«, als Schutz gegen Vogelfraß. In Siebenbürgen war es Brauch, dass sich die Bäuerin früh am Morgen nackt, »so, wie Gott einen geschaffen hat«, auf den Acker legte und der Sonne zurief: »Junger Sonnenherr, tu mir und was um mich ist keinen Schaden an.« Und anderswo hieß es, wenn sich die Menschen nackt auf dem Acker wälzen, dann bringt es Fruchtbarkeit.

SANKT VITUS: MAGISCHE PILZE UND HAHNENOPFER

Seit dem Mittelalter galt der Tag des heiligen Vitus (Sankt Veit) am 15. Juni als Sommeranfang, als Beginn der zwölf heiligen Sommersonnwendtage.[22] »Hier mag die Sonne nicht höher«, hieß es. An diesem Tag war es gut, das Holz für das Johannisfeuer zu sammeln.

Dieser Heilige wurde schon als Kind von seiner Amme zum christlichen Glauben bekehrt. Sein Vater, ein Heide, wollte ihn vom Glauben abbringen. Er sperrte den jungen Mann mit musizierenden, tanzenden Mädchen ein, aber die Engel umgaben ihn und schützten ihn vor der sinnlichen Versuchung.[23]

Vielleicht aber haben die Mädchen mit ihren lüsternen Tänzen ihn dennoch angesteckt, denn er wurde zum Schutzpatron der Tänzer auserkoren. Er ist der »Tänzer unserer Lieben Frau«. Als solcher passt er zu den ekstatischen mittsommerlichen Feiern, zu dem extrovertierten Fest, an dem die Teilnehmer nicht in innerlicher Andacht still dasitzen, sondern ekstatisch tanzen und springen. In früheren Zeiten tanzten die Feiernden ihre Reigen – ähnlich wie die wirbelnden Derwische der Sufis – bis zur totalen Erschöpfung und visionärer Verzückung. Sie wurden im wortwörtlichen Sinn vom Enthusiasmus (griechisch *énthūs* und *theós*, »gottbegeistert«, »Gott in sich habend«) ergriffen. Konsequenterweise wurde der christliche Heilige auch bei »Tanzwut« (Chorea, Veitstanz), die damals

als »psychische Epidemie« galt, und bei einem Anfall von göttlich (oder teuflisch) inspiriertem Wahnsinn und bei Fallsucht (Epilepsie) angerufen.

Der heilige Veit gilt auch als Schutzherr und Hüter der Pilze. Pilzsammler beten zu ihm und lassen den ersten Pilz, den sie finden, für ihn stehen. In Bayern wurde der »Schwammerlpatron« mit folgendem Spruch angerufen:

Haliga Sankt Veit!
Gib uns Schwamm auf freier Weit':
Kloane Schwamm, große Schwamm,
oll' in mein Binkerl (Bündel) z'amm.

Eine Bauernregel besagt: »Wenn es an Vitus (15.6.) regnet, regnet es Pilze.« Die slawischen Völker, die im Gegensatz zu den mykophoben (pilzfürchtenden) Westeuropäern wirklich mykophil (pilzliebend) sind, glauben vom heiligen Vitus: »Ihm stehen gute Kobolde zur Seite, die die Pilze wachsen lassen.«

Interessant ist, dass der heilige Vitus vor allem in den slawischen Ländern verehrt wird.[24] Sein Schädel wird als Reliquie im Veitsdom in Prag aufbewahrt und in Serbien ist sein Namenstag nationaler Feiertag. Der Heilige ersetzte den ostseeslawischen Kriegs- und Sonnengott *Svantewit* (lateinisch *Svantovitus*).[25] Ein Füllhorn und ein weißes Ross sind dessen Attribute. Die Gottheit ist auch Herr der Pilze, denn es heißt, diese entstehen aus dem Schaum und Geifer, der vom Maul des Schimmels auf den Erdboden herabtropft.

Spielten in dem oft närrischen Sommersonnwendfest auch psychedelische Pilze, sogenannte Narrenschwämme, sowie Rauschkräuter, wie etwa das Bilsenkraut, eine Rolle? Lassen sich die »Johanniswunder« damit erklären? Welche Pilze wachsen denn überhaupt zu Mittsommer? Folgende Kandidaten kommen infrage:

- **Halbkugeliger Täuschling** (*Stropharia semiglobata*, engl. *dung roundling*). Dieser schleimige kleine Pilz ist ein Dungbewohner und wächst gerne auf Fettwiesen und Rinderweiden. Es ist fraglich, ob er wirklich psychoaktiv ist.
- **Heudüngerling** (*Panaeolus foenisecii*, engl. *haymaker's toadstool*). Oft erscheint dieser kleine Pilz einige Tage, nachdem das Gras gemäht wurde; er ernährt sich von totem Gras. Er scheint tatsächlich eine halluzinogene Wirkung, je nach Standort und Rasse, zu haben. Es ist jedoch leicht, ihn mit anderen Pilzen zu verwechseln, wie etwa dem Spitzbuckeligen Raukopf *(Continarius rubellus)*, der tödlich giftig ist.
- **Glockendüngerling oder Behangener Düngerling** *(Panaeolus papilionaceus*, engl. *pettycoat mottlegill*). Diesen Düngerling findet man neben alten Misthaufen, Kuhfladen oder Pferdeäpfeln.
- **Spitzkegeliger Kahlkopf** *(Psilocybe semilanceata)*. Dieser Pilz, auch *magic mushroom*, Psilo oder Zauberpilz genannt, wächst auf Weiden, vor allem auf Bergwiesen. Er enthält genügend Psilocybin, um Menschen in die Welt der Zwerge und Naturgeister zu entführen. Felsritzungen im Valcamonica (Lombardei) und in Nordafrika deuten an, dass er schon in der Steinzeit schamanische Anwendung fand. Dieser Pilz erhebt seine spitzen Köpfchen hauptsächlich im Spätsommer und Herbst. Zu Mittsommer ist er selten.

Es mag gut sein, dass die Feiernden sich mit den entheogenen, dem heiligen Veit geweihten Pilzen

Nach Sankt Veit
ändert sich die Zeit.
Alles geht auf die andere Seit'.

BAUERNSPRUCH

mächtig berauscht haben. Das wenigstens vermuten jene, die selbst gerne auf einen psychedelischen Trip gehen. Das moderne Leben ist naturfern; wir werden in Schulen erzogen, in denen die Natur getrennt von unserer Seele betrachtet wird, wo sie wissenschaftlich objektiv analysiert und quantifiziert wird. Bewusstseinserweiternde Psychedelika, wie eben die Zauberpilze, helfen, diese Einstellung zu überwinden, und katapultieren unsere Psyche in andere Dimensionen des Seins – Dimensionen, die keineswegs als Halluzinationen abzuwerten sind. Aus diesem Grund sind »Drogen«[26], besonders für Jugendliche, interessant; sie erlauben den Kontakt der Seele mit den Wesen in oder hinter der materiellen Erscheinung.

Die Menschen in früheren Zeiten, auch noch im Mittelalter, waren von der Natur nicht dermaßen entfremdet, wie wir es heute sind. Wahrscheinlich gerieten sie viel leichter, ohne allzu viele »Substanzen«, spontan in ekstatische Zustände. Die Lichtfülle, die sommerliche Wärme, das euphorische Tanzen und das mit Kräutern versetzte Grutbier[27] könnten genügt haben. Sankt Veit gilt übrigens auch als Patron der Bierbrauer und Winzer.[28]

Dem heiligen Veit, der einen schwarzen Hahn als Attribut trägt, opferte man in Mittel- und Osteuropa am Veitstag oft einen solchen Gockel; auch im Prager Dom fand an dem Tag ein solches Opfer statt. Altslawischer wie auch altgermanischer Brauch war es, für jemanden, der gestorben war, einen schwarzen Hahn oder gelegentlich ein schwarzes Huhn zu opfern. Die »Reise« eines Zauberers in die jenseitige Welt war ebenfalls oft von einem solchen Opfer begleitet. Das Tier würde auf der »anderen Seite«, auf der grünen, blühenden Wiese *(gröni godes wang)*, wieder lebendig werden.

Bei den Slawen war der Hahn dem Gott des Himmelsfeuers und des Lichtes, *Swarog* (auch dem Svantewit), geweiht und ein beliebtes Opfertier. In der christlichen Mythologie gilt der Hahn mit seinem Krähen als der Vogel, der den Morgen (und die Auferstehung) ankündigt. Er ist ein Sonnentier, ein Lichtverkünder, der die lichtscheuen Geister vertreibt.

JOHANNI: EINE GEFÄHRLICHE ZEIT

Im Volksmund heißt es, die Johanniszeit ist nicht nur eine frohe, ekstatische Zeit, sondern sie fordert immer zwei Opfer: »einen tiefen Schwimmer, einen hohen Klimmer«. Fischer fahren deswegen über Johanni nicht auf See. Man könnte während dieser Zeit auch auf ein *Irrkraut* treten und daraufhin die Orientierung verlieren. Gefährlich ist es auch, weil in den magischen Tagen Hexer und Zauberer ihre Künste treiben. Oft gewittert es im Hochsommer, wobei die Gefahr besteht, dass man vom Blitz erschlagen wird.[29]

In Norddeutschland und Dänemark fürchtet man zu Mittsommer fliegende Krebse. Manchmal säßen diese Krustentiere in Blumen, heißt es, und wenn man daran schnuppert, kann man sich eine blutige Nase holen. Materialistisch orientierte Volkskundler versuchen das mit Hinweis auf die heute selten gewordene Maulwurfsgrille, auch Werre genannt, zu erklären. Das bis zu 7 Zentimeter große Insekt sieht zwar gefährlich aus, ist aber völlig harmlos. Es kann dem Menschen nichts antun. Fliegende Krebse gehören eher zur Welt der Einhörner, Elfen und anderer Imaginationen. Es ist eher wahrscheinlich, dass die blutenden Nasen entstehen, wenn torkelnde Zecher, wie es häufig vorkommt, auf die Schnauze fliegen.

Um sich vor den Gefahren zu schützen, warf man in Schwaben einen Laib Brot als Ersatzopfer in den Fluss. Auch Kinderkleider oder ein schwarzes Huhn (oder schwarzer Hahn) wurden geopfert. Nach dem Überspringen des Sonnwendfeuers warf man den Beifußgürtel in die Flammen, wodurch man Sünden, Flüche und Krankheiten loswerden konnte.

Warum gilt diese Zeit als so gefährlich? »Ist ja klar«, antwortet meine Frau, »die Leute sind aus ihrem Häuschen, sie sind im wahrsten Sinne verrückt. Da passieren Unfälle«.

EXKURS

Lady Sunshine und Mister Moon

Der Baldur-Mythos, den die Barden der Wikinger erzählten, ist eigentlich keltisches Lehngut. Es ist eine Abwandlung des Mythos des Bhel oder Belenos, des strahlenden Sonnengottes, der ebenfalls mit der Vegetationsgöttin vermählt ist. Baldur ist sprachwissenschaftlich mit Belenos verwandt und geht auf das indogermanische *bhel (= »hell«, »hell leuchtend«, »schön«) zurück.

Die Wikingerzeit stellt die letzte Phase des germanischen Heidentums dar. Vor dieser Zeit galt den germanischen Völkern die Sonne (Sól) als weiblich, als die »liebe Frau Sonne«: Bei den Angelsachsen und Westgermanen hieß sie Sunna. Die Sonnengöttin ist wunderschön, sie strahlt Wärme, Licht, Lebensfreude und Liebe aus, bringt den Pflanzen Wonne und den Feldern Fruchtbarkeit. Man stellte sie sich als halbnackte, von einem Strahlenkranz umgebene junge Frau vor. Ähnlich wie die baltische Sonnengöttin Saule fährt sie in einem Sonnenwagen über den Himmel; ihre beiden Rosse sind Arvakr (»Frühwach«) und Alsvidr (»Allgeschwind«). Der Wagen wird von einem Wolf verfolgt. Der Bruder von Sunna ist Mani, der Mond. In einem alten englischen Lied heißt es noch immer: Lady Sunshine and Mister Moon.

In den nördlichen Ländern geht man im Sommer ja gerne hinaus ins Freie und legt sich in die Sonne; oft zieht man dabei die Kleider aus, um besser ihre heilende, wärmende Ausstrahlung aufzunehmen. Noch immer lockt die Sonne Millionen von nordländischen Urlaubern in den Süden, an sonnige Strände, wo sie »sonnenbaden« können. Und das Kirchenlied von Paul Gerhardt (1666) hat nichts von der Verehrung eingebüßt, die einst der lieben Frau Sonne entgegengebracht wurde:

Die güldne Sonne
voll Freud und Wonne
bringt unsern Grenzen
mit ihrem Glänzen
ein herzerquickendes,
liebliches Licht.
Mein Haupt und Glieder,
die lagen darnieder;
aber nun steh ich,
bin munter und fröhlich,
schaue den Himmel mit meinem Gesicht.

Anders nimmt man die Sonne in den südlicheren Breitengraden wahr. Da wird sie als stechend, ausdörrend und unangenehm empfunden; da erscheint der Sonnengott als Krieger; seine Strahlen sind Speere, die die Dunkelheit oder – wie bei den Azteken – die Schar der Sterne vertreiben. In solchen heißen Ländern hält man sich lieber im Schatten auf; da ist der kühle, feuchte Mond (luna) Inbegriff des Weiblichen.[31] Auf den Zuschauertribünen der spanischen Stierkämpfe sitzen die Herrschaften auf kühleren, schattigen Sitzplätzen (sombra), das arme Volk dagegen auf den billigeren, aber ungemütlichen sonnigen Bänken (sol).

In den baltischen Ländern – dem alten Preußen, Litauen und Lettland – war (und ist) die Sommersonnenwende das Hauptfest des Jahres. Da fährt die Sonnenfrau Saule mit einem Wagen, gezogen von zwei goldenen Pferden, über den Weltenberg, strahlt Heilkraft herab und segnet die Kornfelder.

Der Mond (Menes, Menuo) ist ihr unzuverlässiger Mann, der in unserer Überlieferung als der alte, dürre »Mann im Mond« bekannt ist. Die Sterne sind ihre Kinder.

EIN ALTES OPFERFEST

Die Idee, dass die Sommersonnwendzeit voller Gefahren ist, könnte auch auf einer kulturellen Reminiszenz, auf einer halbbewussten, kollektiven Urerinnerung beruhen. Wir alle kennen die nordische Erzählung von Baldur, dem schönen, friedlichen Sonnengott, den alle Götter und Geschöpfe liebten.

Einst hatte dieser strahlende Gott schlechte Träume; er träumte von seinem eigenen Tod. Die Göttermutter Frigg war besorgt. Sie begab sich zu allen Geschöpfen und ließ jedes den heiligen Eid schwören, ihrem herrlichen Sohn nie ein Leid anzutun. Einzig die Mistel, deren Blätter wie die Keimblätter junger Pflänzchen aussehen, die Mistel, die nie auf dem Erdboden wächst, immer grün bleibt und sich nicht um die Jahreszeiten kümmert, brauchte den Schwur nicht zu leisten. Das unbedeutende kleine Gewächs kam der Göttermutter zu unschuldig vor, um eine Gefahr darzustellen.

Da Baldur nun unverwundbar war, machten sich die Asen (Götter) beim Mittsommerfest einen Spaß, indem sie Speere und Pfeile auf den Gott abschossen und lachend zusahen, wie diese abprallten oder zersplitterten, ohne dass Baldur auch nur eine Schramme davontrug.

Loki, der Feuergott – so die nordische Sage –, war neidisch auf den allseits beliebten Sonnengott. Loki, der ein geschickter Gestaltenwechsler *(shapeshifter)* war, nahm die Erscheinung einer alten Vettel an und fragte Frigg, ob sie allen Wesen des Himmels, der Erde und der Unterwelt den Schwur abgenommen habe.

»Ja«, antwortete sie, »nur von der Mistel, diesem kleinen unschuldigen Gewächs, hoch oben im Baum, habe ich keine Zusicherung verlangt.«

Also schnitzte Loki eine Pfeilspitze aus einem Mistelzweig — zufällig wuchs dieser an einem Baum westlich der Götterburg Asgard, also in der Richtung, wo die Sonne untergeht – und begab sich zum Fest auf der Götterwiese, wo er den Bruder Baldurs, den blinden Hödur, der in ewiger Dunkelheit lebte, spöttisch ansprach:

»Hödur, warum spielst du nicht mit?«

»Loki, warum verspottest du mich? Du weißt, ich bin blind.«

Loki antwortete: »Ich habe hier Pfeil und Bogen. Wenn ich deinen Arm führe, kannst auch du schießen.«

Hödur willigte ein, schoss den Mistelpfeil ab, und zum Entsetzen aller Götter fiel Baldur tödlich getroffen zu Boden.

In Skandinavien, wo diese Sage herkommt, nennt man das Mittsommerfeuer noch immer »Baldurs Leichenfeuer«. Nun, mit seinem Tod nahmen die Tage ab, die Sonne verlor an Strahlkraft, und der Braut der Sonne, der Vegetationsgöttin Nanna, brach das Herz. Wie eine indische Sati[30] wurde auch sie auf dem Scheiterhaufen mitverbrannt. So kam es, dass auch die Pflanzen, die Geschöpfe Nannas, mit dem Nahen der dunklen Jahreszeit an Lebenskraft verlieren und sich in die Erde zurückziehen.

Noch immer werden in einigen Regionen Europas, insbesondere in Russland und anderen slawischen Ländern, Strohpuppen im Sonnwendfeuer verbrannt. Volkskundler deuten das als Reminiszenzen alter Opferbräuche. Manchmal sind es auch alte Besen, die in die Flammen geworfen werden. In den Alpenländern spricht man vom *Peterlverbrennen* oder vom Verbrennen des *Sunnawendhansi* oder des *Hansl*; in Teilen Österreichs werden zwei Strohpuppen dem Feuer geopfert, das Sonnwendhansl und die Sonnwendgretl. Der Brauch ähnelt dem Verbrennen der Frühlingshexe, dem symbolischen Entledigen des Negativen und Lebenshemmenden.

EICHE UND STECHHÜLSENBAUM

Der Tod Baldurs ist eine späte Erzählung alteuropäischer Mythen. Tatsächlich opferten – wenn man den Mythenforschern Sir James Frazier (*The Golden Bough*, 1890) und Robert Graves (*The White Goddess*, 1948) Glauben schenken darf – schon die alten indigenen, vorkeltischen Ureinwohner Europas zur Sommersonnenwende den »Eichenkönig«.

In der nordischen Sage tötet der blinde Hödur Baldur mit einem Mistelzweig (isländische Handschrift, 18. Jahrhundert).

Die Eiche war für diese Völker der Mittsommerbaum, der Königsbaum, der dem Donnergott und Blitzträger geweiht war. Sein Rivale war der Stechpalmen- oder Stechhülsenkönig, der Herr des Winters, der ihn zur sommerlichen Sonnenwende mit einem Speer aus Hülsenholz *(holly wood)* tötet, ihn kastriert – symbolisiert durch das Abschneiden der Mistel –, seine Frau Ivy (Efeu) in Besitz nimmt und damit zum Herrscher des absteigenden Jahres wird.

In der im Jahresrad entgegengesetzten Wintersonnenwende wendet sich das Blatt. Da tötet der wiederauferstandene Eichenkönig im Zweikampf seinen Rivalen, den Holly-König.

Ursprünglich, so die Forscher, waren diese Königsopfer nicht lediglich symbolischer Natur: Geweihte Priesterkönige, die ihre Manneskraft verloren hatten, wurden in diesen magischen Mittsommertagen, wenn die Sonne stillsteht, von jüngeren Bewerbern herausgefordert und getötet, denn der jeweilige König ist nicht nur ein Mensch, er ist auch mit der Großen Göttin, der Herrin des Landes, vermählt und begattet sie, damit die Felder und Obstbäume reichlich Früchte hervorbringen und die Tiere Nachwuchs bekommen können. Er musste potent und fruchtbar sein. Und wenn seine Vitalität nachlässt, tritt ein anderer an seine Stelle. Als dann die Kelten zum Christentum konvertier-

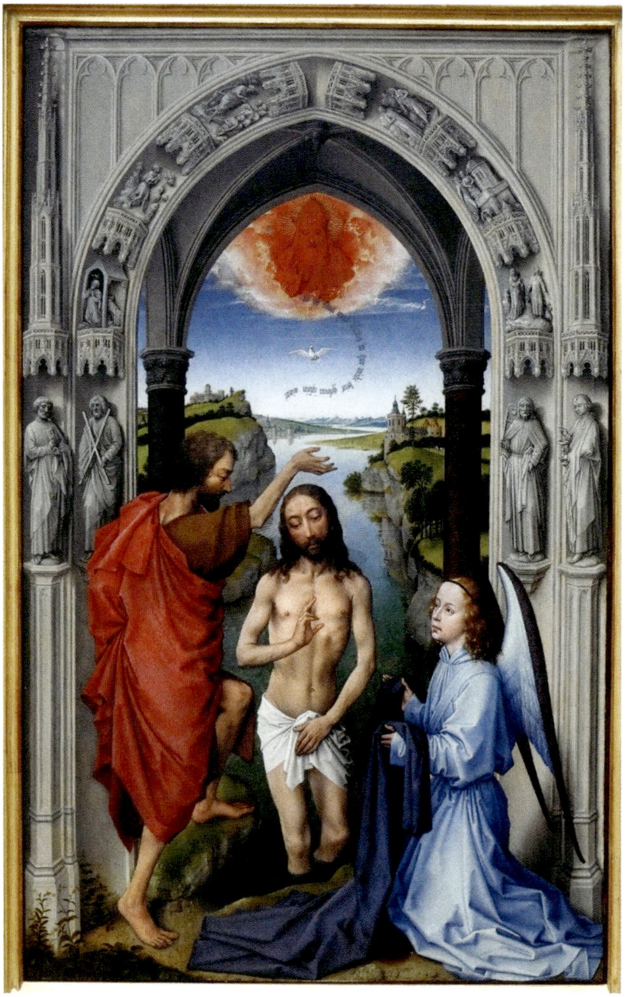

Als Johannes Jesus im Jordan tauft, schwebt der von Gott ausgesandte Heilige Geist in Gestalt einer Taube aus dem Himmel herab (Johannesaltar von Rogier van der Weyden, um 1455).

ten, ersetzte der heilige Johannes den Eichenkönig. Wie die Überlieferung erzählt, wurde Johannes zu Mittsommer geköpft.[32] Der Täufer, so die biblische Überlieferung, sei ein halbes Jahr vor Jesus geboren. Somit lässt er sich gut in die Rolle als Eichenkönigs einordnen. Jesus, der sich in den Wintersonnwendtagen inkarnierte, spielt in der keltischen Imagination die Rolle des Stechpalmenkönigs. Und tatsächlich wird im britischen Weihnachten das immergrüne Stechhülsenbäumchen *(Holly)* mit dem Christkind identifiziert; die roten Beeren sind sein Blut, die weißen Blüten stellen seine Unschuld dar, die Stacheln der Blätter seine Passion und das Grün das ewige Leben.

DER HEUSCHRECKENESSER

Johannes soll ein jüdischer Bußprediger gewesen sein, der in der Wüste lebte, ein Gewand aus Ziegenhaut trug, und sich von Heuschrecken[33] und wildem Honig ernährte. Er predigte das unmittelbar bevorstehende Gericht Gottes und vollzog das Ritual der Taufe an seinen Zuhörern. Die Taufe (althochdeutsch *toufan* = »tief machen«, »tief ins

Wasser eintauchen«) ist ein Initiationsritus, den die damalige religiöse Gemeinschaft der Essener angeblich praktizierte. Das Untertauchen ist ein ritueller Gang über die Schwelle ins Jenseits, eine Nahtoderfahrung, und soll das Wegwaschen aller Sünden bewirken.[34] Obwohl Jesus sündenfrei war, soll Johannes ihn auf diese Weise geweiht und auf seine Mission vorbereitet haben. In der Bibel heißt es: »Als Jesus aus dem Wasser stieg, sah er den Himmel geöffnet und den Heiligen Geist in Gestalt einer Taube herabkommen; zugleich hörte er eine Stimme vom Himmel, die ihn ›seinen geliebten Sohn‹ nannte.«

Als Johannes Jesus taufte, soll dieser gesagt haben: »Ich taufe euch mit Wasser zur Umkehr. Der aber, der nach mir kommt, ist stärker als ich, und ich bin es nicht wert, ihm die Sandalen auszuziehen. Er wird euch mit dem Heiligen Geist und mit Feuer taufen. Schon hält er die Schaufel in der Hand; und er wird seine Tenne reinigen und den Weizen in seiner Scheune sammeln; die Spreu aber wird er in nie erlöschendem Feuer verbrennen.« (Neues Testament. Matthäus 3: 11-12. Einheitsübersetzung 2016)

Als Moralprediger prangerte Johannes den König Herodes an, mit der Frau seines Halbbruders Ehebruch begangen zu haben. Diese Frau war ihm daraufhin bitterböse. Am Geburtstag des Königs tanzte ihre Tochter, Salome, vor dem Herrscher. Der Schleiertanz der jungen Frau war so verzaubernd schön, dass Herodes ihr voller Begeisterung versprach, ihr einen Wunsch zu erfüllen. Das Mädchen ging zu seiner Mutter, denn es wusste nicht, was es sich wünschen sollte. Die Mutter sagte: »Wünsche dir den Kopf des Täufers auf einer Platte serviert.«

Der König war schockiert, zumal Johannes beim Volk beliebt war, aber er hatte keine Wahl, er musste Wort halten. So wurde der heilige Prediger hingerichtet, geköpft.

Nach offizieller Kirchendoktrin wurde der Täufer zu Mittsommer (24.6.) geboren – er ist somit der einzige Heilige, dessen Geburtstag gefeiert wird – und der Tag seiner Hinrichtung wurde vom zweiten nicäischen Kirchenkonzil (787 n. u. Z.) auf den 29. August festgelegt. Oft begegnen wir im Volksglauben der Vorstellung, dass er, ähnlich den heidnischen Sonnengöttern, zur Sommersonnenwende sein Leben verlor. Es ist ja einiges vom Sonnwendtag auf ihn übertragen worden. (Bächtold-Stäubli Bd.IX 1987: 730) Somit wurde die biblische Geschichte mit dem alteuropäischen Sonnenmythos verbunden. Der Ausspruch des Täufers, »Er muss wachsen, ich aber geringer werden« (Johannes 3:30), wurde auf den solaren Rhythmus bezogen. Johannes musste sterben, ebenso wie der Eichenkönig oder Baldur sterben mussten. Er symbolisiert die Sonne, die zu Mittsommer an Lebenskraft verliert. Jesus dagegen, der wahre Heiland, dessen Geburt in die Wintersonnenwende fällt, wird an Kraft zunehmen und wird somit mit dem Stechpalmenkönig identisch.

Johannes ist in der christlichen Tradition ein Schwergewicht. Der Täufer wird »Leuchte der Menschheit« genannt und ist als »Blitzpatron« bekannt. Er verbindet in seinem Wesen die Urelemente Feuer und Wasser. Das wird besonders in der osteuropäischen Tradition gewürdigt: Die Sonnwendfeier wird nicht nur mit dem Feuer verbunden, sondern auch – durch ein rituelles Bad in einem See oder Fluss – mit dem Wasser.

Johannes wurde zum beliebtesten Vornamen in der christlichen Welt: Johann, Hans, Jan, Jens, Heino, Henning, Janosch; ungarisch: *Janós*; englisch: *John, Johnny*; irisch: *Shawn, Séan*; italienisch: *Gian, Giovanni*; slawisch: *Ivan, Iwan, Ivo, Iko, Wanja, Wanka*; tschechisch: *Janek, Janko*; rätoromanisch: *Gion*, und so weiter. Der Name bedeutet im Hebräischen: »Gott ist gnädig.«

JOHANNISKÄFER

In den lauen Nächten des Sommers leuchtet und blinkt es über den Wiesen, im Wald und in den Büschen; es sind die »Johanniskäfer«, die elfenhaften, schwebenden Leuchtkäfer oder Glühwürmchen.[35] In meiner Jugend im ländlichen Mittelwesten in Nordamerika war man Zeuge eines Naturwunders: Abermillionen der Käferchen schwebten auf und ab – ein zur Erde herabgekommener, tanzender Sternenhimmel, der die Seele mittanzen ließ. Es ist traurig, dass dieses Wunder der Vergangenheit angehört. Es ist, als ob lichthafte Geistwesen, die sich in diesen Kerbtieren verkörpern, die Erde weitgehend verlassen haben. Warum sieht man die Johanniskäfer kaum mehr? Die Lichtverschmutzung durch Straßenbeleuchtung, Reklame und Flutlichtanlagen stört sie in ihrer Fortpflanzung; auch Pestizide (Neonicotinoide) und Schneckenbekämpfung haben die Käfer dezimiert. Ihre Larven fressen nämlich Nacktschnecken wie auch Gehäuseschnecken, auch wenn diese bis zu zwölfmal größer sind.

JOHANNISTAU

Der Morgentau (Johannistau), der zu Mittsommer die Wiesen glitzern lässt, gilt als besonders heilkräftig. Am Morgen des Johannistages soll man barfuß durch die feuchten Wiesen waten und die Energie aufnehmen. Sich nackt auf den Wiesen und Weiden zu wälzen, bringt die Lebensenergie in Wallung. Auch die in der Morgenfrische gesammelten taubenetzten Heilkräuter sollen – das glaubten schon die Kelten – besonders heilkräftig sein.

Überhaupt ist das Sonnwendfest nicht nur ein Fest der Sonne und des Feuers, es ist auch ein Fest des Lebenselements Wasser. Zur osteuropäisch-slawischen Tradition gehört das nächtliche Bad im Teich oder Fluss während des *Kupala*-Festes. Feuer und Wasser »heiraten« an dem Tag. Hüllenlos springt man ins Wasser, dabei geht der Mensch aus sich heraus und verbindet sich mit den pulsierenden Naturkräften. Die Vereinigung von Feuer (männlich) und Wasser (weiblich) bedeutet Fruchtbarkeit. (Vána 1992: 241f)

Symbolisiert wird diese Verbindung der Urelemente durch den Hain-Wachtelweizen *(Melampyrum nemorosum)*, ein euro-sibirisches Sommerwurzgewächs, dessen zygomorphe Blüten echte Hingucker sind: Die Blütenkelche sind oben purpurlila bis lila und die unteren goldgelb gefärbt. Die in Mitteleuropa eher selten gewordene Wald- und Rainpflanze ist leicht giftig, wurde in der Volksmedizin aber als Beschrei- oder Berufkraut verwendet. »Berufene«, von negativem Wort- oder Blickzauber betroffene Kinder wurden mit einem Sud der Pflanze gewaschen; auch »verschriene« Kühe wurden damit beräuchert.[36]

JOHANNISBÄUMCHEN

Gelegentlich wurden Bräuche der Mai- und Pfingstzeit, wie das Aufstellen von geschmückten Bäumen, bis Johanni verschoben. Etwa im Harz, wo man eine Tanne mit Blumen, bunten Eiern und Papiergirlanden schmückt und nach traditioneller Überlieferung auf ihre Spitze eine aus Eichenlaub und frischen Sommerblumen gebundene Krone setzt. Mädchen umtanzen diesen Johannisbaum sonnenläufig; dabei singen sie: »Die Jungfer hat sich umgedreht …« Der Volkskundler Wilhelm Mannhardt sieht darin eine deutliche Anspielung auf die Sonnenwende. (Mannhardt 2002: 181) Im Vogtland stellte man am Johannisabend einen mit allerlei Gegenständen behangenen Johannisbaum auf dem Dorfanger auf und umtanzte ihn. Zum Schluss warf man den Baum ins Wasser, vorher aber noch eine Person, welche man Johannis nannte. Ähnliches kannte man im Elsass und anderswo in Mitteleuropa. Bei den Wenden ist es Brauch, eine Birke aus dem Wald zu holen, die Seitenäste abzusägen, den Stamm mit Kränzen und Blumen zu schmücken und mit zwölf Kannen Bier zu segnen. Auch in Schweden wird am Johannisabend eine »Mittsommerstange« aufgestellt.

JOHANNISMINNE

Das sogenannte Minnetrinken, das Sichbetrinken mit Met, Bier und Wein an besonderen heiligen Tagen, zur Ehre und Erinnerung an einen Verstorbenen, einen Ahnen oder eine Gottheit, ist bei den germanischen Völkern seit vorchristlichen Zeiten belegt. Es waren echte Saufgelage, bei denen gesun-

Das Minnetrinken zu Ehren von Gottheiten oder Verstorbenen wurde im Christentum auf Heilige umgedeutet: So kannte man etwa die Johannisminne oder auch die Stephansminne zu Ehren des heiligen Stephanus.

gen und Lobgedichte vorgetragen wurden. Das Wort *Minne*, vom althochdeutschen *minna*, bedeutet Erinnerung, Gedächtnis und später, im Mittelhochdeutschen, Liebe. Dieser Brauch wurde nach der erfolgten Bekehrung erstmals von den christlichen Missionaren bekämpft, dann aber, als Zugeständnis an die heidnischen Gepflogenheiten, kreiste das Trinkhorn zu Ehren des Heilands und eines der Heiligen, wie etwa mit der Johannisminne für Johannes.

Der sogenannte Johanniswein wird jedoch nicht zur Sommersonnenwende getrunken, sondern am Namenstag des Apostels Johannes, der auf den 27. Dezember fällt und Teil des Wintersonnwendbrauchtums ist. Der Jüngling Johannes, welcher der Lieblingsjünger Jesu war und später die Offenbarung und vermutlich das Johannesevangelium schrieb, wird in katholischen Gemeinden als Winterhannes oder Winterjohann gefeiert. An dem Tag bringen Gläubige einige Flaschen Wein mit in die Kirche, um diese segnen zu lassen. Es heißt, dieser gesegnete »Johanniswein« hätte Heilkräfte. Volkskundler gehen davon aus, dass auch dieser Brauch auf alte heidnische Trankopfer zurückgeht. Dieser Johannes verkörpert Frieden und Liebe, ähnlich wie zuvor der friedvolle Freyr, dessen Fest und Minnetrinken ebenfalls in die Wintersonnwendzeit fiel.

JOHANNISKRÄUTER

Für Kräuterkundige ist die Sommersonnenwende eine der wichtigsten Zeiten, um heilende Kräuter zu sammeln. Es gibt drei Hauptzeiten im Jahr zum Sammeln von solchen Kräutern:

1. Im Frühling nach der Tagundnachtgleiche und um Ostern werden frische grüne Pflanzen – Bärlauch, Kressen, Löwenzahn, Sauerampfer usw. –

verwendet, um die Drüsen und den Stoffwechsel anzuregen, das Blut zu entschlacken und die Frühjahrsmüdigkeit zu vertreiben. Diese »Grüne Neune« war einst eine regelrechte Kultspeise. In der Karwoche, insbesondere am Gründonnerstag oder am Karfreitag, wenn Blut, Schweiß und Tränen des Heilands die Erde tränkten, galten die Pflanzen als besonders heilkräftig. Die »Gründonnerstagssuppe« erinnert daran.

2. Der wichtigste Tag im Jahr, um Heilkräuter zu sammeln und zu weihen, ist der Tag Mariä Himmelfahrt am 15. August. An dem hochsommerlichen Tag fährt die Muttergottes in den Himmel auf und hinterlässt den geplagten Menschenkindern als Trost die Fülle der Heilkräuter. In den heißen Augusttagen sind die Heilpflanzen tatsächlich von bester Qualität. Es ist die Wärme dieser hochsommerlichen Tage, die sie anregt, ätherische oder essenzielle Öle, wirksame Alkaloide und Glykoside zu bilden. Schon die keltischen Frauen sammelten und weihten ihre Medizin- und Zauberkräuter im August.
3. Die dritte hohe Zeit der Heilpflanzen fällt in die Sommersonnwendtage. In diesen kraftgeladenen Tagen nehmen die Pflanzen die volle Stärke des Sonnenlichts auf, sie saugen diese in sich hinein. Je nach Tradition werden diese Kräuter am Vorabend der Johannisnacht oder zu Mittag am Johannistag gesammelt. In Russland und anderen osteuropäischen Ländern gehen die Frauen und Kinder am *Ivan-Kupala-Tag* (Johanni) singend oder auch schweigend durch den Wald und über die Wiesen, um heilende Pflanzen zu sammeln. Die Mädchen winden an dem gesegneten Tag Blütenkränze und werfen sie anschließend ins fließende Wasser: Wo sie hintreiben und wie schnell, wird als Orakel gedeutet. In Frankreich werden Johanniskräuter in der kurzen Zeitspanne des Läutens der Kirchenglocken zu Mittag des heiligen Tages gepflückt.

Der wichtigste Tag zum Sammeln heil- und zauberkräftiger Kräuter ist nach altem Glauben der 15. August.

> *»Gott ist tot! Gott bleibt tot!*
> *Und wir haben ihn getötet!*
> *Wie trösten wir uns, die Mörder aller Mörder?*
> *Das Heiligste und Mächtigste,*
> *was die Welt bisher besaß,*
> *es ist unter unseren Messern verblutet.«*
>
> **FRIEDRICH NIETZSCHE**
> FRÖHLICHE WISSENSCHAFT, 1882/1887

Kränze und Kronen aus den Kräutern hängt man in diesen Tagen im Stall, auf dem Dach oder im Herrgottswinkel auf. Die Johanniskräuter werden zu Sträußen und Büscheln (Sonnwendbuschen) gebunden, getrocknet und über das Jahr hinweg gegen Krankheiten aller Art verwendet, auch gegen Unwetter, Dämonentrug und Hexenwerk. Einige der segenbringenden Johanniskräuter legen die Frauen unter das Kissen, denn das soll gute Träume oder auch Glück im ehelichen Beischlaf bewirken. Gegen Blitzeinschlag wird mit Johanniskräutern, wie etwa dem Hartheu (Johanniskraut) oder der Königskerze, geräuchert. Auch die Stalltiere kommen in den Genuss dieser außerordentlich starken Kräuter.

Das Räuchern mit Beifuß und anderen Kräutern zu Johanni ist ein Spiegel der im Jahreskreis gegenüberliegenden Rau(ch)nächte, die Teil der zwölf heiligen Weihnachtstage sind.

Nie ist die Sonne stärker als zu Johanni und keine Heilpflanzen sind stärker als Johanniskräuter. Davon war man überzeugt. Um ihre Wirkung noch weiter zu steigern und sie noch mehr mit der heilenden Lichtkraft aufzuladen, hielten die Frauen die Kräuterbüschel noch kurz ans Johannisfeuer oder zogen sie durch den Rauch. Dazu durfte ein Spruch nicht fehlen, wie zum Beispiel: »Keine Beule werde an meinem Leibe, kein Bruch an meinem Fuß.«

In Frankreich sagt man, wenn man sich alle Mühe gegeben hat, um etwas zu bewirken: »Il a employé toutes les herbes de la Saint-Jean.« (»Er hat alle Johanniskräuter angewendet.«) Damit war gemeint: Es gibt keine Heilmittel, die über die Kraft der Johanniskräuter hinausgehen.

In Oberfranken war es Brauch, dass Mädchen zu Johanni kleine Kränze winden, diese kurz ins Johannisfeuer legen, halb verkohlt wieder herausnehmen und daraufbeißen. Damit wären sie das ganze Jahr gegen Zahnschmerz gefeit. Hinter diesem merkwürdigen Brauch steckt eine alte, bildhafte Assoziation: Was der Blitz ist im Makrokosmos, ist der Zahnschmerz im Mikrokosmos.

Angaben, wie viele Kräuter in einen Sonnwendbuschen gehören, sind von Gegend zu Gegend verschieden. Auf jeden Fall ist es immer eine magische Zahl. Meistens sollen es neun, also dreimal drei, Kräuter sein; oder auch sieben, siebenundsiebzig oder gar neunundneunzig.

Hier und da, in katholischen Regionen, wird ein »Johannisbett«, ein Lager aus Johannisblumen, bereitet, denn es heißt, der heilige Johannes kommt in der Nacht und legt sich drauf, aber nur, wenn man beim Pflücken fleißig betet und nicht sündigt. Am Morgen sieht man dann den Abdruck seines Körpers. Diese Blumen gelten als außerordentlich heilkräftig; sie werden unter anderem dem Vieh in Futter gestreut.

Johanni ist ein absolut christliches Fest, dennoch schimmert recht viel Heidentum durch die Fassade. Das ist auch richtig, denn wie wir sahen, ist Mittsommer ein kosmisches Ereignis, das schon lange vor der Religion des Paulus und Petrus gefeiert wurde. Es ist nicht verwunderlich, dass die Kirche ein eher gespaltenes Verhältnis zu dem Fest hatte und ihr manche Aspekte suspekt waren. So verurteilte zum Beispiel das Konzil von Ferrara 1612 nicht nur das Sammeln von Johanniskräutern, sondern auch das Sammeln von Farnsamen.

MODERNE ZEITEN

Heute haben wir ein radikal anderes Verständnis von der Sonne und den Sonnenwenden als unsere Vorfahren oder die indigenen Völker. Heute glauben wir zu wissen, dass die »liebe Frau Sonne«, die schöne *Sol* oder *Sunna* der Germanen, die mit einem Wagen über den Himmel fährt, dass der skandinavische Baldur, der keltische Belenos, der griechische Helios oder Apollo, der vedische Sonnengott Surya oder Savitri, die baltische Sonnengöttin Saule, der slawische Dasbog, den die Ostseeslawen Radegast nannten, Amun Ra der alten Ägypter, die strahlende Sonnengöttin Amaterasu der Japaner und die vielen Sonnengottheiten der verschiedenen Ethnien, wie auch die Gestalt des heiligen Johannes lediglich kulturelle Konstruktionen sind – Fantasien, die eine jeweilige Gemeinschaft spinnt, um ihrem Dasein Sinn und Zusammenhalt zu geben. Nichts als Kinderträume also, Projektionen ins gleichgültige, leere All.

Das sagt die Wissenschaft

Inzwischen seien wir erwachsen. In Wirklichkeit – so die empirische Wissenschaft – ist die Sonne ein 150 Millionen Kilometer von der Erde entfernter Zwergstern in einer Galaxie, unter mehr als 200 Milliarden Galaxien. Sie ist ein kosmisches Fusionskernkraftwerk, eine strahlende Kugel, in der pro Sekunde 600 Millionen Tonnen Wasserstoff zu 596 Millionen Tonnen Helium umgewandelt werden. Die dabei freigesetzte Energie entspricht 90 000 Wasserstoffbomben – pro Sekunde!

Galaxien sind wirbelnde, durch Gravitation gebundene Ansammlungen von Sternen und deren Planetensysteme, von Staub und anderer interstellarer Materie. Galaxien sind unvorstellbar gigantisch. Unsere Galaxie, die Milchstraße, besteht aus einem Ring von etwa 250 Milliarden Sternen; sie hat einen Durchmesser von etwas über 100 000 Lichtjahren. Das ist unfassbar weit, denn das Licht reist mit 300 000 000 Kilometern pro Sekunde oder einer Milliarde Kilometern pro Stunde. Das Licht unseres Sterns braucht 8 Minuten und 20 Sekunden, um unseren Planeten zu erreichen. Das von dem Mond reflektierte Sonnenlicht dagegen benötigt nur 1,3 Sekunden, ehe es auf der Erde ankommt.

Das sind selbstverständlich Dimensionen, die sich der Mensch kaum vorstellen kann. Aber das ist der entscheidende Punkt: Die Erkenntnis ist eine Kopfangelegenheit, man muss es sich mental vorstellen. Was unser Herz und unsere Sinne wahrnehmen, ist dagegen etwas anderes: Wir sehen und empfinden die Wärme der Sonne auf unserer Haut; wir spüren, wie wohltuend sie ist, dass sie uns froh macht und die Schatten möglicher Depressionen vertreibt; wir erleben das Tagesgestirn als den großen Pulsgeber des Lebens und wir spüren die Sonnenwenden mit Leib und Seele. Da ist nichts Abstraktes daran.

Ich bin nicht geneigt, die großen Sonnengottheiten, etwa die »liebe Frau Sonne«, als längst überlebte Fiktionen zu sehen. Götterbilder werden erzeugt, indem die Menschenseele mit den Phänomenen in Resonanz tritt. Diese Bilder sind – zugegeben – kulturspezifisch. Jede Kultur kleidet sie in die Sprache (Worte, Poesie) und die Imaginationen, die inneren Bilder, die zu ihr passen und zu ihr gehören. Und solche Bilder werden in den Menschengesellschaften von Generation zu Generation weitervermittelt.

Unser Universum erschöpft sich eben nicht in den objektiven materiell-energetischen Sachverhalten, welche die naturwissenschaftlichen Forscher ermitteln. Sondern es besitzt auch ätherische (vitale), seelische (animistische, astrale) und spirituelle (geistige) Dimensionen. Diese Tiefe des Seins, jenseits der messbaren physikalischen Erscheinungen, kannten alle traditionellen, vormodernen Kulturen; es ist die Grundlage sämtlicher Religionen und genauso des sogenannten Schamanismus.

Inzwischen gilt die Sonne für viele Zeitgenossen als eine Quelle der Gefahr; sie ist nicht mehr die liebende Mutter des Lebens. Das Sonnenlicht, heißt es, solle man meiden, es verursache Hautkrebs. Ohne Sonnenblocker solle man sich nicht hinauswagen. Dass Sonnenschutzmittel vor Hautkrebs schützen, ist jedoch wissenschaftlich nicht erwiesen. Im Gegenteil, die Cremen und Lotionen vermindern die Produktion von Vitamin D, welches die Knochen stärkt und ein körpereigenes Krebsschutzmittel ist. (Spitz/Grant 2010) Außerdem dringen diese Mittel in die Haut ein und werden vom Lymphsystem im Körper verteilt, wo sie Metaboliten erzeugen, die nicht unbedingt gesund sind.

Hinzu kommen die Bedenken, dass der kosmische Feuerball – zusammen mit dem »Giftgas« CO_2 – die Erdatmosphäre erhitzt, was zur »Klimakatastrophe« beiträgt. Man beabsichtigt, die auf die Erde eintreffende Sonneneinstrahlung zu verringern, um damit die globale Temperatur zu reduzieren. *Solar Radiation Management* (SRM) nennt man das offiziell. Durch die Installation von Spiegeln im Weltraum, durch das Erhöhen der Rückstrahlung des Sonnenlichts, indem man die Dächer weiß streicht (Albedo-Effekt) oder, noch besser, durch das Ausbringen von Schwebeteilchen (Aerosole) in die Stratosphäre – das wirkt wie ein Sonnenschirm – könnte man das erreichen. Natürlich hätte die Minderung der Sonneneinstrahlung einen Nachteil für die Effizienz der Sonnenkollektoren.

Man hat den Eindruck, dass bei diesem gefährlichen Unterfangen Zauberlehrlinge am Werk sind, wie sie in Goethes Ballade[37] beschrieben werden. Hat man die Pflanzen gefragt, ohne deren Fotosynthese (Lichtassimilation) es kein Leben auf der Erde gäbe? Was geschieht mit der Ozonschicht, dem Schutzschild der Erde vor ultravioletter Strahlung? Hat man die möglichen Nebenwirkungen auf die Biosphäre untersucht? Und was ist mit der Vitamin-D-Synthese im menschlichen Körper, die vom Sonnenlicht abhängig ist? Vielleicht hat der liebe Gott (oder die Große Göttin) doch keine Fehler gemacht; vielleicht braucht es kein Geo-Engineering, um die Schöpfung zu verbessern. Vielleicht sind unsere Primatenhirne doch nicht so intelligent, wie wir glauben.

Menschen, Tiere und die gesamte Natur brauchen die Sonne als Geberin von Lebenskraft und Lebensfreude.

Die wichtigsten Kräuter der Sommersonnenwende

Hartenau, Johanniskraut,
du goldnes Blut der Sonne;
so man dich nur kurz erschaut,
durchflossen wird von Wonne.

KLAUS MALEINER
ÖSTERREICHISCHER BOTANIKER

DIE AM JOHANNISTAG gesammelten Kräuter – meistens sollen es neun an der Zahl sein – gelten als besonders heil- und zauberkräftig. Sie wirken gegen Blitz und Feuergefahr und gegen Hexen und Teufel, wenn man sie in Haus und Stall aufhängt, damit räuchert oder sie als Teekraut verwendet.

Auch von 33 oder 99 Kräutern, die gesammelt werden sollen, ist in alten Büchern die Rede. Die Erklärung für diese absurd hohen Zahlen ist eine ganz einfache: Die Drei und die Neun sind für sich schon magische Zahlen. Wenn man sie aber verdoppelte, also zwei davon einfach hintereinanderstellte, dann galten sie als doppelt wirksam. Vermutlich hat also niemand, auch nicht in früheren Zeiten, 99 verschiedene Kräuter gesammelt.

Die Liste der Sommersonnwendkräuter ist lang und von Region zu Region verschieden. Alle können wir nicht auflisten. Wir wollen hier nur einige Beispiele geben.

Als »Johanniskräuter« bezeichnete man früher alle Heilkräuter, die zur Sommersonnenwende blühen. Auch Frauenmantel, Beifuß, Dost, Arnika, Gundermann, Schafgarbe, Margerite, Nelkenwurz und andere in diesen

Das strahlend gelb blühende Johanniskraut ist die Symbolpflanze für den Sonnwendtag. Es heißt auch Hartheu, weil seine Stängel getrocknet so hart sind, dass sie vom Vieh verschmäht werden.

lichten Tagen gesammelte Kräuter gelten regional als Johanniskräuter. Heute wird einzig das licht- und wärmeliebende, gelbblühende Tüpfel-Johanniskraut mit diesem Namen belegt. Fangen wir mit diesem, dem wichtigsten der Johanniskräuter, an, dem Hartheu.

HARTHEU
(HYPERICUM PERFORATUM)

Hartheu, Hartenau, Tausendloch, Sonnwendblume, Donnerblume, Blitzkraut, Blutkraut, Herrgottsblut, Kranzkraut, Jageteufel, Marienkraut, Ölblum und Loskraut sind einige der mundartlichen Namen des Johanniskrauts.

Zur Mittsommerzeit blüht die Pflanze üppig. Sie ist ein wahrhaftiges Lichtkraut. Die fünf Blütenblätter sind nicht ganz symmetrisch, sie haben eine schärfere und eine breit ausgeladene Seite, wie Flugzeugpropeller oder wirbelnde Licht-*Chakren*. Die Samen keimen nicht in der dunklen Erde, sondern nur im Licht; auch das rote Öl — die Germanen kannten es als »Elfenblut« – braucht direktes Sonnenlicht, um sich zu entwickeln.

Durchsichtige Öldrüsen besetzen die Blattspreiten, sodass sie aussehen, als seien sie durchlöchert; die Volksfantasie führt diese »Löcher« auf den Teufel zurück, der die Pflanze wie ein Zwangsneurotiker mit einer Nadel traktierte, da er sich über ihre Heilkraft maßlos ärgerte. Überhaupt mögen die Dämonen und Krankheitsgeister dieses Kraut nicht. Deswegen nannte man es im Mittelalter Teufelsflucht, Jageteufel oder in der Gelehrtensprache *Fuga daemonum*. Dass es den Teufel vertreibt, glaubten auch die dominikanischen Inquisitoren: Bei der »peinlichen Befragung« (Folter) beräucherten sie die als Hexen Angeklagten mit dem Kraut, damit der Satan ihnen nichts einflüstern könne.

Der beim Zerdrücken der Blüte hervortretende Saft galt in vorchristlichen Zeiten als das Blut des mittsommerlichen Königsopfers, im Norden als das Blut des tödlich verwundeten Baldur, später dann, nach der Christianisierung, als das Blut Johannes des Täufers. Gelegentlich heißt es, es sei das Blut des gekreuzigten Heilands, das auf die Erde tropfte; oder es seien die blutigen Tränen, die Maria um ihren getöteten Sohn weinte. (Bächtold-Stäubli, Bd. 3 1987: 1485)

Das am Johannistag gepflückte, blühende Johanniskraut hält, an Türen und Fenster gesteckt, allen bösen Zauber fern. Den beliebten Brauch, den schon die Heiden kannten, deuteten die Christen um. Da heißt es, die Späher, die ausgesandt wurden, um Johannes den Täufer zu finden, fanden tatsächlich das Haus, in dem er sich versteckt hielt. Damit die Häscher den Aufenthaltsort des heiligen Mannes erkennen würden, steckten sie einen Hartheustrauß in dessen Fenster. Aber dann geschah ein Wunder: An sämtlichen Häusern im Ort befand sich ein Johanniskrautgesteck, sodass die Verfolger ganz verwirrt waren.

Neuere Forschungen belegen, dass Johanniskrauttee den Leberstoffwechsel beschleunigt und dabei Fremdstoffe aus dem Körper schneller entfernt. Synthetische Medikamente werden dabei ausgeleitet und uneffektiv gemacht. Zum Beispiel schwächt Johanniskraut die Wirkung der Antibabypille, sodass trotz Verhütung immer wieder unerwartete Kinder – man nennt sie »Johanniskrautbabys« – geboren werden. Der Tee schwächt auch die Wirkung von gerinnungshemmenden Medikamenten (Blutverdünner), Blutfettsenkern, Immunsuppressiva, auf die etwa Organtransplantierte angewiesen sind, synthetischen, herzleistungssteigernden Mitteln wie Digoxin oder Theophyllin, auch Psychopharmaka, Antihistaminika, Methadon für Heroinabhängige, Midazolam für die Narkoseeinleitung bei Operationen und chemotherapeutischen Krebsmitteln. Wer da betroffen ist, sollte auf Johanniskrauttee auf jeden Fall verzichten.

Ansonsten hilft Johanniskrauttee, wenn man ihn über einen längeren Zeitraum trinkt, bei Niedergeschlagenheit und Melancholie, auch bei Winterdepressionen, wenn Dunkelheit und Kälte den Menschen auf den Geist gehen. Der Tee vermittelt der Seele Licht. Wissenschaftlich gesagt, erhöht er die Wiederaufnahmehemmung von Neurotransmittern wie Serotonin, Dopamin, Noradrenalin und anderen. Dabei erzeugt er keine Abhängigkeit wie etwa Valium (Diazepam), auch wird die Wahrnehmung nicht beeinträchtigt.

Paracelsus, der geniale Arzt aus dem 16. Jahrhundert, lehrte, dass Johanniskraut die *Phantasmata*, »die Krankheiten ohne Corpus und Substanz« – Stimmen hören, Wahnsinn, Aberwitz, Hypochondrie, Melancholie – vertreiben könne, wenn man das Kraut bei Sonnenaufgang, in die Sonne schauend, pflückt, ständig bei sich trägt und nachts unter das Kissen legt. Der botanische Name der Pflanze, *Hypericum*, bedeutet »über« *(hyper)* und »Bild« *(eikon)*. Paracelsus meinte, es heiße so, weil es das Gemüt »über die Einbildungen« heben kann.

Johanniskraut wird zur Sommersonnenwende zum Schutz nicht nur vor Fenster und Türen, sondern auch in die vier Ecken des Hauses und auch der Felder gesteckt; es wird ins erste Bad eines Kindes getan oder auch dem verzauberten Vieh ins Futter gemischt. Selbstverständlich kann die mächtige Pflanze angezauberte Liebe unwirksam machen. »So einer durch zauberische Liebe von Sinnen gekommen und unsinnig worden«, dem gebe man Johanniskraut »in 3 Maß Wein gesiedet« — heißt es in einem alten Manuskript.

Johanniskraut beruhigt; das ist inzwischen klinisch bewiesen. Früher glaubte man, dass es nicht nur den menschlichen Mikrokosmos beruhigt,

Dost, Hartheu und Wegscheid (Wegwarte)
tun dem Teufel viel Leid.

LÄNDLICHER SPRUCH

sondern auch die äußere Atmosphäre, wenn etwa im Hochsommer ein heftiges Gewitter mit Starkregen, Sturm, Blitz und Hagel droht. Vor einem solchen Gewitter ist die Atmosphäre elektrisch aufgeladen, das ansonsten sanfte Vieh wird unruhig, die Bremsen und Stechfliegen beißen und auch die Menschen sind gereizt. Da war es Brauch, dass die Hausherrin, die weise Großmutter, mit einer Pfanne mit glühender Kohle kam und mit getrocknetem Hartheu räucherte. Dazu wurde gesprochen:

Hartenau und Dill
macht das Gewitter still.

oder

Eisenkraut und Hartenau
brennt's an,
dass sich das Gewitter stau.

Und aus Sachsen-Anhalt wird berichtet, dass einst tagelang ein Gewitter wütete und die Ernte bedrohte, als man eine Stimme aus dem Himmel vernahm, die da sprach:
»Ist denn keine einzige Frau, die da weiß um Hartenau?!«
Daraufhin wurde Johanniskraut – Hartenau – geholt und sofort wich das Gewitter.

Der heilige Johannes gilt übrigens als der »Blitzpatron«; er ersetzte den Donar als Mittsommergottheit. Bei den Slowenen und Kroaten zum Beispiel wird Johannes gegen Blitz und Hagelschlag angefleht.

Und schließlich wollen wir nicht das weinrote Johannisöl vergessen, das man einreiben kann, um Nervenschmerzen zu mildern und Hexenschuss, Gicht, Rheuma, Gürtelrose oder auch Sonnenbrand zu behandeln. Als Sonnenschutzmittel ist das Rotöl aber keinesfalls zu verwenden, da es photosensibilisierend wirkt, also die Lichtempfindlichkeit erhöht, und den Sonnenbrand verschlimmert. Hat man aber schon zu lange in der Sonne gelegen und hat sich die Haut schmerzhaft gerötet, kann man den Sonnenbrand (nachdem man nicht mehr in der Sonne liegt) sehr wohl mit Johanniskrautöl behandeln.

ARNIKA
(ARNICA MONTANA)

Die Arnika, ein Korbblütler, der bis auf 2500 Meter in Bergeshöhen wächst, ist eine wahrhafte Lichtpflanze, ein Lichtkeimer[38]. Sie wählt die freie Flur, die mächtigen Lichtströme der Höhensonne; sie flieht Kalkböden; Kunstdünger tötet sie. (Pelikan 1975, Bd. II: 248)

In ihr haben wir eine weitere wichtige Sommersonnwendpflanze. Viele mundartliche Benennungen weisen darauf hin. Sonnwendblümel heißt sie im Bayerischen Wald, ähnlich in Schweden, wo man sie *Midsommarblomster* oder *St. Hansblomster* nennt. Sie ist die Johannisblume, das Johans-Blümel in Teilen Mitteldeutschlands, und in Polen wird sie *Kupalnik* genannt, nach dem mittsommerlichen *Kupala*-Fest.

In der böhmisch-sächsischen Schweiz machten die Kinder früher am Johannistag ein »Johannesbett« aus Arnikablüten, Margeriten, Glockenblumen und anderen Blumen und legten Heiligenbildchen darauf; am nächsten Morgen fanden sie einige Münzen darunter. (Marzell 2002: 293)

Die Arnika, die einst Bergwolfsverleih hieß – daraus wurde später der Bergwohlverleih – spielte in heidnischen Zeiten bei den Bilwis-Priestern eine wichtige Rolle. Sie wurde zur Sommersonnenwende in die vier Ecken des Feldes gesteckt, um den Korngeist, den Kornwolf, also die Kraft des Wachstums, im Feld zu halten (siehe Seite 29). Wie wir schon gesehen haben, machten die Bauern das immer noch, nachdem sie zur neuen Religion bekehrt wurden; nun aber taten sie es, um den verteufelten Bilwis vom Kornfeld zu jagen.

Donnerblume – *Dunderblume* im Hotzenwald – ist ein weiterer Name. Gewitter, mit Donner und Blitz, gehören ja zur schwülen, warmen Jahreszeit, deswegen schützt Arnika, wie auch das Echte Johanniskraut, vor Blitzeinschlag. Dafür kann man einen Strauß, den man am Johannisabend gepflückt hat, unter dem Dach aufhängen. Oder man räuchert mit der getrockneten Pflanze, um ein Unwetter zu vertreiben. Ein Spruch dazu heißt:

Die Arnika mit ihren sonnengelben Blütenköpfen gehört zu den wichtigsten Heil- und Zauberpflanzen der Sommersonnenwende.

Steckt Arnika an, steckt Arnika an,
dass sich das Wetter scheiden kann!

Weitere ältere Namen der Arnika sind Wolfwurz, Wolfverlei, Wolfsauge, Wolfsgelb, plattdeutsch *Wulfeskrut*, englisch Wolfdistel (*wolf thistle*; angelsächsisch *wulvesteasel*) oder slowenisch Wolfszahn *(volcji zob)*.

Hildegard von Bingen kennt sie als *Wulvesgelegena*.[39] Für die kräuterkundige Äbtissin ist die Arnika keine Heilpflanze. Sie schreibt, sie hätte eine giftige Wärme in sich. »Wenn ein Mann oder eine Frau vor Begierde brennt und dann ein Mensch ihn oder sie an der Haut mit grüner Wulvesgelegena berühren sollte, wird die betreffende Person in Liebe zu ihm entbrennen. Ist dann jenes Kraut vertrocknet, wird der von diesem Kraut berührte Mann oder die Frau durch jene Liebe, in der er oder sie entbrannte, nahezu närrisch, sodass er oder sie fortan töricht sein wird.« (Riethe 2007: 467)

Was hat das mit dem Wolf auf sich? Es bedeutet schlicht, dass es sich um eine Giftpflanze handelt. Die Germanen verglichen Giftpflanzen mit reißenden Wölfen. Tatsächlich kann Arnika in zu hoher Dosierung tödlich giftig sein. Der Züricher Frühwissenschaftler Konrad Gesner, einer der ersten, der sich mit der Arnika befasste, schrieb 1565, dass er 2 Drachmen (3,75g) von der Pflanze probiert hätte und dass es ihm gut bekommen sei. Eine halbe Stunde später war er tot.[40]

Die Arnika ist eine mächtige Heilpflanze bei Quetschungen, Verstauchungen, Prellungen, Geschwüren und anderen Problemen, aber sie wird nur äußerlich als Tinktur oder Kompresse angewendet. Innerlich ist sie, in ganz geringer Dosierung, ein Herzstärker und hat Goethes Leben gerettet. (Storl 2022: 193)

BÄRLAPP
(LYCOPODIUM CLAVATUM)

Der Keulenbärlapp, der am liebsten in schattigen Tannenwäldern und an der Nordseite der Berge wächst, ist ein lebendes Fossil. Er stammt aus der

Steinkohlezeit (Karbon), einer Zeit, in der es noch keine richtigen Blüten, keine Bienen, Schmetterlinge und weder Säugetiere noch Vögel gab. Der Bärlapp vermehrt sich mithilfe von Sporen, die er in großen Massen produziert (siehe Seite 32).

Es gibt viele Namen für das moosartige Gewächs, die alle auf das Wesen dieser Urpflanze hindeuten – *nomen est omen*: Drudenfuß (eine Drude ist ein Druckgeist, ein Nachtmahr, der oder die nachts auf dem Schlafenden hockt, ihn drückt, mit Albträumen plagt und ihn geschwächt aufwachen lässt), Schlangenmoos, Teufelsklauen, Teufels Hosenband (in Tirol: *Toifl sei Strumpfbandl*), Wolfsklauen, Hirschkolben, Hexenranken und Johannisgürtel oder Gürtelkraut. Letzteres bezieht sich auf den Sommersonnwendbrauch, in den Beifußgürtel, den man beim Johannisfeuer trägt, auch Bärlapp hineinzuweben. Das gelbe Sporenpulver, Hexenmehl, Teufelkrähenmehl, Freiselmehl[41], Blitzpulver, Erdschwefel oder Drudenmehl genannt, enthält Öl und viel Aluminium (50 % in der Asche). Daher ist es leicht entzündlich.

BEIFUSS
(ARTEMISIA VULGARIS)

Der Beifuß, auch Mugwurz genannt, hat verschiedene Volksnamen, die auf seine Rolle beim Johannisfest hinweisen: *Sunnwendgürtel* (Altbayern), *Sunnenwendstaude* (Tirol) oder *Johanniskraut* (Vorarlberg). In Deggendorf (Niederbayern) werden zur Sonnenwende Beifußkränze geflochten und im Stall aufgehängt, um schädliche Einflüsse abzuhalten. Aus Tirol ist der Spruch dazu bekannt (Marzell 2002: 285):

Ein Kranzl in der Johannsnacht
von zwei Reisern mit zwei Fingern gemacht
und über keine Türschwell
und unter keiner Tropfstell (Dachtraufe)
ins Haus gebracht.

Vom »Johannisgürtel« haben wir schon geredet. Johannes der Täufer soll ihn als Gürtel getragen haben, ursprünglich war es wohl der »Machtgürtel«

Aus Beifuß, einer wichtigen Götterpflanze, flocht man Kränze, die dann ins Johannisfeuer geworfen wurden.

des Donar (Thor). Zum Schluss des Feuerfestes wird der Gürtel mit einem Heilwunsch in die Flammen des Johannisfeuers geworfen. Das Feuer lodert dabei kurz lilafarben und gelblich auf; dabei verbrennen Krankheit und Sünde.

Aber auch die Kelten kannten den Gürtel aus diesem besonderen Kraut. Der gallisch-römische Gelehrte Marcellus Empiricus (4./5. Jh.), der in seinem Manuskript antike Arzneien und vor allem solche gallischen Ursprungs vermittelt – darunter 150 von den Galliern angewendete Heilpflanzen –, gibt den Rat, den Beifuß vor Sonnenaufgang mit der herznahen, linken Hand aus dem Boden zu reißen und sich damit die Lenden zu umgürten. Das war ein Rezept gegen Lendenschmerzen und hatte wahrscheinlich weniger mit dem Sonnwendfeuer zu tun.

Seit der jüngeren Altsteinzeit, als unsere Vorfahren in der Eiszeitlandschaft Mammuts, Rentiere und Bisons jagten, war die Artemisia für die Menschen eine heilige Pflanze, mit der sie ihre Kultplätze auslegten. Die Prärieindianer machen das immer noch bei ihren mittsommerlichen Sonnentänzen, wo sie sich in die Trance hineintanzen, um mit den Göttern kommunizieren zu können. Wenn man den Beifuß zerreibt oder mit ihm räuchert, vermag er die Pforten der Seele zu öffnen. Dazu braucht man kein Gläubiger oder Esoteriker zu sein, jeder kann das erleben. In ganz Asien und Nordamerika wird diese Pflanze im sakralen Kontext verehrt. Das war auch bei den Germanen so, wie wir im angelsächsischen Kräutersegen erfahren, wo die Mugwurz (angelsächsisch *mucgwyrt*) die allererste der neun Kräuter *Wodens* (Odins) ist. Mit diesem Spruch wurde die Pflanze angesprochen:

Erinnere du dich, Beifuß, was du verkündetest,
was du anordnetest in feierlicher Kundgebung.
Una[32] heißt du, die Älteste der Kräuter:
Du hast Macht gegen 3 und gegen 30,
du hast Macht gegen Gift und gegen
Ansteckung,
du hast Macht gegen das Übel,
das über das Land dahinfährt.

BLUTWURZ
(POTENTILLA ERECTA)

Die Blutwurz, auch Tormentilla, Aufrechtes Fingerkraut oder Rotwurz genannt, ist ein ausdauerndes, zirkumpolar wachsendes kleines Kraut aus der Familie der Rosengewächse. Die Blüte hat vier gelbe Blütenblätter. Was ihr ihren Namen gab, sind die kräftigen, kriechenden Wurzelstöcke. Wenn man diese aufschneidet, fällt einem auf, dass sie blutrot gefärbt sind. Vielerorts wurden sie am Johannistag gesammelt, da man glaubte, dass sie an dem Tag besonders heilkräftig seien.

BRENNNESSEL
(URTICA DIOICA)

Die Brennnessel kennt jeder, kennt ihre Nadeln, die bei Berührung arg brennen und Quaddeln verursachen. Naturverbundene Kräuterkundige wissen auch um ihre gewaltige Heilkraft: Als Tee »reinigt« sie das Blut, schwemmt Harnsäure aus und hilft bei Rheuma, Gicht, Ekzemen und Harngries. Sie ist gut für die Verdauung, für Magen und Darm und auch für die Bauchspeicheldrüse. Eine Tinktur aus den Wurzeln hilft bei altersbedingter, gutartiger Vergrößerung der Vorsteherdrüse (Prostata). Die Samen (Nüsschen) enthalten besonders viele anregende, stimulierende und tonisierende Wirkstoffe, die immunstärkend bei Rekonvaleszenten und Potenzschwächen wirken. Auch für Gärtner und Bauern ist die Brennnessel ein guter Verbündeter. Verdünnte Brennnesseljauche düngt und vertreibt Schädlinge, wie etwa Blattläuse. Die getrockneten Blätter sorgen, unters Futter gemischt, für ein glänzendes Fell der Tiere, insbesondere der Pferde; ins Hühnerfutter getan, verleihen sie den Eidottern ein intensives Gelb und die Tiere bekommen keinen Durchfall.

Was aber hat dieses Kraut mit dem Mittsommerfest zu tun? Die Antwort liegt in seiner magischen, apotropäischen (zauberwidrigen) Natur. Am Johannistag soll man Brennnesselpfannkuchen essen, denn das hilft gegen Elfenzauber. Im Gegen-

Das Echte Eisenkraut galt als mächtiges Zauberkraut. Es diente im Volksglauben vor allem dem Liebeszauber und sollte »tüchtig zum Beischlaf und das Glied hart wie Eisen« machen.

satz zur romantischen und esoterischen Literatur, wo die Elfen (Elben, Alben) als gütige, lichthafte Gestalten erscheinen, galten diese Wesen aus der Parallelwelt den europäischen Bauern als eher gefährlich. Sie sind oft neidisch auf Menschen und holen sich manchmal die besonders niedlichen kleinen Kinder. Begabte Sänger und Musiker sterben oft jung, da die Elfen, die selber gerne singen und tanzen, sie bei sich haben wollen. Auch wenn man Elfen beleidigt, können ihr Hauch oder ihre Pfeile (Elfengeschosse) Krankheit bringen.

In Russland und Osteuropa hängen die Bauern Brennnesselbüschel in Haus und Stall auf, damit keine bösen Geister eindringen, während sie draußen am Sonnwendfeuer singen und tanzen. Auch an die Hörner der Kühe bindet man die Pflanze. In Skandinavien kannte man den Brauch, zu Johanni einander mit Nesselruten zu schlagen, die in Urin eingetaucht wurden.

In der russischen Volkskunde gelten Brennnesseln als pflanzliches Feuer. Über einen Haufen Brennnesseln zu springen, gilt als fast so gut, wie über die Glut des Johannisfeuers zu springen.

Die Blüten der Brennnessel sind zwar unscheinbar grünlich, aber ohne das Heilkraut wären unsere Sommer weniger bunt, denn es ist die Hauptfutterpflanze der Raupen vieler farbenprächtiger Schmetterlinge wie Admiral, Kleiner Fuchs, Tagpfauenauge, C-Falter, Landkärtchen und anderer. Insgesamt ist die Brennnessel Nahrungspflanze für über 30 Falter- und Schmetterlingsarten. Auch uns Menschen schmeckt das Nesselgrün gut, besser jedenfalls als der langweilige Gartenspinat.[43] Frisch geerntet oder für den Winter getrocknet, als Beigabe in Suppen und Mehlspeisen, ist die Brennnessel ein nahrhaftes Gemüse.

EISENKRAUT
(VERBENA OFFICINALIS)

Kaum zu glauben: Das duftlose, einheimische Eisenkraut mit seinen unspektakulären, kleinen, lilafarbigen Blüten war für die Kelten eines der wichtigsten Zauberkräuter. Der lateinische Name

Verbena geht auf das keltische *ferfaen* (*fer* =»fegen«, *faen* = »Stein«) zurück, denn es wurde bei den Kelten wie auch bei den Römern verwendet, um die dem Donnergott Jupiter geweihten Altarsteine zu fegen, damit er sich darauf niederlassen und offenbaren konnte. Die Römer und später die keltischen Christen benutzten Eisenkraut als Wedel, um bei Reinigungsriten Lustralwasser (geweihtes Wasser) zu versprengen. Die Gallier losten und weissagten mit den Stängeln. Die Druiden trugen das Kraut als Kränze auf ihrem Haupt, um die Wirkung feindlicher Zaubergesänge abzuwehren. Auch die römischen Diplomaten hatten das Kraut dabei, wenn sie mit Feinden verhandeln mussten, die ihnen nicht wohlgesinnt waren. Friedensverträge wurden dann mit den Verbena-Stängeln berührt, um ihre Gültigkeit zu unterstreichen.

Die Liste der magischen Anwendungen könnte beliebig weitergeführt werden. Aber das Wissen darum war in Nordeuropa nicht Teil des allgemeinen Volksglaubens, sondern es interessierte vor allem die schriftkundigen Gelehrten und Priester. Dazu schreibt einer der »Väter der Kräuterkunde«, Hieronymus Bock (1498–1554): »Unsere teutschen Zauberer umbreissens (das Eisenkraut) auff S. Johansabend mit golt und sylber, beschwerens, verzauberns und grabens auff S. Johannstag vor der Sonnenauffgang um, also fast ist die zauberei eingerissen bei den Geistlichen mehr dann bei dem gemeynen Man.« (Kreuterbuch, Straßburg, 1539)

Seit der Zeit ist der Gebrauch des Eisenkrauts beim Johannisfeuer volkstümlich geworden. (Bächtold-Stäubli 1987, Bd. II: 735) Es diente vor allem dem Liebeszauber, wobei es hieß, es mache »tüchtig zum Beischlaf und das Glied hart wie Eisen«.

ERDBEEREN
(FRAGARIA SPP.)

Die Walderdbeeren, auch die Gartenerdbeeren, sind das erste süße Naschobst im Jahr, das Mutter Natur den Menschenkindern schenkt. In den lauen Mittsommertagen sind diese Früchte reif, wohlriechend, saftig und rot. Selbstverständlich gehören Erdbeeren mit zur Wonne der Sommersonnenwende. Überall wurden sie der Göttin des Lebens, der Großen Mutter, der Frau Sonne, auch der holden baltischen Sonnengöttin Saule geweiht. Vor allem aber der Herrin der sinnlichen Liebe, der Freya, der Venus, der Aphrodite. »Ich bin so wild nach deinem Erdbeermund«, dichtete der verwegene François Villon (1431–1463) in seinen »Lasterhaften Liedern«[44]. Klaus Kinski ließ es sich nicht entgehen, dieses libidinöse Gedicht vorzutragen. Zu ungefähr dieser Zeit malte Hieronymus Bosch in seinem »Garten der Lüste« (1410 oder 1420 n. u. Z.) eine Gruppe nackter Menschen, die um eine riesige Erdbeere, das Symbol der sinnlichen Versuchung, sitzen. In mittelalterlichen Liedern taucht die Erdbeere, ihrer Form und Farbe wegen, auch als Synonym für die weibliche Brustwarze auf.

Nicht nur den Liebesgöttinnen, sondern auch der Jungfrau Maria wurde die von den Heiden verehrte Erdbeere geweiht. Das kleine Rosengewächs sollte ihre Jungfräulichkeit, Demut, Bescheidenheit und Milde symbolisieren; die weißen Blüten seien Ausdruck ihrer Reinheit und Unschuld. Das dreiteilige Blatt des kleinen Rosengewächses galt als Zeichen der göttlichen Trinität. Die Beere selber sollte an einen Tropfen Blut erinnern, das der Sohn Marias für die sündigen Menschen vergoss.

Ich bin so wild nach deinem Erdbeermund,
ich schrie mir schon die Lungen wund
nach deinem weißen Leib, du Weib.

PAUL ZECH, 1930

Der unscheinbare Gundermann blüht lange vor der Sommersonnenwende. Zum Johannisfest flicht man einen Kranz aus den langen Ausläufern und setzt ihn auf den Kopf gegen Krankheit und Verhexung.

Trotz all dem haderten die Kirchenmänner mit der verführerischen, süßen, roten Frucht. Zwar erinnern die Beeren an den himmlischen Überfluss des verlorenen Paradieses, andererseits jedoch symbolisieren sie – wie in Hieronymus Boschs Gemälde – Verlockung und Begierde, Eitelkeit und vergängliches Vergnügen. (Zerling 2007:72) Hildegard von Bingen teilt diese Skepsis; für sie taugen die *ertbere* »weder dem gesunden noch dem kranken Menschen zur Speise, weil sie nahe der Erde wachsen und auch, weil sie in lauer Luft sprießen«. (Riethe 2007: 475)

Offensichtlich sind Erdbeeren aus heutiger Sicht gesund und vitalisierend. Neuere Untersuchungen zeigen, dass sie auch vor den Folgeschäden durch übermäßigen Alkoholgenuss schützen. Wenn das nicht zur mittsommerlichen Gaudi passt!

GUNDERMANN
(GLECHOMA HEDERACEA)

Vom Gundermann, diesem kleinen, würzig duftenden Lippenblütler, haben wir schon erzählt, etwa, dass man ihn beim Sommersonnwendtanz gerne als Kranz ins Haar geflochten hat, damit die Ekstase einen nicht völlig wegfliegen ließ, damit man mit der Erde verbunden blieb (siehe Seite 23). Ein Gundermannkranz, glaubte man, mache zudem hellsichtig. Wer zum Beispiel in der Walpurgisnacht einen solchen Kranz trägt, wird die Astralleiber der herumschwirrenden Hexen sehen können. Das Pflänzchen, auch Gundelrebe, Erdefeu, Kranzkraut, Huder und plattdeutsch *Krupp-dörn-Tun* (»Kriech durch den Zaun«) genannt, war schon für die indigenen Germanen eine der wichtigen Heilpflanzen. Es war die beliebteste Bierwürze, ehe die Benediktinermönche den Hopfen brachten. Die Bauern benutzten Gundelrebe damals schon als Mittel, um bei Kühen einen stockenden Milchfluss wieder anzuregen. (Storl 2021a: 65ff) Auch bei Zahnschmerzen wurde Gundermann verwendet: Eine Sage erzählt, dass der heilige Johannes einmal Jesus begegnete. Jesus schaute ihn an und fragte: »Johannes, warum bist du so traurig?«
»Warum sollte ich nicht traurig sein! Mein Mund ist am Verfaulen!«

»Johannes, hol drei Gundelreben und lass sie durch deinen Mund schweben, so wird dein Mund wieder gesund.«

In Frankreich, in der Charente, heißt Gundermann *la Sainte Jeanne* (Johanniskraut oder »heilige Johanna«). Am Johannistag legt man ihn auf rheumatische Körperstellen und glaubt dann, dass die Krankheit verschwinde. (Marzell 2002: 197)

HASELNUSS
(CORYLUS AVELLANA)

Wünschelruten werden meistens aus Haselgerten hergestellt. Die Hasel vermag das Fühlen des Rutengängers zu bündeln, sodass er in verborgene Reiche hineintasten kann und zum Beispiel Wasser- oder Erzadern ausfindig machen kann. Traditionell schnitt man die dafür vorgesehene Rute an »heiligen« Tagen, wie zu Ostern, Pfingsten oder dergleichen. Als besonders günstig gelten die jeweils zwölf Tage der Sonnenwenden, insbesondere, wenn der Neumond in diese Tage fällt.

In Irland werden beim Maifest *(Beltaine)* und zur Sommersonnenwende die Kühe zwischen zwei Feuer getrieben und mit brennenden Haselstrauchzweigen leicht angesengt, um sie gegen Zauberei zu feien. Den Pferden werden in dieser Zeit kleine Haselzweige in die Mähnen geflochten, um sie vor negativem Elfenzauber zu schützen. (Gifford 2006: 92)

HOLUNDER
(SAMBUCUS NIGRA)

Der Holunder, der im Hof oder am Haus wächst, ist eine Schatztruhe voller Heilkräfte. Er ist des Bauern Apotheke, von dem der Volksmund sagt:

Rinde, Beere, Blatt und Blüte,
jeder Teil ist Kraft und Güte,
jeder segenvoll!

Eine ganz besondere Heilwirkung hat der Holunder am Johannistag. In Oberösterreich glaubte man, dass, wer an diesem Tag um zwölf Uhr Mittag am Rauchfang oder Herd – das ist der Sitz der Hausgeister – sitzt und dabei eine in Butter gebratene Holunderdolde isst, das ganze Jahr lang kein Fieber bekommt.[45]

Der Holunder steht zur Sommersonnenwende, der Zeit der Hingabe an die Lust, in schönster Blüte. In Thüringen heißt es dazu: »Um Johanni blüht der Holler, da wird die Liebe noch toller!« Das macht Sinn, denn der Holunder war der Göttin Holda, der Frau Holle, geweiht. Sie ist die Göttin des Lebens und des Todes und eben auch der Leben spendenden sexuellen Wonne. In ihrem Reich unter den Wurzeln des Hollerbaums hütet sie die Samen der Pflanzen und die Seelen der Tiere und der Menschen. Sie nimmt die Toten auf, zugleich schickt sie diese zur rechten Zeit in die Wiederverkörperung auf die Erde zurück. Mit anderen Worten: Sie bringt auch Fruchtbarkeit. Die Kleinen warten schon unter dem Hofholunder und singen:

Ringel, Ringel, Reihe,
wir sind der Kinder dreie,
sitzen unterm Holderbusch,
rufen alle husch, husch, husch.

In Norddeutschland ist der Holunder namentlich als Frau Ellhorn bekannt, in Dänemark als *Hyllemoer* (die Hollemutter), und in England heißt der Baum Elder, was »die Älteste« bedeutet.[46] Als solche ist sie die Herrin der Erdwichteln, Hofkobolde und Elfen, die unter dem Busch ein und aus gehen. Besonders in der Mittsommerzeit kann man das beobachten, wenn die Zwerge Hochzeit feiern und wenn man sich in einem bewusstseinserweiterten Zustand befindet.

Frau Holle ist nicht nur mild, lichtvoll und gütig wie die Jungfrau Maria, sie hat, wie der ihr geweihte Baum, eine dunkle und eine helle Seite; sie hat weiße Blüten und schwarze Beeren, ist heilend sowie giftig. Schon in der Altsteinzeit kannte und verehrte man die Göttin, die sich im Holunder kundtut. (Storl 2014a: 113) Die Holunderküchlein – in Bier- oder Pfannkuchenteig getauchte und schwimmend in Fett gebackene Blütendolden – gehören unbedingt zur Sonnwendfeier. Diese Küchlein können dann mit Eis und frischen Erdbeeren gegessen werden. Ganz besonders lecker – so machen wir es bei uns – sind sie mit Ahornsirup und Schlagsahne. (Storl/Storl 2023b: 193) Dazu gibt es viele regionale Rezepte.

Wenn man bei dem Sommerfest wirklich hoch über das Sonnwendfeuer springen will, sollte man so viele dieser Holunderküchlein wie möglich essen. Je höher man springt, desto höher wachsen Korn und Lein.[47] Im Allgäu bewahren die Bauersfrauen das Schmalz, in dem die Küchlein gebacken wurden, als Heilsalbe auf.

Die zwölf Sommersonnwendtage[48] sind auch Lostage (Orakeltage), in denen der Schleier zur Anderswelt recht dünn ist und man Hinweise bekommen kann, was möglicherweise bevorsteht. Da leistet auch der Baum der Frau Holle gute Dienste. In Kärnten zum Beispiel konnte ein unverheiratetes Mädchen erfahren, wer ihr zukünftiger Mann sein wird, indem sie einen Holunderbaum schüttelt und dazu spricht:

Hollerbam, i schüttl di,
heiliger Johannes, i bitt di,
lass mir den im Tram (Traum) erschein,
welcher dass mei Mon wird sein.

KALMUS ODER DEUTSCHE MAGENWURZ
(ACORUS CALAMUS)

Diese schilfähnliche, auf sumpfigen Böden wachsende Pflanze hat einen kriechenden, stark aromatischen Wurzelstock und wohlriechende, pfeilförmige Blätter. Diese werden in den baltischen (lettischen) Sonnenwendfeiern als Streukraut verwendet. In den Masuren gibt man zu Johanni dem Vieh Kalmusblätter als Schutz gegen Behexung und bei den Kaschuben in Pommern schmückte man die Stuben damit. Auch sonst spielt der Kalmus bei vielen Völkern eine Rolle als Sakralpflanze. So werden etwa bei den Fronleichnamsprozessionen in Süddeutschland die Laubblätter zusammen mit Blumen auf die Straße gelegt, über die dann die Hostie – der Leib des *Fro* (Herrn) – getragen wird. Für die Prärieindianer ist der Kalmus ebenfalls eine heilige Pflanze. Die Cheyenne flechten die duftenden Blätter in die Mähne ihrer Lieblingspferde, und sie räucherten mit der Wurzel, um bei Heilséancen die Atmosphäre zu reinigen.

KAMILLE
(MATRICARIA CHAMOMILLA)

Die Echte Kamille ist das Lieblingsheilkraut der Mitteleuropäer. Oft ist ein abgekühlter Kamillentee das Erste, was ein neugeborenes Kind zu trinken bekommt. Ein neueres Sprichwort sagt: »Kamillen statt Pillen!« Die Kamille, auch Mägdeblume und in Böhmen und dem ehemaligen ostdeutschen Sprachraum Hermännchen[49] genannt, war schon in vorchristlichen Zeiten eine verehrte Heilpflanze. Die Nordgermanen weihten sie, ebenso wie die Wucherblumen – Margeriten, Mutterkraut und ähnliche Korbblütler – mit ihren gelben, gewölbten Körbchen und einem Kranz aus weißen Zungenblüten, dem Sonnengott Baldur, der ja zur Sommersonnenwende getötet wurde. Baldurs Braue, Baldurs Augenwimpern, sind einige der in Skandinavien volkstümlichen Namen.

Kamillen sind ganz dem Licht und der Wärme hingegeben; ihre Blätter sind völlig »durchlichtet«, also ganz filigran gefiedert, ihre Blattsubstanz ist nicht »mondhaft« saftig und dick, wie etwa die einer Kohlpflanze, sie ist wie weggeschmolzen. Von Ende Mai bis August blühen die kleinen Pflanzen »wie kleine Sonnen«.

Kamillenblüten, die an sonnigen Tagen in der Johannizeit gesammelt wurden, sollen ganz besonders heilkräftig sein. Der Aberglaube besagt, dass sie jedoch nach Johanni ihre Heilkraft verlieren, denn dann pissen die Hexen drauf (Preußen) oder der »böse Krebs« fliegt dann über die Felder. Bezieht sich das auf die Maulwurfsgrille, den Maikäfer (Kritzekrebs), den Kornwurm (Kornkrebs) oder andere »Krabbler« oder auf das Tierkreiszeichen

Die Echte Kamille ist ein Sonnen- und Lichtkraut, das gerade in der Sonnwendzeit seine größte Heilkraft entwickelt.

Krebs, das auf die Zwillinge folgt, das Zeichen, in dem die Sonnenwende stattfindet? In Siebenbürgen glaubte man, dass die gute Kamille sich nach Johanni in die duftlose Hundskamille verwandelt. Letzteres könnte Sinn machen, denn die unbekömmliche Hundskamille *(Anthemis arvensis)* blüht etwas später als die Echte Kamille.

Hier nun einige der Heilindikationen:

- Wie jeder weiß, ist die sonnig strahlende Kamillenblüte eines der wirksamsten Heilkräuter. Dank des Chamazulen, eines himmelblauen ätherischen Öls, ist sie stark entzündungshemmend und wundheilend; weiterhin ist Kamille schmerzlindernd, desinfizierend, krampflösend, etwa bei Bauchschmerzen der Kinder, und beruhigend.
- In der astrologischen Heilkräuterkunde heißt es, die Kamille wirkt als Sonnenpflanze gegen den wässrigen, auflösenden Mond. Fäulnis, Schleim und Eiter sind Ausdruck des Mondhaften. Kamille wirkt auf Schleimhäute und überall, wo Entzündung herrscht, lindernd, deodorisierend und reinigend, im Darm bei Krämpfen und Fäulnis.
- Ein Tee aus den Blüten ist hochwirksam bei Darmleiden, Gastritis und Colitis.
- Bei Lungenentzündung hilft die Inhalation des Kamillenteedampfes. Für ein solches Kamillendampfbad beugt man sich über eine große Schale oder einen Topf mit heißem Kamillentee, wobei Kopf und Behälter mit einem Handtuch bedeckt werden, damit der Dampf nicht entweicht, und atmet ungefähr 10 Minuten lang den krampflösenden, desinfizierenden, entzündungshemmenden Dampf durch Mund und Nase ein.
- Schon immer war dic Kamille ein Frauenheilkraut, deswegen auch die verschiedenen Mundartbenennungen wie Mägdeblume, Mutterblume, Matronenkraut oder Mägdekraut (angel-

sächsisch *Maegthe*). Sie wirkt als Sitzbad oder Waschung nach der Geburt und im Wochenbett entzündungshemmend, schmerzstillend, entspannend und pilzwidrig. Auch bei Menstruationskrämpfen hilft der Kamillentee.

Schon seit eh und je verehrte man das heilsame kleine Blümchen. Es ist eines der neun Kräuter des Schamanengottes Woden, welches im angelsächsischen Neunkräutersegen *(Lacnunga)* erwähnt wird. Da heißt es:

Erinnere dich, Maegthe (Maythem = Kamille),
was du bekannt gabst,
was du in Alorford vollbracht hast,
dass nimmermehr ein Mensch
durch Ansteckung sein Leben verlor,
seit man ihm Kamille zu essen gab.

KLETTE
(ARCTICUM LAPPA)

Für Kelten und Germanen war die Klette mit ihren riesigen Blättern, ihrem stolzen Wuchs und den krallenbesetzten Blütenkörben eine wahrhafte Bärenpflanze. Sie war dem Herrn des Sommers, dem mächtigen Donnerer und Blitzschleuderer Thor (Donar) geweiht. Er ist der »himmlische Bär«, der Asenbär (skandinavisch *Asbjörn*, englisch *Osborn*), der für heftige Sommergewitter sorgt, die nicht nur die menschenfeindlichen Riesen und Thursen vertreiben, sondern auch Mutter Erde erquicken und befruchten. Eine wahrhafte Mittsommerpflanze also.

Nicht nur unter der Wurzel der Beifußstaude oder dem Knäuelkraut sei es möglich, Schlag Mittag am 24. Juni nach der Johanniskohle zu graben, sondern auch unter der Klette. Damit man nicht behext wird, kann man in der Johanniszeit Kletten, ähnlich wie das Johanniskraut, über Türen und Tore hängen. Wenn man sich einen der mit Widerhaken besetzten Blütenköpfe ins Haar flicht oder auch in den Kuhschwanz, kann man den Teufel von Mensch und Vieh fernhalten.

KÖNIGSKERZE
(VERBASCUM SSP.)

Die Königskerze, ein Braunwurzgewächs, das von Juni bis September blüht, kennt man unter anderem auch als Feldkerze, Himmelskerze, Muttergotteskerze, Marienkerze, Donnerkerze oder Wollkerze. Sie heißt Bärenfackel, da sie groß, kräftig, wollig behaart und heilkräftig ist. Unholdkerze oder Deiwelskerze nennt man sie auch, da sie Unholde und Teufel vertreibt und gegen das Machwerk der Hexen schützt. Die bis zu zwei Meter hohe, imposante Pflanze spielt an verschiedenen heiligen Tagen eine Rolle als Kultpflanze.

Himmelbrand ist ihr Name in Niederbayern. Mit ihr kann eine kundige Heilerin zu Johanni oder zu Mariä Himmelfahrt Kranke heilen, indem sie den Blütenstängel mit Weihwasser besprengt und dann das sieche Körperteil des Betroffenen damit berührt oder ein Kreuz damit schlägt und dabei sagt:

Die Mutter Gottes geht über das Land
und trägt den Himmelbrand in ihrer Hand.

In Niederösterreich räucherte man das Vieh zu Johanni mit Himmelbrand, den man vor Sonnenaufgang gepflückt hatte. In Böhmen wurde am »Hanstag« die Königskerze gepflückt, »weil an dem Tag alles gesegnet ist«. Damit wurden kranke Tiere geheilt; den Kühen wird sie beim Kalben eingegeben.

Von den magischen Samen des Farns, der in der Johannisnacht für einen Augenblick blüht, haben wir schon gehört, dass diese am besten auf einem großen, wolligen Königskerzenblatt aufgefangen werden sollten (siehe Seite 27f.).

Beim »Fest der Brandfackeln« *(Fête des Brandons)* am Abend des Johannistages zieht die ländliche Jugend in Teilen Frankreichs bei Einbruch der Nacht mit Fackeln durch die Dörfer – ein Brauch, den schon die keltischen Gallier kannten. Als Fackeln dienten den Kelten in Pech getauchte Königskerzenblütenstängel *(Fleur de Grand Chandelier)*, um den Gott oder die Göttin der Sonne und der

Die hoch aufragende Königskerze spielt eine wichtige Rolle als Kultpflanze. Weil ihre gelben Blüten beinahe in den Himmel zu ragen scheinen, heißt sie auch Himmelbrand.

thermalen Quellen, *Grannus*[50], zu verehren. Von dem gelehrten Gallier Marcellus aus Bordeaux erfahren wir, dass die Königskerze – keltisch-gallisch *loukarná*, die »Leuchtende«, genannt – von den Kelten besonders verehrt wurde. Sie gehört dem Himmel und dem Licht und war Teil der Sommersonnwendrituale. Keltisch scheint auch der Brauch, die Königskerze durch die Flammen des Mittsommerfeuers zu streichen und dann an der Stalltür zu befestigen oder unter das Bett zu legen. (Höfler 1911: 266) Das würde alle bösen Geister fernhalten. Beim Sammeln dieser »Leuchtblume« sagten die gallischen Heilkundigen:

Zuoberst der Himmel,
zuunterst die Erde,
in der Mitte das Heilmittel.

KÜMMEL
(CARUM CARVI)

Auf den Weiden auf der Alpe (Alm), wo wir leben, wächst der Wiesenkümmel, ein typischer Doldenblütler mit zweifach gefiederten Blättern. Wir alle kennen die aromatischen Samen als Gewürz in Suppen, Brotlaiben, Sauerkraut und fetten Speisen; auch als Heilmittel bei Magen-Darm-Beschwerden, Blähungen, Verdauungsschwäche und, als Frauenkraut, bei Uteruskrämpfen. Schon bei den Pfahlbauern, die in der Jungsteinzeit vor 5 000 Jahren am Bodensee lebten, fand man die Samen des wild wachsenden Kümmels. Vielleicht hatten sie damals schon den Ruf, schädliche Geister vertreiben zu können. Im ländlichen Glauben erzählt man sich das noch immer. Am stärksten wirkt der Kümmelsamen, wenn er bei Sonnenaufgang am Johannistag – oder beim Zwölfuhrläuten – gesammelt wird. Auch der Tag des heiligen Veit eignet sich dazu, wenn die zwölf Tage der Sommersonnenwende ihren Anfang nehmen.

LIEBSTÖCKEL
(LEVISTICUM OFFICINALE)

Das aromatisch riechende Liebstöckel, auch Maggikraut genannt, war immer ein Teil des Bauerngartens. Die Blätter des stattlichen, ausdauernden Doldenblütlers sind ein beliebtes Küchengewürz für Suppen, Soßen, Fisch- und Fleischgerichte. Die Wurzel wird in der Volksmedizin als harntreibendes Mittel, Emmenagogum (menstruationsförderndes Mittel), Magenmittel und – ähnlich wie Sellerie und Petersilie – als Liebesmittel (Aphrodisiakum) und zum Liebeszauber verwendet. In Osteuropa trugen Mädchen das geweihte Kraut bei sich, um Glück in der Liebe zu haben.

Die schlesischen Bauern legten am Johannistag Liebstöckel in die Viehtränke, damit die Hexen den Tieren nichts antun konnten. Schließlich ist das Vieh der wichtigste Besitz des Bauern, daher unternimmt man alles, um es zu schützen. Im Erzgebirge glaubte man, dass am Johannisabend der »Getreideschneider« – es wird sich um den Bilwis handeln – über das Feld geht und den oberen Teil der Kornähren abschneidet, sodass nur die Hälfte des Korns übrig bleibt. Um das zu verhindern, nimmt der Bauer Liebstöckelöl, taucht den Finger hinein und macht in der sechsten Stunde des Johannistages drei Kreuze an jeder Ecke des Feldes auf der Erde. Ein Brauch, der an die Anwendung der Arnika erinnert. (Marzell 1938: 162)

MÄDESÜSS
(FILIPENDULA ULMARIA)

Schon, dass Mädesüß überall, wo es wächst, als Bier- und Metwürze verwendet wurde, qualifiziert dieses Rosengewächs als eines der Johanniskräuter. Der Name bezieht sich weder auf ein süßes Mädchen noch auf die wohlduftende Mahd, sondern geht auf den Met, das beliebte Honigbier, zurück. Met, aus dem indogermanischen Wortstamm **medhu*, bedeutet Honig, daher der alte norddeutsche Name Metkraut (norwegisch *mjedurt*, englisch *meadwort, meadsweet* oder *meadowsweet*). *Meadowsweet ale*, ein mit der Pflanze gewürztes obergäriges Honigbier, war in England und in ganz Europa seit vorchristlichen Zeiten beliebt. Der englische Kräuterkundige John Gerard (1545–1612) sagte, Mädesüßwein »mache das Herz fröhlich«.

Da das Mädesüß schon zur Sommersonnwendzeit blüht, wird es auch Johanneswendel, Sonnwendfäden (Obersteiermark), norwegisch *St.-Hans-Græs*, schwedisch *Johannisört, Johannisblommer*, im Ötschergebiet (Österreich) *Sunnawendhansl* genannt. Angeblich gehört das Mädesüß – gallisch-keltisch *Rhodaron* – neben dem Eisenkraut und der Mistel zu den drei heiligsten Zauberpflanzen der Kelten. Während der Sonnenwende hat man damit geräuchert und die Tanzplätze und Liebeslager damit ausgelegt. (Urbanovsky 2008: 237)

Der rispige Blütenstand mit seinen unzähligen sahneweißen Blüten gleicht, wie der des Geißbarts, einer Dunstwolke; deswegen wird das Mädesüß auch öfters Wiesengeißbart genannt. Die Blüten, die ein Paradies für Bienen sind, haben einen mandel- oder vanilleähnlichen Duft. In Russland und im elisabethanischen England bestreute man deswegen die Böden der Tanzhallen mit dem blühenden Kraut.

Seit jeher galt dieses gerne auf feuchtkalten Böden wachsende Rosengewächs als schweißtreibend, fiebersenkend, schmerzstillend, blutverdünnend und antirheumatisch. Inzwischen haben Wissenschaftler entdeckt, dass es sich beim Mädesüß um ein natürliches Aspirin handelt.

MARGERITE
(LEUCANTHEMUM VULGARIS ODER CHRYSANTHEMUM LEUCANTHEMUM)

Auch die hübschen Margeriten gehören in den Sommersonnwendstrauß, weniger wegen ihrer Heilkraft, sondern weil sie so schön aussehen. Sie werden auch Wucherblumen genannt, da sie sich so freudig vermehren. Einer ihrer Namen ist Sonnwendblume oder Johannisblume: Sant Johannser, Sant Johanns Stern und Sant-Johanns-Maie heißen sie in der Schweiz; *Jansbloem, Sint-Jansbloem* in den Niederlanden; *fleur de Saint-Jean* in Frankreich. Entsprechende Namen finden sich in den slawischen Ländern. Als *Sunnwendbleaml* oder *Sunnawendrosen* kennt man sie im Österreichischen.

Wie die Kamille ist sie ein Korbblütler mit einem Kranz aus leuchtend weißen Strahlen- oder Zungenblüten – *leucanthemum* bedeutet »weiße Blüte« –, in deren Mitte sich 400 bis 500 dicht zusammenstehende, gelbe Röhrenblüten befinden. Der lateinische Name *Chrysanthemum* bedeutet »Goldblume«.

Vielerorts bindet man am Johannisabend aus ihr sogenannte Johanniskränze, die man an Türen und Scheunen aufhängt oder, wie in der Eifel, aufs Dach wirft, um das Haus vor Blitzeinschlag und Feuerbrunst zu schützen. Zum gleichen Zweck schmückt man das Bild oder die Statue des heiligen Täufers mit den Blüten. Wie ihre kleine Schwester, die Kamille, ist sie der Sonne geweiht. Sie sieht ja auch aus wie eine kleine Sonne. Sie gilt als Augenbraue des nordischen Sonnengottes Baldur; sie ist die große Daisy (angelsächsisch *dæges eage*, »Tagesauge«). Die weißen Zungenblätter gelten als die weißen Augenwimpern dieses lichthaften Gottes. Ochsenauge (ostfriesisch *Ossenoogen*; englisch *ox-eye-daisy*, dänisch *oxeoje*; französisch *œil de bœuf*, italienisch *occhio di bue*) wird die Blüte in verschiedenen Sprachen genannt.

Selbstverständlich hat auch sie Heilkraft. Ein Tee aus den Blütenköpfen wirkt ähnlich wie Kamille, aber bei Weitem nicht so stark. Dieser Tee ist leicht schweißtreibend, harntreibend, wundheilend und wirkt krampflösend bei Menstruationsbeschwerden und Darmkoliken.

Vor allem aber verwendet man die liebliche Blüte im Volksbrauchtum zum Wahrsagen. Die Sommersonnenwende eignet sich – wie auch die Weihnachtszeit – besonders gut, um ein Orakel zu befragen, denn während der Sonnenwenden kommen

Die Margerite, ebenfalls in den Lichtfarben Gelb und Weiß, steht zu Johanni in voller Blüte und wird deshalb gern in die Mittsommerkränze eingeflochten.

Im Gebirge bildet der duftende, heilkräftige Quendel oft ganze Teppiche zwischen den Felsblöcken.

die Geister und Ahnen den Menschen ganz nahe. Durch Abzupfen der weißen Strahlenblüten können die Menschen, vor allem Verliebte und Kinder, das zukünftige Schicksal bezüglich Liebe und Ehe, künftigem Stand und Beruf befragen. Man kann auch erfahren, ob man nach dem Tod in den Himmel, ins Fegefeuer oder in die Hölle kommt. (Marzell, Bd. I, 1943; 965) Die Margerite ist die »Sternblume« in Goethes *Faust*, die Gretchen befragt, ob Heinrich Faust sie wirklich liebt: »Er liebt mich – er liebt mich nicht.«[51] Neugierige Mädchen zupften die Blume bis zum letzten Zungenblatt, um zu sehen, wen sie heiraten würden: »Edelmann, Bettelmann, Bürger, Bauer, Soldat, König, Kaiser, Advokat.«[52] Ehe es Ultraschalluntersuchungen gab, fragten werdende Mütter die Margerite, ob das Kindlein im Bauch ein Bub oder ein Mädchen werden würde.

Wie die Kamille weihten die alten Völker die Margerite der Göttin. Im antiken Griechenland war sie der jungfräulichen Artemis geweiht, die auch als Geburtshelferin und bei Frauenleiden angerufen wurde. Später, in der christlichen Symbolik, wurde die Blume der Jungfrau Maria geweiht und – mehr noch – der heiligen Margarethe (von Antiochia). Diese gilt als eine der drei weiblichen Nothelfer. Sie symbolisieren die drei Stände der mittelalterlichen Ordnung: Margarethe die Bauern und das gemeine Volk (früher: Nährstand), Barbara den Adel und die Krieger (früher: Wehrstand) und Katharina Priester und Gelehrte (früher: Lehrstand). Hinter diesen »drei heiligen Madln« verbirgt sich die alte vorchristliche Göttinnen-Dreiheit, die drei Matronen der Kelten.

Margarethe ist die Patronin der Bauern, die damals die große Mehrzahl der Bevölkerung ausmachten. Ebenso ist diese Wucherblume jene Blume, die am häufigsten auf den Wiesen wächst. Der Name Margarethe kommt aus dem Lateinischen und bedeutet Perle. Im Mittelalter deutete man diese »Perlen« als Tränen, die für das Leiden Christi und der Märtyrer, wie etwa Johannes, vergossen wurden, und schließlich auch für die Tränen der sündigen Büßerin Magdalena, einer Prostituierten, die Jesu die Füße mit ihren Tränen gewaschen, mit ihren Haaren getrocknet und mit Salböl eingerieben haben soll. *Maudlinwort* (»Magdalenenwurz«) ist einer ihrer englischen Namen.

MISTEL
(VISCUM ALBUM)

Von dem Sonnengott Baldur und dessen Tod durch einen Mistelzweig haben wir schon gehört. Etwas später in diesem Buch werden wir mehr über die Rolle dieser ungewöhnlichen Pflanze bei den beiden Sonnenwenden im Winter wie auch im Sommer erfahren (siehe Seite 187ff.). Auf jeden Fall galt der Johannistag als bestens geeignet, um die Mistel für Heil- oder Zauberzwecke zu sammeln.

QUENDEL, WILDER THYMIAN ODER KARWENDEL
(THYMUS SERPYLLUM)

Der Quendel, ein anspruchsloser kleiner Lippenblütler *(Lamiaceae)*, bildet duftende Kissen auf trockenen, sonnenbeschienenen Böden, Felshängen und Böschungen. Wie etliche andere Lippenblütler, ist dieser Zwergstrauch ein Alchemist, der es meisterhaft vermag, das Sonnenlicht und die Wärme in der Herstellung feinster ätherischer Öle zu bündeln. Bienen lieben den Quendel; auch die Gelben Wiesenameisen pflanzen sich den desinfizierend und virenhemmend wirkenden Wilden Thymian auf ihre Hügel (Bulte). Das tun sie auch hier auf der Alp, nahe unserem Wohnhaus, am Rande der Rinderweiden, wo wir das Kraut als Würz- oder Heilkraut sammeln können.

Der Quendel ist ein bewährtes entzündungshemmendes, krampflösendes, auswurfförderndes, desinfizierendes und verdauungsförderndes Heilmittel. Vor allem aber ist er ein Frauenkraut. In der Antike wurde er der Venus und der Aphrodite geweiht. Die Christen behielten das bei, sie weihten das duftende Kraut der Mutter Gottes. Nach einer Tiroler Sage trug Maria bei ihrer Verlobung einen Kranz Karwendel in ihrem Haar, und bei einer Reise über die Alpen habe sie sich auf einem Karwendel-Rasen ausgeruht. Bei Gebärmutterleiden findet diese Pflanze ebenfalls Anwendung – in allen slawischen Sprachen wird sie »Seelchen der Mutter« genannt. Immer schon war sie Teil des »Liebfrauenbettstrohs« oder »Maria-Bettstrohs«, dem traditionellen Lager der kreißenden Frau und des neugeborenen Babys.

Selbstverständlich ist der am Johannistag gesammelte Quendel am stärksten. Im Vogtland wird das Frauenkraut an diesem Tag mittags um 12 Uhr gesammelt; es wird bei der Niederkunft, aber auch von stillenden Müttern als Tee getrunken. Es heißt auch, dass das am Sonnenwendtag oder zwischen den zwei Frauentagen – Mariä Himmelfahrt und Mariä Geburt – gesammelte Kraut das Vieh vor Krankheit schützt und bewirkt, dass die Milch reichlich und gut wird.

RINGELBLUME
(CALENDULA OFFICINALIS)

Die Ringelblume mit ihren orange- bis dottergelben Blütenköpfen gibt sich ganz der Sonne hin. Sie sieht ja selber aus wie eine kleine Sonne. »Braut der Sonne« *(sponsa solis)* nannte man sie im Mittelalter; verschiedene Mundarten bezeichnen sie als Sonnenwendblume, Klein-Sommerwend und Goldblume. Sie blüht von Juni bis Oktober völlig im Einklang mit dem Tagesgestirn und vom Anbruch des Tages bis zum Sonnenuntergang am Abend. Wenn jedoch Regenwetter im Anzug ist, bleiben ihre Blüten geschlossen.

ROTKLEE
(TRIFOLIUM PRATENSE)

Der Rotklee, auch Wiesenklee genannt, gehört ganz dem Sommer. Wenn der Klee blüht, ist – im Gegensatz zur dunklen, kalten Winterzeit – das Leben leicht und angenehm. »*Summertime and the living is easy*«, singt Bess in George Gershwins Oper »*Porgy and Bess*«. Wenn man im Überfluss lebt, sozusagen wie »Gott in Frankreich«, dann sagt man in England, »man lebt im Klee« *(one lives in the clover)*. Das gilt auch für das Vieh auf der Sommerweide. Der hübsche, rot blühende Schmetterlingsblütler wurde seit eh und je von den Bauern als hervorragende Futterpflanze geschätzt. Kleefutter regt bei Kühen den Milchfluss an und macht die Milch sahniger. Auch für die Insekten ist das Kleefeld ein Paradies. Vor allem die langrüsseligen Hummeln saugen den Nektar aus den Blüten und bestäuben diese. Bienen, deren Rüssel nicht so lang sind, sammeln den Blütenstaub. Das »Zuzeln« oder Essen der süßen Blüten gehört zu den Sommerfreuden der Kinder – *Zuckerblume*, *Zuckerbrödli* (Bern), *Frauenbrot* (Schwaben), *Johannesbrod* (in Teilen Württembergs), *G'hannesbrod* (in Thüringen) sind einige der Benennungen, die das andeuten.

Glücksklee

Der Klee bedeutet auch Glück. Wenn man – besonders in der Johannizeit –einen vierblättrigen Klee findet, ohne dass man ihn gesucht hat, bringt das Glück, Liebe und Wunscherfüllung. In den keltischen Ländern heißt es, dass sich damit Gaukeleien durchschauen und Verzauberungen auflösen lassen, auch solche, die von Elfen und Andersweltlichen ausgehen.

Sankt Patrick und das Kleeblatt

Überhaupt spielte der Klee in der keltischen Kultur schon immer eine wichtige Rolle. Es heißt, dass der heilige Patrick den heidnischen Iren anhand des Kleeblattes die heilige Trinität erklärte. Eigentlich war die Dreiheit – der Klee mit seinem dreifiedrigen Blatt *(Trifolium)* – dieser Volksgruppe sowieso schon immer heilig. Die keltischen Götter, insbesondere die Göttin, offenbarten sich immer in dreifacher Gestalt; auch die Gesellschaft war dreifach gegliedert. Patrick erzählte also den Bewohnern der Grünen Insel nichts Neues, er sagte ihnen lediglich, dass das Evangelium im Grunde genommen nichts Fremdes ist.

Von einer dermaßen heiligen Pflanze erwarteten die Kelten auch außergewöhnliche Heilkraft. In Mittel- und Osteuropa spielte der Klee als Heilpflanze keine vergleichbare Rolle. Hildegard von Bingen zum Beispiel schreibt: »Klee ist zwar ein gutes Viehfutter, aber zu Heilzwecken taugt er kaum, es sei denn gegen Augentrübung.« Dafür verwende man eine Salbe aus den Blüten, die man in Olivenöl einlegt. (Riethe 2007: 434) Die moderne Phytotherapie hat inzwischen erkannt, dass dank der im Klee enthaltenen Isoflavone ein Aufguss des Rotklees bei Wechseljahrbeschwerden – Hitzewallungen, Schweißausbrüchen, Erschöpfungszuständen – den Frauen gut hilft. In der Heilkräuterszene gelten Trifolium-Präparate, denen gewisse östrogene Eigenschaften nachgesagt werden, als Alternative zur herkömmlichen Hormontherapie. (Schönfelder 2004: 449)

In den ehemals keltischen Ländern, auch bei den schottisch-irischen Siedlern des Appalachen-Gebirges in Nordamerika, ist der rote Klee eines der wichtigsten »blutreinigenden« Mittel der Volksheilkunde. Er wird äußerlich und innerlich angewendet bei Keuchhusten, Skrofulose, Geschwüren, Psoriasis, Ekzemen, geschwollenen, abgekapselten Drüsen, Zysten, Knoten und bei »Krebs«. Gegen solche Leiden solle der Betroffene täglich zwölf Blüten essen, Umschläge mit ihnen machen oder sie als Aufguss trinken. Die ethnomedizinische Forschung des National Cancer Instituts (NCI) fand heraus, dass 33 verschiedene Ethnien den Klee als Krebsmittel verwenden und dass der Rotklee tatsächlich verschiedene tumorhemmende Verbindungen und Antioxidantien enthält. Die offizielle Schulmedizin ist da eher skeptisch. Traditionelle amerikanische Heilpflanzenkundige, wie etwa der berühmte Jethro Kloss, stellen gegen das Leiden ein Konzentrat in Form einer Paste her oder brauen eine starke Abkochung, die vier- oder fünfmal täglich getrunken wird.

Magischer Rotklee

Selbstverständlich gibt es allerlei Aberglauben, was den Klee betrifft. In Wales heißt es, wenn man vier

Weizenkörner in Klee wickelt, wird man Elfen und Schratte sehen können. Auch Liebeszauber kann mit der Pflanze betrieben werden. In England sagt man: Eine Frau, die heimlich einen Mann liebt, soll ihm ein vierblättriges Kleeblatt in den Schuh stecken; dadurch wird er gezwungen, ihr vier Tage lang nachzugehen. Diese Zeit soll sie dann nutzen, um seine Liebe zu gewinnen. In der Bretagne wird einem Ringer geraten, den vierblättrigen Klee abends bei Mondschein mit den Zähnen zu pflücken, dann wird er aus dem nächsten Ringkampf als Sieger hervorgehen. Ein vierblättriges Kleeblatt, das man heimlich einem Priester ins Messbuch oder unter das Altartuch legt, verwirrt ihn beim Lesen der Messe. Wenn man dieses Blatt wiederbekommt, bringt es Glück im Spiel und soll auch im Liebeszauber Verwendung finden.

Für den amerikanischen Herbalisten Matthew Wood ist der Rotklee ein optimistisches kleines Rotkäppchen. Oft blüht diese Leguminose zweimal: einmal im Sommer und einmal im Herbst. Wenn man den Rotklee in einer Blütenessenz verwendet, sei das eine Signatur, dass man eine zweite Chance hat, dass man nicht aufgeben soll. (Wood 2012: 598)

Auch der **Weißklee** *(Trifolium repens)* ist eine Pflanze des Sommers. Die keltischen Waliser *(Welsh)* weihten ihn der Sommer- und Sonnengöttin Olwen, deren Name »weißer Fußabdruck« bedeutet. Es heißt, wo sie über die Erde läuft, da springt der Weißklee aus dem Boden hervor. Thommie Bass, ein bekannter Naturheiler in Tennessee, verwendet den weißen Klee hauptsächlich äußerlich und den roten innerlich. Vom Weißklee macht man in der Volksmedizin erweichende Umschläge; als Aufguss soll er, wie der Rotklee, blutreinigend sein und bei Gicht, Rheuma und Weißfluss helfen.

Rot- und Weißklee gelten wegen der Dreizahl und der seltenen Vierzahl ihrer Blätter seit jeher als Kultpflanzen.

Die Linde war schon in vorchristlicher Zeit wichtigen weiblichen Gottheiten geweiht, so kam das Christentum nicht umhin, sie der Gottesmutter Maria zu widmen.

Viele Hummeln – viel Klee

Charles Darwin erkannte, dass der Rotklee vor allem von Hummeln bestäubt wird; Bienen können das nicht, weil ihre Saugrüssel zu kurz sind. Ohne Hummeln würde es in England kaum Rotklee geben. (Darwin 1859: 74f) Wenn es also viele Hummeln gibt, dann gibt es viel Klee, und da dieser eine ausgiebige, eiweißreiche Futterpflanze ist, werden die Rinder feist und gesund. Die Feldmäuse jedoch buddeln die Erdnester der Hummeln aus und fressen die Brut. Die Nager stellen also einen Begrenzungsfaktor für die Vermehrung der Hummeln dar und in der Konsequenz auch für den Rotklee. Katzen, die die Mäuse jagen, halten jedoch die Nagetierpopulationen in Schach. Je mehr Katzen also, desto mehr und besseres Beef. Da getrocknetes oder gepökeltes Rindfleisch *(corned beef)* große Bedeutung in der Versorgung der britischen Seeleute und Kolonialtruppen hatte, waren Katzen umso wichtiger. In diesem Sinn spielten alleinstehende oder verwitwete ältere Frauen eine wichtige Rolle für die Erhaltung des Empires, denn diese hielten sich gerne Schmusekatzen.

SOMMERLINDE
(TILIA PLATYPHYLLOS)

Zur Sommersonnenwende blüht die Sommerlinde. Seit heidnischen Zeiten galt sie als heilig, als Baum des Friedens und der Liebe, als Baum, der die Menschen mit guten Gedanken inspiriert und sie zum Singen und Träumen bringt. Zahlreiche Gedichte und Lieder erzählen von ihr. Der Lindenbaum kann über tausend Jahre alt werden und hat seinen Platz in der Mitte des Dorfes, am Dorfbrunnen. Linde bedeutet Heimat. Viele Städte – Lindau, Lindenberg, Linz, Leipzig (slaw. *Lipa*), Limburg und so weiter – wurden nach dem holden Baum benannt, auch etliche Familiennamen (etwa Lindemann, Linnemann, Lindenberg, Lindlbauer, Lindner) und Namen von Gasthöfen stammen von dem beliebten Baum. Unter der Dorflinde fanden die Sommerfeste statt; unter ihrem ausladenden Geäst träumen die Alten dem Jenseits entgegen und junge Paare verlieben sich darunter. Auch Gericht wurde unter der Dorflinde gehalten; die Urteile waren meistens ge*linder* als unter den Eichen.

In dem Baum mit seinen herzförmigen Blättern offenbart sich die Göttin der Liebe und des Lebens, die die Germanen *Freya* nannten. Die Westslawen kannten die Lindengöttin als *Libussa*. Zur Sommersonnenwende kommt sie ganz nahe. An dem zarten, süßen Duft kann man die Holde über einen weiten Umkreis wahrnehmen. Dabei summt sie vor sich hin. Ein wunderbarer, harmonischer Ton ist das, der für indische Ohren wie das *om* klingt. Es ist das Summen der vielen Bienen, Hummeln und anderen Kerbtierchen, die sich an dem Nektar laben – sie verleihen der Linde ihre Stimme.

Auch nachdem die christlichen Missionare alles daransetzten, die Freya in Vergessenheit geraten zu lassen, ist die Göttin noch immer mit dem Baum verbunden. Sie hat lediglich ihre äußere Gestalt gewechselt. Die Linde ist nun ein Marienbaum, oft wächst sie neben Marienkapellen. Die Statuen der Muttergottes, die sich darin befinden, sind aus dem weichen Lindenholz geschnitzt. Aus diesem besonderen Holz schufen die großen Künstler wie Tilman Riemenschneider (1460–1531), Veit Stoß (1447–1533) oder Grinling Gibbons (1648–1721) einmalige Kunstwerke, darunter viele Marienstatuen.

Die Linde trägt die Kraft des Sommers in sich. Die Blüten – sie sollen frisch gesammelt, getrocknet und in Leinentüchern aufbewahrt werden – helfen als Tee bei Katarrhen der Atemwege, Husten, Schnupfen und Grippe. Im nasskalten November und überhaupt im Winter erinnert der gut duftende, heiße Lindenblütentee die Seele an die wonnige, warme Sommerzeit. Noch besser schmeckt und wirkt er, wenn man ihn mit dem feinaromatischen Lindenblütenhonig süßt. Das schweißtreibende und immunstärkende Getränk ist ein Geschenk der Sommergöttin.

Es gäbe noch viel über den heiligen Baum zu erzählen. Der volkstümliche Aberglaube besagt, wenn man Heilkräuter gegen angezauberte »Liebe« gräbt, sollte man es mit einer Schaufel oder einem Grabstock aus Lindenholz tun. Denn die Linde steht für wahre Liebe.

TEUFELSABBISS
(SUCCISA PRATENSIS; SYN. SCABIOSA SUCCISA)

Der auf moorigen Magerwiesen wachsende Teufelsabbiss ist nicht nur eine schöne Pflanze – sie hat hübsche, helllilablaue Kugelblüten –, sie galt einst als eine der besten Heilpflanzen. Aus dem dicken, kurzen Wurzelstock dieses Kardengewächses braute man einen adstringierenden, »blutreinigenden«, leicht schweißtreibenden Tee, der bei Magen-Darm-Beschwerden, Geschwüren, Husten und sogar gegen die Pestilenz eingesetzt wurde. Die Wurzel ist stumpf, sie stirbt im Herbst am unteren Ende ab und sieht aus, als sei sie abgebissen worden; der lateinisch-botanische Name *succisa* bedeutet »unten abgebissen«. Es sei der Teufel gewesen, der, erzürnt über ihre Heilkraft, die Wurzel zur Mitternachtsstunde zu Johanni abbiss. Sie muss also kurz vor Mitternacht ausgegraben werden, um in den Genuss ihrer Heilkraft zu kommen. Wer die Wurzel als Amulett bei sich trägt, über den hat der Teufel keine Gewalt. Auch das Vieh ist vor bösen Geistern geschützt, wenn man die Wurzel im Stall aufhängt.

Am Brunnen vor dem Tore,
da steht ein Lindenbaum.
Ich träumt' in seinem Schatten
so manchen süßen Traum.

WILHELM MÜLLER, 1823

WINTER-SONNENWENDE

Jul oder Weihnachtszeit

Auch das ist Kunst und Göttergunst:
Aus ein paar Sommersonnentagen
sich so viel Licht ins Herz zu tragen,
dass, wenn der Sommer längst verweht,
das Leuchten lange noch besteht

LEO LENZ

Auf Weihnachten zu

Advent und Weihnachten
sind wie ein Schlüsselloch,
durch das auf unsren dunklen Erdenweg
ein Schein der Heimat fällt.

FRIEDRICH VON BODELSCHWINGH

EINST, ehe elektrisches Licht, Zentralheizung, Unterhaltungsprogramme im Fernsehen, Videospiele auf dem PC und im Internet unseren Geist im Griff hatten, war die Natur, waren Mutter Erde und der Sternenhimmel uns viel näher. Besonders Naturfeste wie die Sonnenwenden bewegten seit eh und je den Geist und die Seele der Menschen. Innerhalb der Raum-Zeit-Matrix, die uns gefangen hält, merken wir modernen Menschen es kaum mehr, dass sich während der Wintersonnenwende die Ewigkeit offenbart, dass die Götter und Geister – wir geben ihnen in unserer kulturbedingten Imagination Gestalt als Weihnachtsmann, Elfen, Zwerge, Engel oder Naturgeister – uns näherkommen und jeden Ort, jeden Hof, jedes traute Heim besuchen und segnen. In diesen besonderen Tagen wird – so erlebten es unsere Ahnen in ihrer Geistesschau – unter den Wurzeln des Weltenbaumes die Sonne, das Sonnenkind, wiedergeboren. In früheren Zeiten verharrten die Menschen in seherischer Einkehr und feierten schließlich den Ausklang der Sonnwendtage in ausgelassenem Frohsinn und Ekstase. Auch die Christen haben das nicht geändert. Für die frommen Christenleut ist diese Zeitspanne vom Advent über die zwölf heiligen Raunächte und Silvester bis zum Dreikönigstag absolut heilig; man feiert das Mysterium der Geburt des Heilands, des Seelenretters, des »Lichts der Welt«.

Die Vegetation der Wintersonnenwende

Obwohl es Winter ist, spielen die Pflanzen in der Jul-Zeit eine zentrale Rolle. Für die Vegetation ist die Sonnenwende von großer Bedeutung. Als

Das Schönste, was wir erleben können, ist das Geheimnisvolle.

ALBERT EINSTEIN

Kind der Sonne hat die Vegetation Anteil an diesem kosmischen Mysterium. Die Pflanzen, die in unserer Kultur das Fest begleiten, sind nicht nur als Symbole zu verstehen: Sie geben dem Mysterium bildhaften Ausdruck, offenbaren dessen Wunder und berühren unsere Seelen.

Im Mittelpunkt der Wintersonnwendpflanzen steht der »Tannenbaum«, der »Christbaum«. Er stellt eine Version des Weltenbaums dar, eines Archetypen, den man seit der Altsteinzeit kannte. Der Adventskranz aus Tannen- oder Fichtengrün erinnert uns an das unendliche, unbesiegbare Lebensgrün. In den Raunächten – eigentlich *Rauch*nächten – wird die Atmosphäre in Haus und Stall mit Räucherkräutern gereinigt. Welche Kräuter sind das? Was hat es mit der Mistel und der Stechpalme beim Weihnachtsfest auf sich? Und warum wird die Weihnachtsgans mit der Mugwurz gewürzt? Wieso blühen kurz vor den heiligen Nächten die »Barbarazweige«, die am Tag (4.12.) der heiligen Barbara von einem Obstbaum oder einem Weißdorn geschnitten werden? Zu den vorchristlichen Wintersonnwendbräuchen der hiesigen indigenen Völker gehört der Weihnachtsklotz oder Jul-Block, der meistens aus Birken- oder Eichenholz besteht. Was ist dessen Bedeutung? Und warum tragen Weihnachtsmann und Nikolaus ein Bündel Haselgerten in der Hand und Äpfel und Nüsse in ihrem Sack? Was ist die Bedeutung des vierblättrigen Klees und anderer Glückszeichen zu Silvester? Auch die Kräuter in der Krippe, das Maria-Bettstroh, auf dem die Gottesmutter ihr Kindlein bettete, wollen wir nicht vergessen. Oder auch das Zwiebelorakel am Silvesterabend. All das gewährt uns einen Einblick in die Welt unserer Vorfahren und wie die Pflanzenwelt ein Teil davon war.

ADVENT

Dezember, ein garstiger Monat. Hartung, der »hart gefrorene«, oder Wolfsmonat sind einige der alten Namen des Wintermonats. Von Tag zu Tag wird es düsterer und kälter. Manchmal tanzt ein Schneegewirbel durch diese Tage, aber meistens ist es trüb und regnerisch; die Stube ist verraucht, weil der atmosphärische Tiefdruck den Rauch nicht aus dem Schornstein lässt. Wenn man nicht wüsste, dass bald die Wende kommt, könnte man schier verzweifeln. Wenn man von den großen Kreisläufen nichts wüsste und sich – sagen wir mal – auf Computerprojektionen verlassen müsste, dann sähe es schrecklich aus, dann würde die KI errechnen, dass alle Daten zu erkennen geben, dass wir auf die absolute Finsternis und eisige Erstarrung zusteuern. Aber zum Glück wissen wir, dass die kosmische Zeit zyklisch ist, dass das Licht wieder an Kraft gewinnen wird. Dennoch geht man nicht gerne hinaus, bleibt in der gemütlichen Stube, gleich dem lieben Vieh, das mit dem warmen Stall zufrieden ist, oder wie die Katze, die sich schnurrend hinter dem Herd verkriecht. Gerne trinken die Menschen dann etwas Feuerwasser, und das nicht nur im skandinavischen Norden oder im slawischen Osten. Das wärmt und dämpft die Sinne. Das hilft, wenn draußen der Sturm heult und die Geister umgehen und an den Fensterläden rütteln.

Einst sah man in dem Schneetreiben und den vorbeiziehenden Nebelschwaden Toten- und Gespensterzüge. Es war die wilde Göttin, die Percht, die Bertha, mit ihrer Schar wilder, tollender Naturgeister. Die Percht – der Name kommt aus dem Proto-Indoeuropäischen (PIE) **bhereg*, altgermanisch *beraht* (angelsächsisch *beroht*), und bedeutet

»strahlend«, »hell leuchtend« oder »weiß« – ist eigentlich die Weiße Göttin der Indoeuropäer. Im Burgenland kennt man die Percht übrigens als *Lutzl*, was wiederum auf Luzia, »die Lichtvolle«, zurückgeht. Die Percht, die im Norden als Frau Holle, Frau Fricke (Frigga, »die geliebte Frau«), Frau Harke, Frau Gode und im slawischen Osteuropa *Petha-Baba*, *Žlotna-Peta* oder *Kvaternica* heißt, ist eine Hüterin der Seelen Verstorbener, der Ahnengeister sowie der Ungeborenen. Seelen wurden immer mit dem Atem, mit dem Lufthauch identifiziert. Wenn ein Mensch oder Tier stirbt, dann verlässt seine Seele den Körper mit dem letzten Atemhauch. Also macht es Sinn, dass man die unverkörperten Seelen mit den durchziehenden Winden und Stürmen verbindet.

Es kann auch der Sturmgott und Totenführer Wodan (Odin) selber sein, der auf seinem Schimmel die »wilde Jagd«, das Totenheer, anführt. Es ist schrecklich, wenn seine Schar vorüberzieht; Lärmen, Schreien, Hufgetrampel, Donnerkrachen, Heulen, Stöhnen und manchmal seltsame Musik lassen einem die Haare zu Berge stehen. Da bleibt man lieber im Haus. Auch hier sind es die Ahnengeister, die gefallenen Krieger und Hingerichteten, die da im Sturmwind über das Land brausen. Eine Meute hechelnder, heulender Geisterhunde zieht mit. Einst hat man den vorbeiziehenden, hungrigen Toten – ähnlich wie beim keltischen Geisterfest Samhain (Halloween) – Speisen ausgelegt. Im Oldenburger Land glaubte man noch lange, dass sich einer der Hunde des wilden Heeres ein Jahr lang auf dem Hof eines geizigen Bauern niederlässt – was natürlich Unglück für den Hof bedeuten würde.

In der alemannischen *Fasnet* im Februar ziehen solche rauen Gesellen und Hexenvolk noch einmal durch die Dörfer und Städte, ehe sie sich in die hohen Gletscherberge verziehen. Nur die Sennen auf der Alpe (Alm) oder der einsame Wanderer mag das wilde *Woutis-Heer* (Wodans Heer, die Wilde Jagd) als einen schreckerregenden Sturm erleben. (Storl 2014c: 250f)

Überall heißt es, wo die wilde, winterliche Jagd tobt und vorüberzieht, wo die Hufe von Wodans Schimmel den Boden berühren, da werden die Felder fruchtbar. Die Idee dahinter ist, dass das kultivierte Land wegen der Entnahme der Ernte ständig an Bodenfruchtbarkeit verliert; die Wildnis dagegen ist immer ein überbordender Quell frischer, unverbrauchter Lebenskraft. Und wenn die durch das Dorf oder die Stadt ziehenden wilden Perchten ein Fräulein pummeln oder mit einer Rute berühren, kann sie ebenfalls fruchtbar werden.

Christen kannten diese grauseligen Perchtenwesen auch; die Priester sagten, es seien die unglücklichen, plötzlich Gestorbenen, die nicht wissen, dass sie tot sind, die da mitziehen; auch die unerlösten Seelen der Ketzer, Heiden und Ungetauften sind mit dabei. Es sei gefährlich, diesen Gottlosen in die Quere zu kommen, man bleibe lieber im Haus, bete und zünde den verlorenen Seelen ein Lichtlein an.

Trotz Christentum und Gebeten werden die Menschen oft mitgerissen von dem Naturgeschehen. Besonders die Jugend gerät mit den Geistern in Resonanz, kleidet sich wie diese in Felle oder Stroh, stürmt herum, macht Lärm, rasselt mit Ketten, knallt mit den Peitschen, tanzt wilde Tänze und stampft auf dem Boden, um damit die Kraft der Erde zu wecken. Das sind die in den Alpenländern bekannten rituellen Perchtenläufe oder das Klausentreiben, das »Klausenjagen« in der Schweiz, die Rummelpottläufer im Bremerland.

In den bayerisch-österreichischen Alpenregionen unterschied man zwischen guten und hässlichen *(schiachen)* Perchten. Es sind keine Menschen, die sich da verkleiden und Masken tragen – wie man es in unserer säkularen Welt erklären würde –, sondern es sind die Geister selbst, die in die Larven (Masken) schlüpfen und sich auf diese Weise sichtbar machen.

Die mit Fellen und Tierhäuten vermummten, Schellen und Ketten, Hörner und Schweife tragenden oder in Stroh gewickelten, polternden Gestalten sind meistens junge Burschen. Auch unter den Larven der weiblichen Klausen – den Hexen, den *Klausenweiblein* (Vorarlberg), der *Budelfrau* (Niederösterreich), den *Fraachen* (Hessen), der alten, bösen

Butzenbercht (Bayern, Österreich) – stecken junge Männer. Das hat nichts mit Unterdrückung der Frau durch patriarchale Strukturen zu tun, sondern man glaubte früher, dass Frauen feinfühliger und empfänglicher seien – sie empfangen ja auch Kinder –, und befürchtete, dass sie leichter von einem der wilden Geister besessen werden könnten.

Inzwischen gibt es den *Bärbelelauf* oder das *Bärbeletreiben* im Oberallgäu, wo unverheiratete Frauen als alte Weiber verkleidet durch die Straßen ziehen, mit Birkenbesen den Unrat wegkehren und mit Ruten übermütige junge Burschen vertreiben. Sie tragen Lumpengewänder und Masken, die mit Moos, Flechten, Tannenzapfen, Beeren und Blättern beklebt sind.

Diese Bärbeln erscheinen am 4. Dezember, dem Tag der heiligen Barbara. Das Ereignis ist relativ neu, es wurde zuerst im Winter 1973 in Sonthofen gefeiert. Es wird jedoch behauptet, dass es ein wiedererstandener, matriarchaler, keltischer Brauch sei. Wer weiß, vielleicht kommen auch hier uralte archetypische Muster wieder an die Oberfläche.

Versteckten sich in den wilden Geistern, hinter den Perchten und Klausen, dem Nikolaus und Ruprecht etwa alte, ins Unterbewusste verdrängte Götter oder Göttinnen? Ist der wilde Knecht Ruprecht, dessen Name »der durch seinen Ruhm Glänzende« (althochdeutsch *hrod* = »Ruhm«; *beraht* = »glänzend«) bedeutet, eventuell eine Verwandlung Odins, dessen Beiname ebenfalls »der Ruhmglänzende« ist und der nach der Christianisierung zum Knecht und Schatten des heiligen Nikolaus gemacht wurde?

ADVENTSKRANZ

Wir alle kennen den aus grünem Tannenreisig gebundenen, mit roten Bändern umwundenen Adventskranz mit seinen vier Kerzen. Dabei wird mit zunehmender Dunkelheit jeden Sonntag eine weitere Kerze angezündet. Der Advent, vom lateinischen *adventus*, heißt »Ankunft« und deutet auf die bevorstehende Ankunft des Lichts der Welt, des rettenden Heilands hin.

Man liest, dass der Adventskranz 1839 von dem evangelischen Pastor Johann Hinrich Wichern erfunden wurde. Der fromme Mann leitete die »Innere Mission« in Hamburg, die arme Waisen und Arbeiterkinder aufnahm, ihnen zu essen und ein Obdach gab. Um den Kindern das Warten auf Weihnachten zu verkürzen und um die Vorfreude zu steigern, nahm der gute Pfarrer ein Wagenrad, setzte 24 Kerzen darauf – kleinere rote für jeden Wochentag und vier größere weiße für die Sonntage –, wobei jeden Tag eine weitere angezündet wurde. Der Brauch setzte sich durch; ab 1860 nahm man allgemein einen runden Kranz aus Tannengrün anstelle eines Wagenrades und man reduzierte die Anzahl der Kerzen auf vier. Die katholische Kirche übernahm den Brauch, setzte aber violette Kerzen auf den Kranz, denn Violett ist die liturgische Farbe der Adventszeit.

Das ist die unmittelbare Geschichte des schönen Brauchtums. Aber kulturanthropologisch betrachtet ist der Brauch viel älter. Ein Kreis mit vier Punkten, die diagonal ein Kreuz bilden, ist ein archetypisches Ursymbol der Menschheit. Man findet das sogenannte Sonnenrad abgebildet in zahlreichen prähistorischen, megalithischen und bronzezeitlichen Petroglyphen, in der Medizinradsymbolik der nordamerikanischen und anderer indigenen Völker und auch als Keltenkreuz, wie es in Form von Grabsteinen in Irland noch zu sehen ist. In der Symbolik des Radkreuzes erkennen Kulturanthropologen die vier magischen Kardinalzeiten der Tagesrunde: Sonnenaufgang, Mittagsstunde, Sonnenuntergang und Mitternachtsstunde. Das solare Jahresrad mit seinen vier Kardinalpunkten wird ebenfalls damit abgebildet: Frühlings-Tagundnachtgleiche, Sommersonnenwende, Herbst-Tagundnachtgleiche und Wintersonnenwende.

Hier einige der symbolischen Aspekte des Adventskranzes:

- Der **Ring:** Ein Kreis hat weder Anfang noch Ende, er steht für die Ewigkeit. In dem Roman *Herr der Ringe* des britischen Philologen J. R. R. Tolkien oder in Richard Wagners Oper *Ring des Nibelungen* erfahren wir etwas von diesem vorchristlichen, alteuropäischen Ringzauber.

- Das **Grün:** Die Eis und Frost trotzenden grünen Tannen- oder Fichtenzweige, aus denen der Kranz geflochten ist, stellen die unzerstörbare ätherische Lebenskraft der Natur dar.
- Die **roten Bänder,** die den grünen Ring umwinden, sind Ausdruck für das rote Blut, den Träger der Seele. Blut nimmt den Sauerstoff[53] auf, den wir einatmen und es ermöglicht, dass sich unsere Seele in der materiellen Welt inkarnieren kann. Atmende Wesen mit rotem Blut galten in der Antike als beseelt. In dem Sinn sind alle Tiere, wie auch der Mensch, beseelt, sie haben eine *Anima* oder einen *Animus,* deswegen heißen sie in den romanischen Sprachen *animales* (*animals* im Englischen). Das lateinische Wort *animus* (weiblich *anima*) bedeutet »Seele, Lufthauch, Atem, Mut«.
- Die vier **Kerzen** mit den Flammen, die das Wachs aufzehren, symbolisieren den verkörperten Geist, das göttliche Licht, den *Spiritus,* der in der Seele brennt und die Dunkelheit vertreibt. Das Geistige zehrt die ätherische und astrale Energie auf und bringt diese zum Leuchten.

ADVENTSKALENDER

Der Adventskalender ist tatsächlich eine neuzeitliche Erfindung. Er soll von dem schwäbischen Pfarrerssohn Gerhard Lang (1881–1974) im Jahr 1903 erfunden worden sein. Seine Mutter nähte 24 Kekse (angeblich waren es schwäbische Wibele) auf einen Karton und der Bub durfte jeden Tag einen essen. Der Gedanke des Adventskalenders verbreitete sich in der ganzen westlichen Welt. In England hat der Kalender 25 Türchen, da Weihnachten offiziell am ersten Weihnachtsfeiertag beginnt und nicht schon am Heiligen Abend.

Das Rot von Kerzen und Bändern steht für den Lebenssaft und die Seele.

Heilige Tage der Vorweihnachtszeit

Wenn Weihnachten näher kommt,
dann wird es heller in unserem Leben
und die weihnachtliche Erwartung ist wie schöne Musik.

RAINER KAUNE

DIE WEIHNACHTSZEIT IST, wie auch die Vorweihnachtszeit, von Frauenkraft geprägt: Für die indigenen Nordvölker waren es die dunklen »Nächte der Mütter«, in denen – am Sonnwendtag – das Sonnenkind wiedergeboren wird. Es ist die Zeit der Disen (altnordisch *Dísir*; westgermanisch *Idisi*, verwandt mit dem Sanskritwort *Dhisana*, »Götterfrau«), jenen vagen, schwer greifbaren Schicksalsgöttinnen, Geburtshelferinnen und weiblichen Ahnen und Schutzgeistern von Einzelnen oder ganzen Sippen. In der matrilinearen, matrifokalen Gesellschaft der Germanen spielten solche Göttinnen eine zentrale Rolle. Wahrscheinlich gehören die Perchten, das wilde Gefolge der Percht, der Frau Holle[54], zu den Disen. Selbst Freya – ihr Name bedeutet »Herrin« –, die friedvolle Wanengöttin[55], galt als eine Dise; ihr Beiname war *Vanadis*. Die Walküren wurden Disen Odins genannt und Frau Holle als die Herrin der Disen bezeichnet. (Schmidt 2017)

Man kann sich fragen, ob die vielen Töchter der Natur in der lettischen Mythologie mit den Disen verwandt sind. Oder die *bonnes dames*, für die in Teilen Frankreichs zu *Noël* (Weihnachten) der Tisch gedeckt wird, oder die *dominae* oder *bonae mulieres*, für die man das im Mittelalter ebenfalls tat? Wahrscheinlich sind Barbara oder die lichtvolle Lucia die christlichen Nachfahrinnen solcher heiliger Frauen.

Als Gegengewicht zu den heiligen Frauen erscheint der alte, weise Geist des Jahresausklangs, der Weihnachtsmann, oder, in seiner christlichen Fassung, der heilige Nikolaus. Auch diesen werden wir uns näher anschauen.

BARBARATAG (4. DEZEMBER)

Am Tag der heiligen Barbara, am 4. Dezember, ist es vielerorts Brauch, Zweige von Obstbäumen, vor allem Kirsch-, Apfel-, Birnen- oder Pflaumenzweige zu schneiden und sie in der warmen Stube in einen Wasserbehälter zu stecken. Andere Zweige, wie die des Weißdorns und neuerdings sogar des aus Ostasien stammenden Goldflieders *(Forsythie)*, kommen ebenfalls als sogenannte »Barbarazweige« infrage. Wenn sie zu Weihnachten aufblühen, dann gilt es als ein gutes Zeichen, besonders wenn sie genau am Heiligen Abend oder dem Christtag ihre Blüten öffnen. Das würde auf ein fruchtbares Jahr hindeuten, die Zahl der Blüten auf eine gute oder weniger gute Ernte. Mädchen konnten im Namen eines jungen Mannes, den sie mochten, den Zweig schneiden, und wenn dieser erblühte, war es seiner Liebe sicher, eventuell stand sogar die Hochzeit bevor. Stirbt der Zweig ab, ist das dagegen ein schlechtes Zeichen!

Wer war nun diese heilige Barbara? Gemäß der kirchlichen Überlieferung soll die junge Frau im 3. Jahrhundert in Nikomedia in Kleinasien, dem heutigen Izmit (Türkei) gelebt haben. Die fromme Legende erzählt, sie sei eine besonders schöne und kluge Jungfrau gewesen, weswegen ihr heidnischer Vater sie in einen Turm einsperrte. Während er auf Reisen war, schenkte sie ihr Herz Christus. Sie vermählte ihre Seele mit dem himmlischen Seelenbräutigam. Johannes der Täufer sei ihr in einer Vision persönlich erschienen und habe sie getauft. Als der Vater davon erfuhr, wollte er sie erschlagen lassen, aber irgendwie entkam sie und fand Zuflucht in einer Felsspalte. Ein Hirte verriet sie – als Strafe verwandelte Gott den Hirten in einen Mistkäfer oder, so eine andere Legende, in einen Stein und seine Schafherde in Heuschrecken. Die Maid wurde dann dem römischen Statthalter ausgeliefert. Auf dem Weg zum Kerker blieb ein Kirschzweig an ihr hängen und brach ab. Diesen Zweig nahm sie mit und steckte ihn in ihren Wasserkrug. An diesem Punkt nimmt die Heiligenvita eher krankhaft sadistische Züge an: Sie wurde mit Hämmern geschlagen, ihre Brüste abgeschnitten und ihre Haut mit Fackeln versengt; aber des Nachts kamen Engel und heilten sie. Schließlich sollte sie auf dem Markt nackt den Blicken der Schaulustigen preisgegeben und enthauptet werden. Ein Nebel verhüllte jedoch ihren Körper. An diesem ihrem letzten Tag sah sie, ehe sie abgeführt wurde, dass der Kirschzweig in ihrer Gefängniszelle wunderschön blühte. Dazu sagte sie: »Du schienst wie tot, aber du bist aufgeblüht zum schönen Leben, so werde auch ich zum ewigen Leben aufblühen!«

Es war der rachsüchtige Vater selbst, der das Urteil vollstreckte und sie mit dem Schwert köpfte, worauf er als Strafe Gottes vom Blitz getroffen wurde und zu Asche verbrannte.

EINE ALLSEITS BELIEBTE HEILIGE

Barbara ist eine der beliebtesten Heiligen. Zwar wurde nach der Kalenderreform der katholischen Kirche (1969) ihr Tag nicht mehr im Festkalender aufgeführt, wie auch andere im Volk beliebte Heilige, wie Christophorus oder Georg, deren Namenstage »gecancelt« wurden, da sie kaum als historische Personen nachweisbar sind. Sie wurden alle aus der Liste der »offiziellen« Heiligen gestrichen. Aber das ließen sich die Gläubigen nicht gefallen:

Knospen an St. Barbara,
sind zum Christfest Blüten da.

BAUERNSPRUCH

Drei Mütter im mystischen Schein,
Matronen thronend in Reih'n,
Gebete gemeißelt in Stein.

SOPHIE LANGE

2001/2004 wurde Barbara wieder in den Festkalender aufgenommen.

Sie wurde zur Schutzheiligen vieler Berufe auserkoren. Wegen des Blitzes, der ihren Vater tötete, wurde sie Patronin der Artilleristen, der Sprengmeister, der Feuerwehr und im weitesten Sinne auch der Soldaten. Bei Blitzgefahr kann man sie anrufen. Wegen des Turms, in den sie eingesperrt war, wurde sie Schutzheilige der Maurer, Dachdecker, Turmwächter und Glöckner; wegen der Folterwerkzeuge – Hammer und Fackeln sind Werkzeuge der Bergarbeiter – wird sie von Steigern und Knappen angerufen; und schließlich ist sie wegen ihres Namens Patronin der Barbiere. Sie gilt als eine der 14 Nothelfer und, zusammen mit der heiligen Katharina und der heiligen Margarethe, als eine der drei heiligen Jungfrauen.

DREI JUNGFRAUEN, DREI MATRONEN

Aber ihre Verehrung hat tiefere Gründe, als es uns die Kirche glauben lässt. Zusammen mit ihren Schwestern Katharina und Margarethe entpuppt sich Barbara als eine Metamorphose der drei keltischen Matronen oder Muttergottheiten. In Weihesteinen aus den ersten Jahrhunderten unserer Zeitrechnung wird die weibliche Dreiergruppe sitzend dargestellt, mit Füllhörnern voller Obst und Blumen, mit einem Räuchertopf und manchmal mit

Wer am Barbaratag, dem 4. Dezember, frisch geschnittene Kirschzweige in die Stube holt, kann sich mit etwas Glück zu Weihnachten über Blüten freuen.

In Gestalt der geheimnisvollen drei Bethen haben die dreigestaltigen Frauengottheiten aus vorchristlicher Zeit bis heute überlebt – hier die heiligen Aubet, Cubet und Guere in Meransen, Südtirol.

einem Säugling. Allein in der römischen Provinz *Germania inferior* (Niedergermanien, Rheinland) wurden um die 800 solcher Weihesteine gefunden.

Die Indoeuropäer stellten sich ihre Götter, insbesondere die Göttinnen, immer in dreifacher Form vor. Man denke an die drei griechischen Parzen (Moiren), jene Schicksalsgöttinnen, die den Lebensfaden der Menschen spinnen, messen und schließlich durchschneiden. Auch die germanischen Nornen, ebenfalls Spinnerinnen des Schicksals, die unter den drei Hauptwurzeln des Weltenbaumes sitzen und sogar das Schicksal der Götter bestimmen, bilden eine solche Triade. Die alten Slawen kannten als Göttinnen-Trinität die *Zorya,* die als Abendstern, Morgenstern und Nachtstern (Polarstern) erschienen; sie bewachen das Himmelstor, durch das die Sonne mit ihren Pferden ein- und ausfährt.

In Indien werden die drei großen Göttinnen als Aspekte der Urgöttin noch immer verehrt: zuerst die einen Schwan reitende, weiße Göttin Saraswati, die allen Geschöpfen, welche Brahma aus den Urtiefen schöpft, ihre Namen gibt. Sie ist die Göttin des Anfangs, des schöpferischen Wortes, der Birken, auf deren weißer Rinde die Veden zuerst niedergeschrieben wurden. Die Zweite ist Lakshmi, Göttin des roten Lebensblutes und der feurigen Lebensglut; sie ist die Energie *(Shakti),* die weibliche Seite des Weltenerhalters Vishnu. Und als dritten Aspekt der Urgöttin haben wir die auf Löwen reitende Durga, die Zerstörerin von Lug, Trug und Wahn, die auch als pechschwarze Kali erscheinen kann.

Die indigenen Europäer kannten diese Göttinnen-Triade schon seit Urzeiten in Gestalt der Weißen Göttin, die für Jungfräulichkeit und Frühling stand; als die Rote Göttin, die den Sommer, die Wärme, die Reife, das Blühen, das Lebensfeuer und das Monatsblut verkörperte; und als Dritte die Schwarze Göttin, die Alte, die Hüterin der Samen und Seelen. In den Volksmärchen erscheint die dreifache Urgöttin als Schneeweißchen, Rosenrot und die alte (schwarz gekleidete) Frau Holle. Diese Farben sind übrigens die Urfarben mit denen vor rund 35 000 Jahren die altsteinzeitlichen Höhlenmaler ihre Tierbilder malten: Für die Farbe Weiß verwendeten sie Kalk, für das Rot (auch Orange oder Gelb) kam Hämatit-Erde (Ocker) infrage und das Schwarz stammte vom Ruß oder der Kohle im Lagerfeuer.

Die dreifache Göttin ist ein Archetypus, ein Urbild. Es sollte uns also nicht erstaunen, dass ihr Bild – stark abgewandelt – auch in der christlichen Imagination auftritt und eine wichtige Rolle spielt. Die drei Jungfrauen – *»Margarethe mit dem Wurm, Barbara mit dem Turm, Katharina mit dem Radl, das sind die drei heiligen Madl«* – spiegeln unter anderem auch die ursprüngliche Dreigliederung der indoeuropäischen Gesellschaft.

- Die Jungfrau **Margarethe** personifiziert den Nährstand, die Bauern, das gemeine Volk. Die Wucherblume *(Leucanthemum)*, auch Margerite genannt, ist ihr Symbol, da diese hübsche Wiesenblume so zahlreich unter den Pflanzen ist, wie es die Bauern – wenigstens in früheren Zeiten – in der Gesellschaft sind.
- **Barbara** personifiziert den Wehrstand, die tapferen Streiter, die die Gemeinde schützen. Deswegen ist sie Patronin der Soldaten, insbesondere der Artilleristen. Ihre Pflanze ist die hellgelb blühende Barbarakresse (Winterkresse, *Barbarea vulgaris*), die dank der in ihr enthaltenen Senfölglykoside im Winter grün bleibt und wie eine Kriegerin Frost, Eis und Schnee trotzt, während andere Kräuter absterben.
- Die kluge, gelehrte **Katharina,** die in einer Debatte 10 000 heidnische Philosophen besiegte, ist die Repräsentantin des Lehrstandes, der Priester, Professoren und Schreiberlinge. Sie trägt ein Schwert als Symbol ihres messerscharfen Verstandes. Der Günsel und andere Wundheilpflanzen sind ihr geweiht.

Das Urbild der drei Frauen taucht also, auch nach der Bekehrung zum Christentum, immer wieder auf. Da gibt es viele Beispiele. Bekannt ist die Verehrung der sogenannten drei Bethen, der *Ambeth, Warbeth (Barbeth)* und *Wilbeth*, auch *Einbeth, Wilbeth* und *Worbeth* genannt. Gutmütige weibliche Geister seien das. Ihr Kult, ausgeprägt im süddeutschen Sprachraum (auch im Elsass und in Tirol), soll auf das 12. Jahrhundert zurückgehen, ist aber keltisches Erbe. Die ländliche Bevölkerung glaubte, dass diese drei Bethen am Ende der zwölf Weihnachtstage Haus und Hof segnen würden – eine Aufgabe, die dann von den Heiligen Drei Königen, dargestellt durch die Sternsinger, übernommen wurde (siehe Seite 166ff.).

Im 13./14. Jahrhundert breitete sich, von der Provence ausgehend, der Drei-Marien-Kult aus. Die drei Marien seien Maria Magdalena und die beiden Jüngerinnen Jesu, Maria Salome und Maria Jakobi.

Es gibt auch andere weibliche Trinitäten, die verehrt wurden, aber belassen wir es bei den oben erwähnten Beispielen.

WEIHNACHTSWEIZEN UND BLÜHENDER WEISSDORN

Kommen wir noch einmal auf die zu Weihnachten blühenden Barbarazweige zurück. Es handelt sich dabei um uraltes Brauchtum der indigenen Nordwesteuropäer, älter als das Christentum.

In Süd- und Osteuropa kannte man Ähnliches und kennt es immer noch. Dort sind es nicht die aufgeblühten Zweige von Obstbäumen, die man am Barbaratag in die Stube holt, sondern der Barbaraweizen: Weizenkörner, die am Barbaratag in eine Schale gesät und feucht und warm gehalten werden, keimen auf und kommen, etwa in Kroatien, auf den Weihnachtsesstisch, zusammen mit einer oder drei brennenden Kerzen. Gelegentlich gibt es auch den *Luzienweizen*, der am 13. Dezember, dem Tag der heiligen Luzia, ausgesät wird. Das frische Grün symbolisiert das wiederauferstandene Leben. Auch dieser Brauch ist uralt und soll auf den mediterranen und nahöstlichen Brauch zurückgehen, im Winter ein *Adonisgärtchen* zu pflanzen. Der Jüngling Adonis, aus einem

Myrrhe-Baum geboren, ist so unglaublich schön, dass sich die Liebesgöttin Aphrodite sowie die Vegetationsgöttin Persephone in ihn verlieben. Der Kriegsgott Ares (Mars) ist jedoch eifersüchtig. Während einer Jagd im Winter tötet Ares in Gestalt eines mächtigen Ebers den jungen Schönling, der in den Armen der Aphrodite stirbt. Sein Blut und ihre Tränen tropfen zur Erde und lassen Pflanzen keimen, darunter die hübsche, nach ihm benannte Frühlingspflanze, das Adonisröschen *(Adonis vernalis)*. Der Weihnachtsweizen deutet somit schon auf den kommenden Frühling und die Auferstehung des grünen Lebens hin (siehe Seite 82).

GLASTONBURY THORN UND DIE NEBEL VON AVALON

Glastonbury, eine kleine Stadt in Somerset in England, ist ein lebendiger Kultort. Ein Ort voll von Wundergläubigen, Althippies, spirituellen Suchern, Cannabis-Rauchern, Neuheiden, »Auserwählten«, Okkultisten, »Druiden«, Besuchern aus fernen Galaxien und freundlich lächelnden »alternativen« Geschäftsleuten. Glastonbury war schon in vorkeltischen Zeiten eine heilige Pilgerstätte und steht in keiner Weise den quirligen, bunten Kultstätten nach, wie man sie in Indien findet. Die Ortschaft liegt in einer Moor- und Sumpflandschaft, aus der ein 158 Meter hoher Hügel herausragt, den die Kelten *Tor* oder *Twr* (»konischer Hügel«) nannten und an dem zwei Quellen entspringen, eine weiße, kalkhaltige und eine rötliche, eisenhaltige. Die rote Quelle gehörte einst der Großen Göttin, es sei ihr Menstrualblut, und die weiße ihrem männlichen Gefährten; es sei dessen befruchtender Same.

Schon seit Langem wird die Landschaft mit den keltischen Totengefilden, dem »Apfelland« *(Avalon)* identifiziert; die weißen Herbstnebel, die, vom *Tor*-Turm überragt, die Flächen bedecken, gelten bei Esoterikern als die sagenhaften »Nebel von Avalon«. Die Benediktinermönche, die im Mittelalter eine Abtei dort unterhielten, behaupteten, sie hätten dort am heiligen *Tor*-Hügel 1191 die Grabstätten von König Artus und seiner Gemahlin Guinevere gefunden. Viele Heilige, auch der heilige Patrick, hätten den Ort besucht. Der Name *Glastonbury* hat nichts – wie manchmal behauptet wird – mit einer alten Glasmanufaktur zu tun, sondern bedeutet, wie wir es aus Märchen kennen, der »Glasberg«, was wiederum eine Chiffre für die spirituelle Jenseitswelt ist. (Biedermann 1990: 109ff)

An diesem ganz besonderen Ort wächst ein Weißdornbaum, von dem es heißt, er blühe zweimal im Jahr: wie normale Weißdornbäume im Wonnemonat Mai und ein zweites Mal, mitten im Winter, zu Weihnachten. Der Überlieferung nach ist der Baum aus dem in den Boden gerammten Wanderstab des heiligen Josef von Arimathäa entstanden. Als Josef am Ende seiner langen Wanderschaft von Jerusalem nach England den Stab in den Boden steckte, wurzelte dieser, trieb mitten im Winter grüne Blätter und erblühte.

Dieser Josef war ein reicher Jude – wahrscheinlich sogar Mitglied des jüdischen Hohen Rates, des *Sanhedrin* – und Anhänger des Rabbi Jeschua ben Josef (Jesus). Bei der Kreuzigung des Heilands war er anwesend und sah, wie der römische Hauptmann Longinus dem Gekreuzigten seinen Speer in die Seite stach. Josef fing das herausströmende Blut in einem Kelch auf. Es war derselbe Kelch, mit dem Jesus zuvor sein letztes Abendmahl gehalten hatte.[56] Josef bat darum, den Leichnam in seiner eigenen Grabstätte bestatten zu dürfen – als Mitglied des Hohen Rates wurde ihm das gegönnt. Als jedoch nach drei Tagen das Grab leer und Jesu Leichnam verschwunden war, wurde Josef bezichtigt, die körperliche Hülle gestohlen zu haben. Er wurde deswegen zu vierzig Jahren Haft verurteilt, konnte aber fliehen. Den Abendmahlskelch trug er mit sich, einen Stecken aus Weißdornholz benutzte er als Wanderstab. Es wird erzählt, dass Maria oder Maria Magdalena ihn auf der Flucht begleiteten. Schließlich gelangte der greise Pilger nach Südwestengland, zum heiligsten Ort der Insel, nach Glastonbury – »dem Jerusalem Englands«. Nicht nur wurzelte dort dieser Stab in der Erde, sondern

Josef versteckte den Kelch (englisch *chalice*) am Fuß des Glastonbury-*Tor*, an der roten Quelle *(Chalice-Well)*.[57]

Keltisch-christlicher Kult

Diese Legende verknüpft die christliche Botschaft mit der spirituellen Überlieferung der britischen Kelten. Sie bildet in der Übergangszeit eine Brücke zwischen dem älteren Heidentum und der neuen Religion, sie verbindet die neue Lehre mit dem Druidentum und legitimiert sie; zugleich bestätigt sie Glastonbury als einen hochsakralen Ort. Der Abendmahlskelch wurde auf diese Weise mit dem keltischen Kessel der Transformation, der Weisheit und der Wiedergeburt identifiziert. Der Kessel, ursprünglich ein Symbol des gebärenden Schoßes der Großen Göttin, begegnet uns in keltischer Mythologie und archäologischen Funden immer wieder: im Gundestrup-Kessel, im Zauberkessel der Großen Göttin Kerridwen, im magischen Kessel voll Bier und Fleisch, der nie leer wird. Sogar in der Neuzeit taucht das Gefäß wieder auf, und zwar im Zauberkessel des gallischen Druiden Miraculix, im *Asterix*-Comic.

Der Weißdorn war eine der wichtigsten Sakralpflanzen der indigenen Europäer; er ist Teil des natürlichen Kalenders. Das Maifest, bei dem sich die jungfräuliche Weiße Göttin mit dem Sonnengott (Bel, Belenos) vermählt, wurde von den Kelten nur in der Jahreszeit gefeiert, wenn die Blüte des Weißdorns in den Vollmond fällt.

Da stellt sich die Frage: Blüht der Glastonbury-Weißdorn wirklich zweimal im Jahr, im Mai und im Winter? Einige Botaniker spekulieren, es handle sich dabei tatsächlich um eine Art, die ursprünglich im östlichen Mittelmeerraum wuchs und zweimal im Jahr blüht. Dieser levantinische Weißdorn sei eine Unterart, die es jedoch nur noch in Glas-

Der zu Weihnachten blühende heilige Weißdorn von Glastonbury soll aus dem Wanderstab des heiligen Josef entstanden sein (Fenster in der St Joseph Church, Glastonbury).

Der von Vandalen abgesägte verehrte Glastonbury Thorn, umringt von bunten Bändern, die Pilgerinnen und Pilger am heiligen Ort niederlegen.

tonbury gibt. *Crataegus monogyna*, spp. *biflora*[58] wird sie genannt. *Biflora* bedeutet »zweimal blühend«. Empirische Beweise dafür habe ich leider nicht finden können. Für jene, die die Geschichte glauben, blieb, trotz jahrelanger Wanderung, der Lebensfunke im Holz von Josefs Wanderstab erhalten und wurzelte an dem heiligsten Ort Englands.

Blüte zur Heiligen Nacht

Eine mögliche wissenschaftliche Begründung für diese außergewöhnliche Erscheinung wäre ein Pilzbefall, der bewirkt, dass der Baum seine Blätter verliert und schon im Winter kurzlebige Notblüten treibt. Andere skeptische Beobachter vermuten dagegen, er blühe am Weihnachtstag, weil seine Fans, Kerzen haltend, dicht um den Stamm gedrängt, genügend Wärme erzeugen, sodass sich die ruhenden Knospen zögerlich öffnen. Solche Erklärungen sind jedoch eher an den Haaren herbeigezogen. Wahrscheinlich gehört die Winterblüte des *Glastonbury Thorns* ins Reich der Elfen und Einhörner, ähnlich wie die Farnblüte in der Johannisnacht. Interessanterweise hat der Baum zuerst zögernd, aber dann tatsächlich die gregorianische Kalenderreform, die gegen Ende des 16. Jahrhunderts stattfand, mitgemacht. Um zu prüfen, ob das neue Datum für die Heilige Nacht der Geburt stimmt, versammelte sich am 24. Dezember 1752 eine große Menschenmenge in Glastonbury bei dem heiligen Baum. Alle waren enttäuscht, denn keine Blütenknospe öffnete sich. Am 5. Januar jedoch, dem Datum der alten Heiligen Nacht *(Old Christmas)*, schwollen die Knospen an und am nächsten Tag blühte er wie immer. (Young 1977: 148)

Auf jeden Fall soll das Wunder die übersinnliche Natur der Gottesgeburt hervorheben. Die unerleuchteten Heiden beten die Natur an sich an, aber diese Blüte, mitten im kalten Winter in der dunkelsten Nacht, übersteigt die ordinäre Natur. Ganz im Sinn des beliebten Weihnachtsliedes *»Es ist ein Ros entsprungen«* (16. Jh.), transzendiert dieses Geschehen alles Natürliche (siehe Seite 197).

Die offizielle *cutting ceremony*, das Schneiden des (meistens noch nicht blühenden) Zweiges, geschieht Mitte Dezember im Beisein der in Amtstracht gekleideten Würdenträger, des Bürgermeisters und des Pfarrers. Ein auserwähltes Schulkind darf den Zweig abschneiden; der Pastor segnet denselben. Die anderen Schüler der *St. Johns Infant School* singen ein Lied dazu. Der Zweig wird traditionell zur Winterresidenz des britischen Königshauses (Balmoral Castle in Schottland) geschickt, wo seine Knospen – wie es sich für einen Barbarazweig gehört – zu Weihnachten schön aufgehen. Der neue britische Monarch, König Charles III. und Königin Camilla, erhielten den ihnen zustehenden heiligen Dornenzweig erstmals zu Weihnachten 2022, nachdem sie gekrönt worden waren; jedes Jahr werden sie wieder einen Zweig empfangen.

Die heidnischen Sachsen, die die Region im Jahr 650 n. u. Z. eroberten, ließen den heiligen Weißdornbaum in Ruhe. Im Englischen Bürgerkrieg (1642–1651) jedoch ließ der Führer der Puritaner, Oliver Cromwell, den »Götzen« fällen, aber aus dem Stumpf trieben einige Schösslinge erneut aus. 2010 traktierten Vandalen den Baum mit einer Motorsäge derart, dass nur noch ein Stummel übrig blieb. Die Queen bemühte sich höchstpersönlich darum, dass ein neuer Schössling aus den berühmten Royal Gardens (Kew Gardens) nach Glastonbury kam und an einem sichereren Ort bei der St.-Johns-Schule gepflanzt wurde.

Inzwischen kann man eine *Holy-Thorn*-Blütenessenz – sie öffnet das Herz und lässt Liebe fließen – sowie Dornen von dem heiligen Baum in Glastonbury kaufen.

WEIHNACHTSBLUMEN

In diesem Kontext kann man auch andere beliebte, zu ungewöhnlicher Jahreszeit blühende, exotische Pflanzen erwähnen. Auch außerhalb unseres Kulturkreises kennt man das Phänomen. Bei Buddhas Geburt zum Beispiel blühten die Bäume auf wunderbare Weise, obwohl das Ereignis in der äußerst trockenen, staubigen Vormonsunzeit stattfand. Immer wieder begegnen wir auch dem Sagenmotiv, dass dort, wo Götter oder Heilige wandeln, aus der vertrockneten oder gefrorenen Erde Blumen zu blühen beginnen. Diese Mythen sollen das außergewöhnliche, numinose Geschehen, welches die gewöhnliche Natur transzendiert, unterstreichen.

In diesem Sinn kann man den blühenden Glastonbury Thorn verstehen. Das wäre auch die tiefere Bedeutung der Blumen, die es zur Weihnachtszeit in den Supermärkten zu kaufen gibt, etwa den rot blühenden Christusdorn *(Euphorbia milii)*, ein Wolfsmilchgewächs aus Madagaskar, oder den ebenfalls spektakulär rot blühenden Weihnachtsstern (Poinsettie; *Euphorbia pulcherrima*), ein Wolfsmilchgewächs aus Mexiko. Inzwischen zaubern Gärtner immer mehr neue Blumenarten hervor, die während der Wintersonnwendtage in den Stuben ihre Blüten entfalten. Unsere Vorfahren kannten – abgesehen von den Barbarazweigen – diese Exoten nicht, sie gehören aber inzwischen zum modernen Weihnachtsfest.

Amaryllisgewächse, auf Deutsch Rittersterne *(Hippeastrum)*, ursprünglich aus Südafrika oder Südamerika, von denen es inzwischen rund 600 Zuchtformen gibt, verleihen mit ihren außergewöhnlichen Blütenfarben den heiligen Tagen ein besonderes Flair. Bei den Amaryllen trägt jeder Schaft drei bis vier große, leicht hängende oder waagerecht abstehende, rote, weiße, gelbe oder rosafarbene Trichterblüten, die eine wahre Augenweide sind.

Auch das »Flammende Käthchen« *(Kalanchoe blossfeldiana)* hat sich zu den neuartigen Weihnachtsblumen gesellt. Das Dickblattgewächs, ursprünglich aus Madagaskar, blühte ursprünglich rot, aber inzwischen gibt es Züchtungen in der ganzen Farbpalette. Der Weihnachtskaktus *(Schlumbergera)*, von dem es inzwischen ebenfalls viele Gärtnersorten – orange, gelb, rosa und weiß blühende – gibt, ist ebenso beliebt. Dieser schöne Kaktus kommt aus Brasilien und ist dort inzwischen sehr selten geworden.

Die in Europa heimische, weiß blühende Christrose oder Schneerose *(Helleborus niger)* wollen wir nicht vergessen. Auch sie gehört inzwischen zu den Blumen, mit denen Stube und Geschenktisch zu Weihnachten festlich geschmückt werden (siehe Seite 199).

Was poltert auf der Treppe,
was poltert im Haus?
Es ist gewiss, ich wette,
der heil'ge Nikolaus!

DICHTER UNBEKANNT

NIKOLAUSTAG (6. DEZEMBER)

Beim Weihnachtsmann, dem alten, weißbärtigen, weisen, gabenbringenden Geist des Winters, haben wir es wieder einmal mit einem Urbild, einem Archetypus zu tun. Wenn das Jahr zur Neige geht, kommt er von weit, weit her, um Haus und Hof und vor allem die Kinder zu segnen. Nach Carl Gustav Jung, dem großen Schweizer Seelenforscher, personifiziert dieser Archetypus den aus der Dunkelheit hervortretenden Logos, der in die Herzen der Menschen schaut und prüft, ob sie gütig oder hartherzig sind. Dieser Alte wohnt weit abgelegen im Verborgenen – im tiefen Wald, in der menschenleeren Taiga, auf einem verschneiten Berg oder am Nordpol –, und zur Zeit der Wintersonnwende, wenn die Geisterwelt der Menschenwelt ganz nahe rückt, bringt er seine Gaben: Weisheit, guten Rat und Segen für das Jahr. Diese geistigen Gaben werden in den Mythen dann symbolisch greifbar gemacht: Es sind die süßen roten Äpfel, die Nüsse, das Gebäck und die anderen in Buntpapier eingewickelten Weihnachtsgeschenke.

Der Archetypus des alten Weisen bahnt sich seinen Weg in die Bilderwelt fast aller Kulturen: Bei den Indern sind es die weißbärtigen *Risis* oder der Schöpfergott Brahma; in Teilen des nördlichen Europas ist es eine Erscheinung des weisen Zauberers Odin; bei den Kelten ist es Merlin, der Zauberer, der mit einem Wolf und einem Hirsch im Eichenwald haust und der als Ratgeber und Lehrer an der Tafelrunde König Artus' erscheint. Im alten China begegnet er uns in der Gestalt eines Laotse, dessen Name »alter verehrter Meister« bedeutet und der uns lehrt, dass das Universum in sich harmonisch ist und keiner Kontrolle oder erzwungener Verbesserung bedarf. Es heißt, Laotse kam schon als Greis mit weißem Bart und runzeliger Haut zur Welt. Egal, in welchem Zeitalter man lebt, immer wieder begegnet einem dieser Archetypus. Auch in Europa erscheint der »liebe Gott« in der schlichten Vorstellung des einfachen Volkes wie auch bei den großen Malern, die im Auftrag der Kirche den Schöpfer auf diese Weise darstellten, als gütiger, weißbärtiger alter Mann, der fern im Himmel, auf den Wolken lebt. Sogar in unserer technokratischen Postmoderne erkennt man den Archetypus wieder, wo er unter anderem als Santa Claus oder in J. R. R. Tolkiens populärem Werk *Herr der Ringe* als Gandalf erscheint.

Die christliche Version des segenbringenden alten Weisen ist der heilige Nikolaus. Er soll im 4. Jahrhundert in der Stadt Myra in Kleinasien, der heutigen Türkei, geboren worden sein. Es wird erzählt, er habe all seinen Reichtum den Armen geschenkt. Er gilt als mutiger Streiter wider das Heidentum und den Götzendienst.

In heidnischen Zeiten war damals in Kleinasien die Göttin Artemis (Diana) besonders beliebt. Sie ist die mondgekrönte Herrin der Wildnis und der wilden Tiere, insbesondere der Hirsche, die Beschützerin der Frauen und Mädchen und Helferin bei der Niederkunft.[59] Sogar im Mittelalter fürchteten die Geistlichen sie noch als Hexengöttin und Anführerin der Wilden Jagd. Bischof Nikolaus wagte es, einen dieser der Abgöttin geweihten Bäume – wahrscheinlich eine Zypresse oder eine Zeder – zu fällen; auch einige ihrer Tempel soll er zerstört haben. Eine alte Heidenpriesterin wollte sich an ihm rächen. Als Nonne verkleidet, kam sie mit einer Phiole Öl, das sie in der Kirche ausgießen wollte; der Gottesmann zwang sie, die Flüssigkeit ins Meer zu schütten, worauf das giftige Öl in Flammen aufging.

Man müsste ein dickes Buch schreiben, um die vielen Wunder, die dieser Heilige vollbrachte, zu erzählen. Schon als Säugling offenbarte er seine Heiligkeit, als er an Fastentagen – mittwochs und freitags – nur einmal am Tag die Brust seiner Mutter annahm. Im Lauf seines Lebens erweckte er mehrere Tote zum Leben. Ein Kind rettete er aus kochendem Wasser. Durch eine wundersame Kornvermehrung bewahrte er die Bevölkerung vor einer Hungersnot. Er stillte einen heftigen Sturm und rettete somit Seeleute vor dem sicheren Tod – der Mast war schon abgebrochen und das Schiff war leck. Aus diesem Grund gilt Nikolaus als Schutzheiliger der Seeleute. Er wurde zum Patron der Hanse und vieler Hafenstädte, etwa Hamburg.

Indem er ihnen drei Goldklumpen durchs Fenster warf, rettete er drei Mädchen, die als Prostituierte in ein Bordell verkauft werden sollten, weil ihr Vater die Aussteuer für ihre Verheiratung nicht zahlen konnte. Die drei goldenen Kugeln (oder goldenen Äpfel) lassen ihn als Gabenbringer erkennen und zählen zu seinen Attributen.

Drei Knaben, die auf den Feldern Gemüse holten, verliefen sich im Dunkeln und fragten einen Fleischer, ob sie bei ihm übernachten könnten. Der Metzger war aber bösen Herzens, er tötete, zerstückelte sie und pökelte sie ein. Als sieben Jahre später der Nikolaus vorbeikam und von dem Pökelfleisch kosten wollte, erkannte er, was geschehen war, und gab den toten Kindern ihr Leben zurück. So wurde der Heilige zum Beschützer der Kinder. Ein Pökelfass mit drei Knaben ist ein weiteres seiner Attribute.

In der byzantinischen Kirche, in Ostrom (Konstantinopel) und folglich in den slawischen Ländern, wurde Nikolaus zum allerwichtigsten Heili-

Der heilige Nikolaus wirft drei armen Schwestern drei Goldkugeln ins Haus (Tafelbild von Bicci di Lorenzo um 1433).

In der Weihnachtszeit werden vielerorts Gebildbrote in Form eines Männchens gebacken, verschenkt und verzehrt: Sie erinnern an den heiligen Nikolaus und heißen Weckmann, Stutenkerl oder auch Grittibänz.

gen. Er ist der Schutzpatron von Russen, Kroaten und Serben. In Mitteleuropa, insbesondere im Rheinland, bürgerte sich die Nikolaus-Verehrung erst im 10. Jahrhundert ein. Dafür war die griechisch-orthodoxe Gemahlin von Kaiser Otto II. verantwortlich. Auf diese Zeit geht auch der Brauch zurück, am Nikolaustag einen »Kinderbischof« zu wählen. Der lange in Vergessenheit geratene Brauch wird inzwischen sogar in der evangelischen Kirche wieder eingeführt.[60]

Der kleine »Bischof« trägt alle Insignien des Heiligen: eine rote Bischofsrobe, die Bischofsmütze (Mitra) und den Hirtenstab, den Krummstab,[61] eventuell auch drei goldene Kugeln und ein goldenes Buch, in welchem er alle guten und bösen Taten der Menschen hineinschreibt.

MAN HAT IHN ZUM FRESSEN GERN

Am 6. Dezember, dem Tag des Nikolaus, werden vielerorts Teigmännchen gegessen.[62] Das Hefegebäck sieht oft aus wie ein dickbäuchiger Zwerg mit spitzer Zipfelmütze – eigentlich soll die Mütze die Mitra, die Kopfbedeckung der Bischöfe, darstellen. Der Teigmann hat Rosinenaugen und -knöpfe. Fast jede Region benennt ihn anders: Er ist der Klausenmann im Bodenseeraum, der Stutenmann oder Stutenkerl in Norddeutschland, das Weckmännchen in Ostdeutschland, das Boxenmännchen in Luxemburg, der Krampus in Teilen Österreichs und Bayerns, der *Buikman* oder *Wekkeman* in den Niederlanden, der *Manele* im Elsass, der *Dambedei* in Karlsruhe und *Jean Bonhomme* in Frankreich. Das Männlein ist ein symbolisches Opfer. Es gibt noch andere regionale Bezeichnungen für das Teigmännchen. Auf einem Bauernhof im Emmental lernte ich am Nikolaustag das Teigmännchen als *Grittibänz* kennen.

Volkskundler sprechen bei diesem Brauchtumsgebäck von einem »Gebildbrot«. Solche Gebildbrote sind alte europäische Tradition, schon in heidnischen Zeiten buk man Brote in der Gestalt von heiligen Tieren oder Göttern. Die Christen nahmen

EXKURS

Saturn

Den meisten Gläubigen ist nicht bewusst, dass an der Nikolausfigur und an der Weihnachtszeit überhaupt noch recht viel Römisch-Heidnisches haftet. Die Römer feierten die Wintersonnenwende, die sogenannten Saturnalien, zu Ehren des Saturn, des Ältesten der Götter. Auch in ihm erkennen wir den Archetypus des alten Weisen. Diese Festtage vom 17. bis zum 24. Dezember sollten das längst vergangene Goldene Zeitalter, dessen Herrscher Saturn war, wieder aufleben lassen. Die Tage wurden mit maßlosem Saufen, Fressorgien, Lärmen und Zügellosigkeit, aber auch mit dem Verteilen von Geschenken begangen und sollten an jene Urzeit erinnern, in der es weder Standesunterschiede noch Privatbesitz gab.

Die Saturnalien waren Chaostage, eine Zeit zwischen den Zeiten, eine verkehrte Welt, in der Sklaven und Herren, Männer und Frauen ihre Rollen tauschten und Anstand und Sittlichkeit verwarfen. Auch Kinder durften sich über die Erwachsenen lustig machen und diese nachäffen. Die Juvenalien, zur Ehrung der Kinder, waren Teil des Festes.

Als Erntegott trägt Saturn eine Sichel und einen Sack mit Saatkörnern für die zukünftige Aussaat. Im Mittelalter stellte man den Greis auch mit einem Stundenglas und einem Buch dar, in dem alles, was geschah, aufgezeichnet ist. Dieses Buch ist sozusagen die Akasha-Chronik des Okzidents; es ist das Weltgedächtnis. Nichts geht verloren. Der heilige Nikolaus hat dieses Goldene Buch geerbt. Auch den Sack hat er übernommen, und dahinein stecken er oder sein finsterer Knecht Ruprecht oder die Butzenbercht die bösen Kinder. Darauf spielt der auf Seite 94 zitierte Bremer Kinderreim an.

Die Römer identifizierten ihren Saturn mit dem griechischen Kronos, dessen Name »Zeit« (Chrónos) bedeutet. Im griechischen Mythos verschlingt Kronos seine Kinder. Die Zeit – das ist ja eine Binsenweisheit – verschlingt alles.[66] Seit dem 16. Jahrhundert verbreitete sich die Idee, dass die bösen, unfrommen Kinder nicht nur in den Sack gesteckt, sondern von dem schrecklichen Begleiter des Nikolaus sogar aufgeschlitzt, ausgepeitscht oder gar gefressen werden. Eine eindrucksvolle Abbildung des Kinderschrecks finden wir mitten in Bern, beim Kinderfresserbrunnen (Chindlifresserbrunne).

In diesen dunklen Begleitern des Nikolaus begegnen wir den wilden Naturgeistern, den Perchten wieder; sie wurden dem mittelalterlichen christlichen Dogma angepasst. Der Kinderfresser ist eigentlich auch der Seelenfresser, der Teufel. Christen deuten den Kinderfresser als den Widersacher, der die Seelen ungetaufter Sünder nimmt und frisst.

Der Kinderfresserbrunnen in Bern erinnert an den schrecklichen Begleiter des Nikolaus, eigentlich den Kronos der griechischen Sage.

die Idee auf: Brezeln, eine Speise der Fastenzeit, sollen die verschränkten Arme betender Mönche darstellen. Das aus Kuchenteig gebackene Osterlamm stellt den Heiland als Opferlamm *(Agnus Dei)* dar und der Dresdner Stollen symbolisiert das süße Christkind als Wickelkind. Der Spekulatius, das flache, leckere Gebäck aus gewürztem Mürbeteig, ist eine besondere Form der Gebildbrote, mit Abbildungen von Menschen, Tieren, Bauernhöfen, Schiffen, Windmühlen und dergleichen (siehe Seite 125).

Man hat das Heilige – oder das, was man liebt – also zum (Fr-)Essen gern. *Theophagie* (aus griechisch *theos* »Gottheit« und *phagein* »verzehren«) nennen das Religionswissenschaftler und Kulturanthropologen: Indem man das Heilige verspeist, versucht man sich dessen Kraft und Charisma einzuverleiben. Die Völkerkunde kennt viele Beispiele für Kannibalismus, wo der besonders tapfere feindliche Krieger oder der starke Zauberer getötet und rituell verspeist wird. Opferkuchen und Gebildbrote traten allmählich an die Stelle des Menschenopfers. Diese »Substitution« findet man etwa schon in Babylonien, wo man die Göttin Ischtar (die Göttin der Venus und der Liebe) rituell opferte und verspeiste, anstelle einer ihrer Priesterinnen. Auch das christliche Abendmahl (Eucharistie) stellt – in der Sichtweise der Kulturanthropologie – eine Theophagie dar. Für die römisch-katholische, orthodoxe und anglikanische Kirche gilt das während der Feier der Eucharistie einverleibte Brot und der rote Wein nicht nur als Symbol für Fleisch und Blut des göttlichen Heilands, sondern als dessen wesensverwandeltes,[63] wahrhaftes Fleisch und Blut.

KINDERFEST

Der Nikolaustag am 6. Dezember ist vor allem ein Tag der Kinder. Am Abend vorher wichsten die Kinder fleißig ihre Schuhe und Stiefel und stellten sie vor die Tür.[64] In England hängt man auch die Socken an den Kamin, denn man weiß, dass *Old Saint Nick* um Mitternacht durch den Rauchfang, den Schornstein, ins Haus gefahren kommt und dann Schuhe und Socken mit Lebkuchen, Zuckerzeug, Nüssen und Äpfeln füllt. Manchmal tut er auch einige Kupfermünzen (Pfennige) mit hinein. Aber nur bei den guten Kindern, deren Schuhe sauber glänzen.

Hier und da klopft der Nikolaus auch an die Tür, wie wir in diesem Kinderreim aus Bremen hören:

Sünnerklaas, de grode Mann,
kloppt an alle Dören an.
Lüttje Kinner gifft he wat,
grode Kinner steckt he in'n Sack.
Halli, halli, hallo,
so geiht dat in Bremen to.[65]

WANDELNDE BILDER

Vielen Kirchenvertretern gefällt es gar nicht, was im Laufe der Zeit mit dem Bild des heiligen Nikolaus geschehen ist. Er verschmolz im Laufe der Zeit immer mehr mit dem Weihnachtsmann, der als Gabenbringer nicht mehr am 6. Dezember verehrt wird, sondern am Heiligen Abend oder am ersten Weihnachtsfeiertag seinen Auftritt hat. Aber das ist erwartbar, denn die bildhaften Vorstellungen des einfachen Volkes widerstreben oft den Vorgaben der Machthaber und der kirchlichen Institutionen. Allmählich passt man die Bilder an das an, was das »kollektive Unbewusste« (C. G. Jung) in den Seelentiefen trägt oder was die umgebende Natur widerspiegelt.

Um ein Beispiel zu nennen: Der Geburtsort des Heilands Jesu in Bethlehem war kein Stall aus Holz, sondern eine steinerne Grotte (Vardiman 1981: 190); auch Ochs und Esel werden in der Bibel nicht erwähnt. Im heißen, nahöstlichen Klima waren es vor allem kühle, feuchte Höhlen, in denen sich das Göttliche offenbarte und Mystiker ihre Visionen empfingen. Die ersten Gotteshäuser, die eher dunklen romanischen Kirchen, waren Versuche, eine heilige Grotte nachzuahmen; das kam im kühlen Norden aber nicht gut an, erst die gotischen Kathedralen öffneten sich dem Licht. So wurde in der Imagination des einfachen Volkes Jesus auch nicht in einer Felsengrotte geboren, sondern in einem gemütlichen Stall, wie man ihn aus der eigenen Umgebung kannte.

Mit der Zeit treiben längst unterdrückte, heidnische Wurzeln wieder aus; die Naturgeister und Heidengottheiten verlassen das dunkle Verlies des Unterbewussten und kehren wieder ins Bewusstsein und in das Brauchtum ein. Diese Geister ließen sich nicht für immer unterdrücken; die Kirche sah sich genötigt, sie zuzulassen, aber nur als Diener und Knechte der Heiligen. Man konnte sie nicht länger verleugnen, doch gelten sie nun als die Schatten, die entstehen, wenn das göttliche Licht strahlt. Man versteht sie als gezähmte Teufel, die ihre dämonische Seite ausleben dürfen, indem sie die unartigen Kinder strafen, sie mit Ruten züchtigen oder in den Sack stecken. Sie befinden sich nun im Einklang mit den manichäischen Wurzeln des Christentums, die die Welt in Gut und Böse, Licht und Dunkel, Sanftmut und wilden Zorn teilen.

Wie auch die Naturgeister, fordert die mit ihnen verbundene natürliche Umwelt – der Wald, der Schnee, die Rehe und Hirsche – ihr seit Urzeiten zustehendes Recht beim Sonnwendfest. Das heißt, dass das Heilsgeschehen für die einfachen Bauern nicht unter Dattelpalmen oder in der karstigen Landschaft Palästinas stattfindet, sondern dass Weihnachtsmann, Väterchen Frost und Christkind durch den tief verschneiten Tannenwald stapfen oder im Rentierschlitten dahergefahren kommen.

Aber ehe wir uns die Gabenbringer, die zur Heiligen Nacht die Menschen besuchen, genauer anschauen, wollen wir uns mit den besonderen Tagen in der Advents- und Vorweihnachtszeit befassen.

Sobald die Kinder eingeschlafen sind, kommt Old Saint Nick durch den Kamin und füllt die aufgehängten Strümpfe der Kinder mit den Geschenken (USA, 1880er-Jahre).

TAG DER LUCIA (13. DEZEMBER)

Die Heiligenlegende berichtet, dass Lucia[67] – der Name bedeutet »die Leuchtende« (vom lateinischen *lux* = »Licht«) – in einer Zeit heftigster Christenverfolgung im Jahr 286 n. u. Z. in Syrakus (Sizilien) geboren wurde. Im Alter von 21 Jahren starb sie. Als junges Mädchen bekehrte sie sich heimlich zum Christentum und weihte ihre Jungfräulichkeit dem geliebten Jesus. Heimlich brachte sie Essen zu den hungernden Christen, die sich in den dunklen Katakomben versteckt hielten. Da sie mit beiden Händen die Lebensmittel trug, setzte sie sich einen Kranz mit brennenden Kerzen auf den Kopf, damit sie in den finsteren Gängen sehen und den Weg finden konnte.

Ihre Mutter wollte sie mit einem reichen Mann verheiraten, aber die junge Frau weigerte sich. Sie verschenkte ihre Aussteuer an die Armen. Sie ging sogar so weit, dass sie sich ihre Augen ausriss und dem zurückgewiesenen Bräutigam in einer Schale schickte. Er sollte sehen, dass sie nicht mehr begehrenswert war. Die Gottesmutter Maria erbarmte sich ihrer und schenkte ihr neue Augen, die noch viel schöner waren. Als der geschasste Bräutigam erfuhr, dass seine Verlobte dem verbotenen Glauben anhing, klagte er sie wegen der entgangenen Aussteuer beim Statthalter (Präfekt) an. Der Gerichtsprozess ging nicht gut für sie aus: Sie wurde dazu verurteilt, als Prostituierte in einem Bordell zu dienen. Doch nicht einmal ein Ochsengespann und tausend Soldaten waren in der Lage, die gefesselte Lucia fortzuschleppen. Auch das Übergießen mit siedendem Öl und die Folter mit Feuer überstand sie. Die Folterknechte rammten der jungen Märtyrerin schließlich ein Schwert durch den Hals, aber sie starb erst, nachdem sie aus den Händen des Bischofs das heilige Abendmahl empfangen hatte.

Der Tag dieser heiligen Jungfrau wird heutzutage am 13. Dezember gefeiert. Vor der gregorianischen Kalenderreform im 16. Jahrhundert fiel dieser Tag genau auf die Wintersonnenwende, also

Vor allem in Schweden, aber auch in den protestantischen Gemeinden auf der ganzen Welt wird der Luciatag mit Lichtern, Liedern und traditionellen Speisen gefeiert.

Die Nacht geht mit schwerem Schritt um Hof und Hütte.
Auf der Erde, welche die Sonne verließ,
brüten dunkle Schatten.
Da betritt unser dunkles Haus mit brennendem Licht
Lucia, heilige Lichtbringerin, Lucia.

SCHWEDISCHES LUCIA-LIED

auf den dunkelsten und kürzesten Tag des Jahres. Somit symbolisiert Lucia das Ende der Finsternis und die Wiederkehr des Lichts.

Luciabrauch in Schweden

Im Mittelalter entwickelte sich allmählich die Verehrung der Lichtjungfrau und wurde vor allem in Schweden zu einem Hauptfest der Wintersonnenwende. In dem nordischen Land wird die älteste Tochter im Haus zur Lucienbraut *(Lussebrut)* erkoren. Sie trägt ein langes, schneeweißes Kleid mit roter Schärpe, einen Kranz aus grünen Preiselbeerzweigen mit roten Beeren auf dem Kopf und eine Krone mit fünf brennenden Kerzen[68]. In dieser Aufmachung weckt sie ihre Eltern mit Gesang und bringt ihnen Kaffee und leckeres, mit Safran aromatisiertes und sonnig-gelb gefärbtes, s-förmiges Hefegebäck (*Lussekatter*, Luciakatzen). In Norwegen heißt das Gebäck *Langennattskaker* (Kekse der langen Nacht). Manchmal werden die s-förmigen Kringel übereinandergelegt gebacken, sodass sie ein swastikaförmiges »Weihnachtskreuz« *(Julkors)* bilden, das den Sonnenlauf darstellen soll.

Lucienbraut und Sternenknaben

Inzwischen gibt es in Schweden und zunehmend auch in den Nachbarländern an dem Tag Umzüge und Besuche in Heimen und Krankenhäusern. Dabei führt eine mit der Lichterkrone geschmückte Lucienbraut die Prozession an. Singende Mädchen, ebenfalls weiß gekleidet und Kerzen tragend, Sternenknaben *(Stjärngossar)* mit spitzen Hüten und Sternenstäben – sie symbolisieren die Weisen aus dem Morgenland –, Pfefferkuchenmännlein und Zwerge *(Tomtar)* begleiten sie. Es werden Lucialieder gesunden und die Erwachsenen trinken viel Glühwein *(Glögg)*.

Lucia ist die Schutzheilige der Blinden, da sie ihre Augen ausriss und geheilt wurde. Im Mittelalter wurden ihr alle Augenheilpflanzen geweiht, wie etwa der Augentrost *(Euphrasia rostkoviana)*. (Marzell1972, Bd. II: 391) Da sie fast als Dirne endete, ist sie die Schutzheilige reuiger Prostituierter; wegen der Gerichtsaffäre ist sie Patronin der Notare; weiterhin ist sie Schutzheilige der Bauern, Kutscher, Sattler, Näherinnen, Weber, Schreiber und etlicher anderer Berufe.

Vor der Kalenderreform fiel der Tag der Lucia auf den dunkelsten Tag des Jahres. In den Nordländern bleibt es fast den ganzen Tag dunkel. An diesem Sonnwendtag treiben die finsteren Geister ihr Unwesen, wüten und spuken, ohne dass sie das Sonnenlicht fürchten müssen. Es ist verständlich, dass man weiter südlich, in den Alpenländern, diesen Tag mit den wilden Perchten in Verbindung brachte. Im Gegensatz zum hohen Norden, wo Lucia am 13. Dezember als Lichtgestalt erscheint, mutierte die Lucia in Mittel- und Südeuropa zu einer furchteinflößenden, hässlichen Dämonengestalt, zur Butzenlutz, zur schiachen Luz, Lutzelfrau, Lussibraut, Luka oder zum Lutscherl. An ihrem Tag scheute man es, ins Freie zu gehen, Brot zu backen, zu spinnen oder zu nähen. Tat man es trotzdem, würde sich diese Percht rächen.

Der schwedische Theologe Åke Viktor Ström, der den heidnischen Elementen nachspürte, die bis heute im Christentum zu finden sind, sieht in der Person der Lussi und im Lucientag die Verehrung der einst beliebten lichthaften Göttin Freya weitergeführt. Freyr, der Zwillingsbruder der Freya,

Thomas dreht die Stund' um.

ALTER BAUERNSPRUCH

schreibt er, wurde durch den heiligen Stephanus, dem Patron des ersten Weihnachtsfeiertags (26.12.) – einem Tag des Minnetrinkens – ersetzt. (Ström 1975: 280) (siehe Seite 146)

In Kroatien werden am Gedenktag der heiligen Lucia traditionell einige Weizenkörner in eine Schale gesät. Der Lucienweizen grünt bis zum Weihnachtsfest und steht als Symbol für das neue Leben und die Hoffnung inmitten des Winters. Manchmal wird der Weizen mit einem Band in den kroatischen Nationalfarben (Rot, Weiß und Blau) umfasst oder es werden ein Apfel oder eine Kerze in der Mitte der Weizenschale aufgestellt. Nach den Feiertagen wirft man das Getreide nicht weg, sondern gibt es den Vögeln zum Fressen.

THOMASTAG UND SONNENWENDE (21. DEZEMBER)

Unter dem Thomastag kann sich der moderne Stadtmensch wenig vorstellen. Dieser Tag – es soll der Todestag des Apostels und Jüngers Jesu[69] gewesen sein – fällt genau auf die astrologische Wintersonnenwende. Es ist der kürzeste Tag des Jahres. Im Norden liegt die Sonne den größten Teil des Tages unter dem Horizont; nahe dem Polarkreis geht sie gar nicht auf. Die wissenschaftliche Erklärung ist, dass sich der Nordpol wegen der Kreiselbewegung der Erdachse im Dezember maximal von der Sonne weg neigt.

Wie schon besprochen, konnte in manchen Kulturen, etwa bei den Kelten, dieser Sonnenwendepunkt genau berechnet werden. Aber nicht bei allen war das der Fall. Es scheint ja, als stehe die Sonne zu dieser Zeit still. Zwölf Tage lang, glaubte man, dauert der Stillstand, wobei diese Zahl eine mystische ist, so wie die zwölf Tierkreiszeichen, die zwölf Ritter der Gralsburg oder die zwölf Jünger Jesu. Diesen Sonnenstillstand nannten die Römer *solstitium* (lateinisch, *sol* = »Sonne«; *sistere* = »anhalten, stillstehen«).

Die meisten Naturvölker feierten die Sonnenwendzeit mit närrischen Winterfesten, die sich über mehrere Tage hinzogen. Bei den nordamerikanischen Eingeborenen tanzen die Naturgeister mit, indem sie in die Maskenträger schlüpfen, es wird gut gesessen und die Medizinleute erzählen die altüberlieferten Geschichten; die Irokesen opferten als Teil des Rituals einen weißen Hund.

Schwedische Volkskundler nehmen an, dass die Skandinavier einst das Julfest am ersten Vollmond nach der Wintersonnenwende feierten. Wie dem auch sei, der eigentliche Sonnwendtag, der 21. Dezember, spielt – wenigstens in der westlichen Welt – keine große Rolle mehr. Lediglich die Neopaganen oder neuheidnischen Gruppierungen feiern den Tag.

In früheren Zeiten war der Thomastag noch lange wichtig, besonders auf dem Land und in katholisch geprägten Regionen. Mit dem Tag fangen die Raunächte an; es wurde geräuchert und Wasser versprengt (siehe Seite 175f.). Auf den Höfen wurde in Bayern und Tirol am Thomastag die »Mettensau« geschlachtet, das Schwein, das nach der Messe am Heiligen Abend und in den Weihnachtstagen verspeist wurde. Man freute sich ganz besonders auf diesen Schweinebraten, denn die vorhergehende Adventszeit galt als eine Zeit des Fastens. Das Hausschwein, das die Ehre hatte, zum Weihnachtsbraten zu werden, genoss eine Sonderbehandlung. In Schweden bekam es Korn aus der letzten Garbe ins Futter und etwas Jul-Bier zu saufen.

Im Schwarzwald galt es, in der Thomasnacht so viel hochprozentiges Feuerwasser, also Obstler, Bärwurzschnaps und Bier wie nur möglich in sich hineinzukippen; der Morgen danach wurde »Kotzmorgen« genannt. Durch das Erbrechen, glaubte man, jage man alle bösen Geister aus Leib und Seele. Ein hellsichtiger Pfarrer erklärte dazu, man könne sehen, dass beim Übergeben nicht nur der verdorbene Mageninhalt den Menschen verlässt, sondern auch alle möglichen Teufelchen. Es handelt sich also um eine drastische Form der seelischen Katharsis.[70]

Am Thomastag werden Haus und Hof gereinigt und aller Schmutz sorgfältig mit einem Birkenreisigbesen[71] weggefegt. Das ist wichtig, denn am Tag der Geburt des Christkindes soll alles fein sauber und ordentlich sein. Außerdem sind in der dunkelsten Nacht des Jahres viele unsaubere Geister unterwegs, die sich gerne in Schmutz und Unrat verstecken. Sogar die Silbermünzen, die man im *Geldsäckel* hat, kann man am Thomastag waschen, dann wird man fürs ganze Jahr genug Geld haben.

Viel Aberglaube begleitete die Thomasnacht. Wie in der Andreasnacht, am 30. November, ist sie eine gute Zeit für Liebesorakel. Dafür gibt es etliche Beispiele, etwa, dass zwei Mädchen einen Gänserich in ihre Mitte nehmen: Welcher von beiden er sich zuwendet, die wird zuerst heiraten. In Deutsch-Böhmen konnte ein Mädchen für ein Orakel in den Obstgarten gehen und einen Pflaumenbaum schütteln. Dabei sagte sie:

Zwetschgenbaum, ich schüttel dich,
wo wird a Hunderl bellen,
wird si mei Liebster mell'n.

Überhaupt sollten Mädchen an dem Tag Obstbäume umarmen, damit es im kommenden Jahr zu einer guten Ernte kommen würde. In manchen Gegenden hieß es, die jungen Frauen sollten nach dem Kneten des Brotteigs mit »teigigen Armen« hinausgehen und die Bäume umarmen – da verband man wohl das Aufgehen des Brotteiges mit der Fruchtbarkeit der Bäume.

Orakel am Thomastag: Wo die Spitze des hinter sich geworfenen Pantoffels hinzeigt, aus der Richtung wird der Bräutigam kommen.

Die Hindus feiern die Sonnenwende mit einem Bad in Flüssen und Meer und opfern den Göttern.

Noch ein Beispiel aus Altbayern: Wenn sich ein unvermähltes Fräulein in der Thomasnacht nackt vor dem Bett auf einen Schemel stellt und dabei spricht,

Bettschemel, i tritt di,
heiliger Thomas, i bitt di,
lass mi sehn den Herzallerliebsten mein
in dieser heiligen Nacht!

dann wird sie in dieser Nacht von ihrem künftigen Ehemann träumen.

Wintersonnenwende in Asien

Der Tag des 21. Dezember wird nicht nur als Thomastag gefeiert. In Zentralasien – Iran, Afghanistan, Tadschikistan – wird an dem Tag die *Yalda*-Nacht (»die Nacht der Geburt«) gefeiert. Das alte Fest, das inzwischen auch von den dortigen Muslimen gefeiert wird, bezieht sich auf die Wiedergeburt des alten indoeuropäischen Sonnengottes Mithras, dem Sohn des Himmels und Hüters des wahren Wortes, der Verträge und Eide.

Auch die Hindus feiern die Sonnenwendtage, *Makar Sankranti*, mit Bädern in heiligen Flüssen oder im Meer und mit Drachensteigen. Sie beschenken einander mit Süßigkeiten, vor allem Sesamsamen in eingedicktem Zuckerrohr.

Im Punjab, im Nordwesten Indiens, begeht man die Sonnwendtage mit offenen Freudenfeuern, die die Dorfbewohner umtanzen, mit Singen und Wallfahrten. Reis und Süßigkeiten werden dem *Agni* in die Flammen geopfert, denn dieser Feuergott ist der Vermittler zwischen der Menschenwelt und den Göttern. Er trägt die Bitte an den Sonnengott weiter, nach den kalten Tagen wieder Wärme zu bringen, damit die Feldfrüchte und das Korn gut wachsen mögen. Auch die Tiere werden an diesem Tag geehrt. Man bedankt sich bei ihnen mit Sonderfutter, schmückt sie mit Blumenkränzen *(Pushpamala)* und striegelt sie liebevoll.

WEIHNACHTSMARKT

In Mitteleuropa sind während der Vorweihnachts- und Adventszeit die Weihnachtsmärkte, Adventsmärkte oder Christkindlmärkte sehr beliebt. Ganz so neu, wie man meinen könnte, sind diese Weihnachtsmärkte aber nicht. Schon im hohen Mittelalter gab es »Verkaufsmessen«, bei denen sich die Bevölkerung mit Nahrungsmitteln für den Winter eindecken konnte. Bald kamen Stände mit Spielzeug, Schnitzwaren und anderen handwerklichen Erzeugnissen dazu, die als Nikolaus- oder Weihnachtsgeschenke erworben wurden.

Der älteste richtige Weihnachtsmarkt wurde in Wien (1296) veranstaltet; alt sind auch die Nikolausmärkte in München (1310) und in Bautzen (1384) und der Dresdner Striezelmarkt (1434), wobei mit »Striezel« der Stollen gemeint ist. Berühmt sind der Nürnberger Christkindlesmarkt sowie die Weihnachtsmärkte in Prag und in Straßburg. Blasmusik und Chöre, die alte Choräle singen, und wohltuende, durchwärmende, heiße, geistige Getränke, wie Glühwein, Grog, süßer Punsch und, in Frankfurt, *Äppelwoi* (Apfelwein), zaubern die Weihnachtsstimmung herbei. In den Buden werden Kinderspielsachen, Weihnachtsschmuck, Krippen, Kerzen, Räucherkerzen, Adventssterne und – in Sachsen – in Heimarbeit im Erzgebirge hergestellte Schnitzereien, Pyramiden, Schwibbögen, Nussknacker, Steiger und *Räuchermänneln* feilgeboten. Auch Christbäume kann man da kaufen. An Leckereien aller Art fehlt es nicht: gebrannte Mandeln, heiße Maronen, Lebkuchen, Pfefferkuchen, Spekulatius und vieles mehr.[72]

Vielleicht gibt es da auch einen Briefkasten, in den Kinder ihre Botschaften und vor allem Wunschlisten an den Weihnachtsmann oder an das Christkind einwerfen können.

Bis heute lassen wir uns faszinieren von den lichterglänzenden Weihnachtsmärkten in der dunkelsten Zeit des Jahres.

Die geweihte Nacht, die Heilige Nacht

Heilige Nacht, Heilige Nacht!
Nacht der unendlichen Liebe,
dass uns dein Segen vorbliebe,
wirst du uns wiedergebracht,
Heilige Nacht, Heilige Nacht.

JOHANN FRIEDRICH VON MEYER, 1863

ABGESEHEN VON EINIGEN Bräuchen am Thomastag, die wir eben anschauten, ist am Tag der astronomischen Wintersonnenwende nicht viel los. Für die meisten von uns fängt Weihnachten erst mit dem Heiligen Abend oder gar mit dem ersten Weihnachtsfeiertag am 25. Dezember an. Es ist wie beim Blitz, den wir sehen, aber dessen Donnerkrachen wir erst einige Sekunden später wahrnehmen. Die Seele erfasst die Bedeutung des Ereignisses erst im Kielwasser des Geschehens, erst eine kurze Zeit danach.

Es hat mehrere Gründe, dass das Christfest an diesem 25. Tag des Wintermonats gefeiert wird. Schon die Römer begingen am 25. Dezember den Geburtstag der »unbesiegbaren Sonne« *(Dies Natalis Solis Invicti)*[73], die nun mit der Sonnenwende wiedergeboren wurde. Man feierte das Fest, das Teil der winterlichen Saturnalien wurde, mit großen Freudenfeuern, Festspielen in den Arenen und mit Pferderennen. Das Fest der unbesiegbaren Sonne verschmolz bei den Römern mit dem Fest des Mithras, einem indo-iranischen Lichtgott, von dem es hieß, er sei am 25. Dezember von einer Jungfrau in einer Höhle geboren worden. Zeugen seiner Geburt seien Schäfer und drei Weise gewesen, die dem Kind Geschenke brachten. (Walker 2003: 736) Wie Jesus soll Mithras Tote zum Leben erweckt haben, Blinde wieder sehend und Lahme wieder gehend gemacht haben und Dämonen, die vom Teufel (Ahriman) ausgesandt wurden, vernichtet haben.

Die Art des Gebens ist wichtiger als die Gabe selbst.

PIERRE CORNEILLE

Der Mithraskult kannte eine Art Abendmahl, bestehend aus Brot, Wasser und Wein, das er mit seinen zwölf Jüngern – es sind die zwölf Tierkreiszeichen – teilte. Nach diesem letzten Mahl stieg er in einen Sonnenwagen und fuhr in den Himmel. Auch eine Taufe als Initiationsritual kannte der Kult. (Bertholet 1977: 387)

Am Anfang der Zeit, so die Legende, tötete Mithras den Urstier, dessen Blut die Welt erneuerte und die Menschen rein von Sünden wusch. Mit seinem Licht kämpft Mithras gegen die Dämonen der Finsternis und der Unwahrheit. Er vermag den Menschen die Unsterblichkeit zu schenken.

Legionäre der römischen Armee brachten den Mithraskult zwischen dem 3. und dem 6. Jahrhundert aus dem Orient ins Römische Reich. Der Kult, der Frauen ausschloss, wurde besonders bei Soldaten und Händlern schnell populär. Germanische Hilfstruppen der Römer brachten den Kult in ihre mitteleuropäische Heimat, ins heutige Saarland, nach Südhessen und Württemberg.[74]

Man kann nachvollziehen, dass sich der Mithraskult zu einem gefährlichen Rivalen des frühen Christentums entwickelte. Bis ins 4. Jahrhundert feierten die Christen den Geburtstag ihres Heilands Jesu überhaupt nicht; für den Kirchenvater Origenes (187–253 n. u. Z.) galten Göttergeburtstage sowieso als heidnisch und verachtenswert. Außerdem glaubte man, dass Jesus irgendwann im Frühling geboren sei. Die Kirchenväter, die wahrscheinlich einiges von diesem Mysterienkult abgeschaut hatten, erklärten, dass der Teufel schon vor der Geburt Christi den wahren Glauben, insbesondere das Abendmahl, nachgeäfft habe. (Giebel 1993: 214) In einem Schachzug gegen den Mithraskult legte Papst Liberius im Jahr 354 n. u. Z. die Geburt Jesu auf den 24./25. Dezember fest.

JUL

Im germanischen Norden Europas, wo es zur Sonnenwende wirklich düster und kalt ist, feierten die Menschen schon lange vor der Christianisierung die Wintersonnenwende, die sie *Jul* nannten. Das Wort Jul kommt aus dem Indoeuropäischen **quelo*, was »Rad« bedeutet und sich im englischen Wort *wheel*, dem niederländischen *wiel* und dem skandinavischen *hjul* wiederfindet. Auch in England steht *Yule* (altenglisch *geól*) oder *yuletide* synonym für die Weihnachtszeit. Das Wort *jolly* (»lustig, fröhlich«) ist daraus entstanden.

Für die Nordeuropäer war das Winterfest eine Zeit, in der das Jul-Rad stillsteht, eine Zeit, in der der Schleier zur Anderswelt sehr dünn wurde und die Götter und die Ahnen den Menschen sehr nahekamen. Odin, dessen Beiname *Jolnir* oder *Jölfodr* (Vater des Juls) ist, fegt in den Winterstürmen mit einer Schar Totengeister über das Land. Ihm zu Ehren trank man viel Met und Bier und speiste die Ahnen, wie es teilweise noch immer Brauch ist, mit lebensspendenden Äpfeln, Haselnüssen, Hanfsaat, Hirse, Brot und Speisen, die sie einst kannten und liebten. In England kocht man ihnen noch heute in einigen Landesteilen *fairy porridge*, einen gesüßten Buchweizenbrei.

In diesen geweihten Tagen musste das Haus blitzeblank sauber sein. Kein Rad, weder Spinnrad noch Wagenrad, durfte sich drehen. Und bis die heilige Zeit »außerhalb der Zeit« vorbei war, durften die Haare nicht geschnitten werden, denn die Wachstumskräfte sollten erhalten bleiben. Auf keinen Fall durfte man Wäsche waschen oder auf die Leine hängen; man glaubte, die Holle mache aus jedem Stück Wäsche ein Leichentuch. Im Gegensatz zur Sommersonnenwende sollte man sexuell enthaltsam bleiben, denn im Winter hat die Natur wenig Lebensenergie, und Kinder, die dann gezeugt werden, könnten eher schwächlich sein, hieß es früher.

DIE GABENBRINGER

Die Wintersonnenwende ist eine Zeit des Schenkens. Das war schon lange vor dem Gabenbringer Nikolaus der Fall. Bei den römischen Saturnalien wurden Geschenke unter Freunden und Verwandten getauscht. Und bei den Wikingern war es der Schamanengott Odin, den man weiter im Süden als Wodan oder Wotan kannte, der den Menschen Gaben brachte. Seine Geschenke waren poetische Inspirationen, Rausch, Runenzauber und Sieg und für die Bauern Fruchtbarkeit der Felder.

Für die frühen Christen hatte das Schenken wenig Bedeutung. Erst im Mittelalter begann man am Tag des heiligen Nikolaus, rotbackige Äpfel und Nüsse in die vor dem Kamin aufgestellten Schuhe und Strümpfe zu stecken.

In unserem kommerziellen Zeitalter ist die Bescherung inzwischen für viele – nicht nur für Kinder, sondern auch für Erwachsene – der wichtigste Teil des Weihnachtsfestes geworden. Immer häufiger sind es Computerspiele und elektronischer Schnickschnack, die da unter dem Weihnachtsbaum liegen. Im frühen 19. Jahrhundert brachte der Weihnachtsmann oder das Christkind den Mädchen Puppen und Puppenhäuser mit Miniaturmöbeln und Geschirr, den Jungen Trommeln, Säbel, Kanonen und Zinnsoldaten. Später, zur Zeit meines Großvaters, bekamen die Buben dann mit Spiritus betriebene Dampfmaschinen und vor allem elektrische Eisenbahnen; es war eben das Zeitalter der Turbo-Industrialisierung. Diese Eisenbahnen wurden an die nächste Generation vererbt. Auch ich erbte die Eisenbahn von meinem Opa. Nach den Festtagen wurden die Lokomotiven und die Wagen aus Blech, die Schienen, die kleinen Bahnhöfe samt Bahnwärter und Reisenden wieder verpackt und meistens auf dem Dachboden sicher verwahrt. Im nächsten Jahr wurden sie wieder her-

Geschenke brachte zuerst der Nikolaus, ehe er weitgehend vom Christkind und vom Weihnachtsmann abgelöst wurde.

vorgekramt und, mit neuen Ergänzungen, erneut für die Buben unter den Weihnachtsbaum gelegt. Den Mädchen brachte der Weihnachtsmann weiterhin Puppen und Kleidchen, die man ihnen anziehen konnte, und neue Dinge für das Puppenhaus. Für die Erwachsenen hatte das Christkind auch etwas mitgebracht: Für die Damen waren immer Bonbonnieren, süße Liköre, etwa Eierlikör, oder Schmuck dabei und für die Herren oft eine Kiste Zigarren und etwas Hochprozentiges. Die Geschenke spiegeln den Zeitgeist, spiegeln die Veränderungen in der Gesellschaft. Auch wenn wohlmeinende Weltverbesserer und Moralapostel heutzutage den dazugehörigen Kommerzialismus gerne verteufeln, gehört das alles mit zum Sonnwendfest. Die materiellen Geschenke sind schließlich Ausdruck der Liebe der Verwandten und Freunde füreinander.

Schauen wir uns nun die verschiedenen, regional unterschiedlichen Erscheinungen des gabenbringenden Wintergeistes an. Da treffen wir auf den Nikolaus und den Weihnachtsmann, auf Santa Claus, Knecht Ruprecht, den Julbock und das lichthafte Christkind. Die Nikolausfigur verschmolz vielerorts mit dem Weihnachtsmann. Der Tag beziehungsweise die Nacht der Bescherung ist nicht mehr der 6. Dezember, sondern die Heilige Nacht oder der Morgen des ersten Weihnachtsfeiertages.

Jede Region, jedes Land hat seine besondere Ausgestaltung des Gabenbringers. Im süddeutschen Sprachraum, vor allem in den katholischen Regionen, kommt der Nikolaus noch immer im rot-weißen Bischofsgewand daher, wird aber von wilden, rauen Gestalten, den umgewandelten Naturgeistern, begleitet.

Populärer ist inzwischen der »Weihnachtsmann«. In dem Sack, den er über die rechte Schulter geworfen hat, sind Äpfel, Nüsse, Kekse und andere Süßigkeiten, Spielsachen und heute elektronischer Firlefanz. In der linken Hand, der Herzhand, trägt er ein Rutenbündel, das – wie wir gleich sehen werden – nicht etwa zum Verdreschen unartiger Kinder verwendet wird, sondern zum »Fisteln«, »Schmakostern«, »Stieben« oder »Pfeffern« von jungen, gebärfähigen Frauen. Hasel überträgt Fruchtbarkeit; die Ahnen in der geistigen Welt können dabei auf die junge Frau überspringen, sie benutzen die Hasel als Brücke zur Wiedergeburt (siehe Seite 191).

Wenn man fragt, von woher der Weihnachtsmann kommt, dann wäre die richtige Antwort, er kommt aus der anderen Welt, aus dem Himmel; er kommt von weit her aus dem tiefen, verschneiten, saturnischen Tannenwald im hohen Norden. Warum saturnisch? Weil der Saturn der entfernteste Planet ist. Wie wir sahen, wird dieser Planetengott seit der Antike als die älteste Gottheit, als der Träger kristallener Weisheit gesehen. Saturn, der äußerste sichtbare Planet, befindet sich am Rande des ewigen Fixsternhimmels, am Tor zu den Erzengeln und dem lieben Gott. Aber das sind Gedanken der Gelehrten, für die Kinder kommt der Weihnachtsmann schlicht aus dem tiefen Wald oder vom Himmel oder vom Nordpol.

Für mich als kleiner Knirps kam, damals in Sachsen, als die Winter noch recht kalt und schneereich waren, der Weihnachtsmann in der Gestalt des Knecht Ruprecht daher. Das Christkind begleitete ihn. Auch er stapfte durch den Schnee im finsteren Tannenwald. Man sah ihn nicht, aber nachdem er da gewesen war, wurden die Kinder in die Stube geladen, wo die Kerzen am Lichterbaum alle brannten, sich die erzgebirgische Weihnachtspyramide mitsamt Steigern, Rehen und Fichten munter drehte und die »Räuchermänneln« große, nach Wald duftende Rauchwolken qualmten. Da wusste man, dass Knecht Ruprecht, der Weihnachtsmann und das liebe Christkind gekommen waren und ihre Geschenke unter den Baum gelegt hatten.

Es gab auch Haushalte, in denen ein als Weihnachtsmann verkleideter Onkel die Kinder vortreten und ein auswendig gelerntes Gedicht vorsagen ließ, ehe sie ihre Geschenke aufmachen durften.

Im Alpenraum ist der Knecht Ruprecht noch ein Kinderschreck, ein angsteinflößender Begleiter des Nikolaus, aber bei uns im evangelischen Sachsen hatte er sich zum gütigen Gabenbringer gewandelt,

Ob Martin Luther tatsächlich schon einen Christbaum hatte, wie es diese Grafik suggeriert, darf bezweifelt werden.

ganz im Sinne von Theodor Storms schönem Gedicht: »Von drauß' vom Walde komm ich her«:

Von drauß' vom Walde komm ich her;
ich muss euch sagen, es weihnachtet sehr!
Allüberall auf den Tannenspitzen
sah ich goldene Lichtlein blitzen,
und droben aus dem Himmelstor
sah mit großen Augen das Christkind hervor.
Und wie ich so strolcht' durch den finstern Tann,
da rief's mich mit heller Stimme an:
»Knecht Ruprecht«, rief es, »alter Gesell,
heb deine Beine und spute dich schnell!
Die Kerzen fangen zu brennen an,
das Himmelstor ist aufgetan,
Alt' und Junge sollen nun
von der Jagd des Lebens einmal ruhn;
und morgen flieg ich hinab zur Erden,
denn es soll wieder Weihnachten werden!«

DAS CHRISTKIND

Das Christkind ersetzte ab dem 16. Jahrhundert vielerorts den heiligen Nikolaus als Gabenbringer – etwa in Deutschland, Österreich, Ungarn, Tschechien und Kroatien, im Elsass, der Slowakei und der Schweiz.

Der Reformator Martin Luther wird dafür verantwortlich gemacht. Aber das ist nicht ganz richtig. In seinem Haushalt gab es am Nikolaustag noch Geschenke für die Kinder und die Bediensteten; eine Hausrechnung der Eheleute Luther belegt Ausgaben für »Niclasgeschenke«. Er lehnte jedoch die übertriebene Heiligenverehrung der Kirche ab, weil es vom christlichen Heilsgeschehen ablenken würde. Auch die Kinderbischöfe, die mit dem Nikolaustag verbunden waren, bezeichnete er als spielerischen Unsinn und Narretei (siehe Seite 92). Für ihn war nicht Nikolaus der Geschenkebringer, sondern der »Heilige Christ«, und zwar am Tag

Santa Claus, wie ihn der Cartoonist Thomas Nast 1863 für die Zeitschrift *Harper's Weekly* zeichnete.

seiner Geburt in der Nacht vom 24. auf den 25. Dezember

Aber wie sollte man sich das vorstellen? Im Laufe der Zeit wurde das »Christkind« zu einem engelhaften Wesen mit blondem Lockenhaar und einer goldenen Krone, gekleidet in ein weißgoldenes Kleid – so, wie es noch heute beim Nürnberger Christkindlesmarkt erscheint. Das holde himmlische Wesen wird in den Weihnachtsspielen von jungen Mädchen dargestellt. Diese ursprünglich protestantische Idee setzte sich dann auch in vielen katholischen Ländern durch. Seit dem 20. Jahrhundert wird das Christkind jedoch zunehmend vom Weihnachtsmann, besonders in seiner amerikanischen Form, dem *Santa Claus*, ersetzt.

In den Vereinigten Staaten galt im 19. Jahrhundert *Kris Kinkle* (Pennsylvaniadeutsch, *Christ Kindle* oder auch *Kriskingle*) als Gabenbringer. Auch dieses wurde im 20. Jahrhundert weitgehend von Santa Claus verdrängt oder mit ihm identifiziert. Aber auch der Belznickel spielte bei den Pennsylvania-Deutschen eine Rolle.

SANTA CLAUS

Das Bild des modernen Weihnachtsmanns, des *Santa Claus*, entstand in Amerika. Inzwischen ist er in der ganzen Welt bekannt. Er ist Teil der neuzeitlichen globalen Kultur, und trotz seines Namens hat er sich längst von seinen christlichen Ursprüngen losgelöst. Man begegnet dem lustigen, pausbäckigen, rauschbärtigen Alten überall, von Singapur bis Mexiko City. In Japan, wo er *Santa-Kurosu* genannt wird, verschmilzt er mit dem traditionellen Glücksgott und Geschenkegeber *Hoteosho*; die jungen Chinesen feiern ihn als *Shangdon Laoren* mit Partys; in Australien, das sich auf der südlichen Halbkugel befindet und wo der Sommer auf den Dezember fällt, kommt Santa Claus in kurzen Hosen und mit Sonnenbrille oft auf einem Beach Buggy oder Surfbrett daher.

Zunehmend hat man die amerikanische Idee übernommen, dass er mit einem Rentierschlitten vom Nordpol kommt; die Kinder legen dann Karotten oder Kekse für die Rentiere aus, denn diese brauchen Kräftigung nach der langen Reise.[75] Santa erobert den Globus. Selbst im indischen Kolkata (früher: Kalkutta) konnte ich ziemlich ausgemergelte, dunkelhäutige *Christmas-Babas* in schlottrigen roten Santa-Kostümen erleben, neben Schaufenstern mit weißem Styropor-Schnee und Nadelbäumchen aus grünem Kunststoff.

Die kulturellen Wurzeln dieses Santa Claus liegen in New York, in einer Zeit, als die Stadt noch Neu Amsterdam hieß und von 1624 bis 1664 Verwaltungssitz der niederländischen Kolonie Nieuw-Nederland war. Sankt Nikolaus, genannt *Sinterklaas*, war der Schutzpatron dieser Stadt. Ihm zu Ehren wurde jeden Dezember das Sinterklaasfest gefeiert.

Auf dieser Grundlage schälte sich allmählich das Bild des amerikanischen Weihnachtsmanns heraus. Thomas Nast, ein bekannter Cartoonist, der in Rheinland-Pfalz geboren wurde, zeichnete 1863 für die Zeitschrift *Harper's Weekly* einen fröhlich lachenden, wohlbeleibten, weißbärtigen, Pfeife rauchenden, großväterlichen Herrn im roten Mantel, der unter dem Arm eine Puppe, Schaukelpferd, Säbel und viele andere Geschenke für die Kinder trägt. Das Vorbild für diesen *Old Saint Nick* – so die Erkenntnis der Volkskundler – ist der dem Knecht Ruprecht ähnliche, pfälzische *Belzenickel*, der wie Knecht Ruprecht einst den Bischof Nikolaus als Kinderschreck begleitete. Die Zeichnung hatte auch politischen Charakter, denn dieser Santa Claus war bei den Truppen der Nordstaaten, die im Bürgerkrieg gegen südstaatlichen Konföderalismus und Sklaverei kämpften, bekannt und beliebt.

Thomas Nasts Cartoon wurde zur Vorlage für die Weiterentwicklung des *Santa Claus*, dessen endgültige Erscheinung der gut gelaunte Dickwanst war, den der Coca-Cola-Konzern im Jahr 1931 als Werbefigur einsetzte. Auch hier erscheint der lustige Alte in einem roten Mantel, der mit weißem Pelz besetzt ist, mit schwarzen Stiefeln und einer roten Zipfelmütze, ebenfalls mit weißem Pelzkragen. Ein anmutiger, korpulenter Geselle ist das, mit rosigen Bäckchen, roter Knollennase, glitzernden Augen und dichtem, weißem Bart. Nast zeichnete Santa Claus auch mit einem von Rentieren gezogenen und mit Geschenken vollgepackten Schlitten. Das Rentiermotiv erscheint jedoch noch früher, und zwar im Jahr 1821, in einer Illustration eines Kindergedichts.[76]

Die Mythologie, die da gesponnen wird, lässt Santa Claus auf dem Nordpol leben. Zwerge *(Christmas elves)* helfen ihm dort bei der Herstellung der Geschenke.

Am Weihnachtsabend fliegt er mit seinem Rentierschlitten durch die Lüfte. Dabei ruft er mit tiefer Stimme: »Ho, Ho, Ho.« Es sei einfach sein fröhli-

> *'Twas the night before Christmas,*
> *when all through the house*
> *not a creature was stirring,*
> *not even a mouse;*
> *the stockings were hung*
> *by the chimney with care,*
> *in hopes that St. Nicholas*
> *soon would be there.*
>
> **CLEMENT CLARKE MOORE**
>
> »A VISIT FROM ST. NICHOLAS« – EIN BELIEBTES AMERIKANISCHES WEIHNACHTSGEDICHT VON 1823

ches Lachen, heißt es, ohne Bedeutung. Oder geht es auf den Ruf *Ho Ho Ho* zurück, mit dem die finnischen Schlittenfahrer ihre Rentiere antreiben, schneller zu laufen, ähnlich wie das »Hü, Hü, Hü«, mit dem die Kutscher ihre Rosse anspornen? Der Ruf ist jedoch älter. Der Schimmelreiter (Odin), Woutis, Helljäger oder Türst, der die Wilde Jagd anführt, ruft »Ho, Ho, Ho! Aus dem Weg!«. Auch der treue Eckhard, der nach thüringischer Sage der wilden Geisterjagd vorausgeht, ruft warnend: »Ho, Ho, Ho, aus dem Weg, damit keiner zu Schaden kommt.«

Der Rentierschlitten hält auf den Dächern, Santa schlüpft durch den Schornstein und füllt im Haus Socken mit Leckereien und legt die Weihnachtspakete unter den Tannenbaum, so können sich die (amerikanischen) Kinder am Weihnachtsmorgen wie wild darauf stürzen und sie auspacken, dass die Fetzen fliegen.

Zuerst war es ein einzelnes Rentier oder ein Hirsch, der den Schlitten zog, dann ein Paar, und bei Clement Clarke Moore waren es schon acht – Dasher, Dancer, Prancer, Vixen, Comet, Cupid, Donner und Blitzen nannte er sie. 1939 kam Rudolph, das putzige rotnasige Rentier *(the red nosed reindeer)* hinzu, erfunden von Robert L. May, einem Werbebeauftragten des Kaufhauses Montgomery Ward. Dazu schrieb er ein Büchlein für Kinder, in dem von einem schüchternen kleinen Rentier erzählt wird, das von anderen Rentieren wegen seiner roten Nase gehänselt wurde. Aber dann machte der gutmütige Santa ihn zum Leittier der Schlittenzieher, denn Rudolph beleuchtete bei dichtem, undurchdringlichem Nebel mit seiner Nase den Weg, sodass die Weihnachtsgeschenke rechtzeitig ausgeliefert werden konnten. Das in Gedichtform geschriebene Büchlein von Robert L. May wurde zum Bestseller und bald auch vertont.[77] Auch das Lied wurde zum Hit. Fast alle damaligen Superstars der Unterhaltungsindustrie – Dina Shore, Bing Crosby, Mitch Miller, Dean Martin, Perry Como, Gene Autry – coverten das Lied, sodass *Rudolph the Red-Nosed Reindeer* nach *I'm Dreaming of a White Christmas* und *Frosty the Snowman* zum beliebtesten Weihnachtslied der Amerikaner wurde.[78] Es folgten Zeichentrickfilme und Hollywood-Produktionen, sodass Rudolph heute nicht mehr aus der modernen weihnachtlichen Bilderwelt wegzudenken ist.

Wie ist diese plötzliche Popularität des fiktiven Rentiers zu erklären? Ist das nur die Macht der Werbung und des Marketings? Oder wurde mit Rudolph ein tief im kollektiven Unterbewusstsein liegendes Urbild in Resonanz gebracht?

BESUCHER AUS DER »ANDEREN WELT«

Was hat es nun damit auf sich, dass Santa Claus durch den Schornstein kommt? Wieder einmal sehen wir die Macht der Urbilder, die unbewusst in den Tiefen der Seele – in diesem Fall der nordeuropäischen Vorfahren der meisten Nordamerikaner – leben und die immer wieder ihren Weg an die Oberfläche finden.

Auch der Weihnachtsmann ist ein Urbild – abgesehen davon, dass die Kirche ihn in der Gestalt des heiligen Nikolaus vereinnahmt hat. Er ist der archetypische fliegende Schamane, wie man ihn schon mindestens seit der jüngeren Altsteinzeit kennt. Die Mammut-, Rentier- und Büffeljäger lebten in mit Tierfellen überdeckten Grubenhäusern[79] oder Zelten, ähnlich den Tipis der Prärieindianer, oder, in abgewandelter Form, ähnlich den Jurten der zentralasiatischen Nomaden. Die Rauchöffnung an der Spitze des Zeltes galt als Ein- und Ausgang der Geister. In Sibirien galt der aufsteigende Rauch aus der Feuerstelle als der Weltenbaum, der zwischen Himmel und Erde vermittelt und auf dem Schamanen und Geister auf- und abstiegen.

Das mit Lederplanen bedeckte konische Zelt galt als Abbild des Kosmos. Wir bewahren diese Vision noch immer in der Sprache: Wir sprechen von dem *Himmelszelt.* Die kleinen Löcher in der Lederplane, durch die das Licht hindurchscheint, erinnerten an die Sterne; das Loch ganz oben, durch das der Rauch abzieht, galt als der Nordstern (Polaris), um den sich – von der Erde aus gesehen – der

Diese alte Weihnachtskarte zeigt den Weihnachtsmann noch mit einem von einem Rehbock gezogenen Schlitten.

ganze Sternenhimmel dreht. Durch dieses Rauchloch flogen die Seelen der Schamanen und Schamaninnen in die Welt der Geister, in die vertikale Dimension; und die Geistwesen benutzten ihrerseits das Rauchloch als Eingang in den Lebensraum der Menschen. Dieses Bild hat die Zeit überdauert.

Kamin als Eintrittspforte

Noch im Mittelalter glaubten Priester und Inquisitoren tatsächlich, dass die von ihnen gefürchteten Hexen – sie waren meist weiblich – auf ihren Besen durch den Rauchfang, den Schornstein oder den Kamin fliegen, um am Hexensabbat teilzunehmen. Auch die Seelen der Kinder kamen nach altem Glauben durch den Rauchfang herab, gebracht vom Klapperstorch, dem schwarz und weiß gefiederten Vogel mit dem roten Schnabel und den roten Beinen – das sind die Farben der dreifachen Göttin (der Frau Holle). So ist es verständlich, dass der gute Geist des Winters, der Weihnachtmann oder Santa Claus, in der magischen Sonnenwendnacht durch den Kamin oder Schornstein kommt, um seine Geschenke zu hinterlassen. Wie kann so ein korpulenter Geselle da hindurchpassen, würde sich ein materialistisch angehauchter Skeptiker fragen. Der Weihnachtsmann, der Santa, hat aber keinen physischen Körper, er ist ein Geist. Und ein Geist kann so etwas.

Das Feuer als Geistwesen

In der Mitte des Spitzzelts, des Tipis, der Jurte oder des mongolischen *Ger*, direkt unter dem Rauchloch, brennt das Feuer. Auch dieses gilt als ein Geistwesen. In Indien ist es der Feuergott *Agni*.[80] Ihm opfern die indischen Frauen jeden Tag einen kleinen Happen des Essens oder etwas Butter. Dabei rufen sie ins Feuer: *Svaha!* (»Segen!«) Wie in In-

Vor rund 14 000 Jahren malten steinzeitliche Jäger auch eine gehörnte Figur auf die Felsen in der Dreibrüderhöhle am Rand der Pyrenäen.

dien, gilt bei den meisten Völkern die Frau als Hüterin des Feuers, das in der Mitte der Wohnstatt brennt. Als solche hat sie unmittelbaren Zugang zur vertikalen Dimension des Seins. Der Herd, die Feuerstelle, ist das Herz des Hauses, die Pforte zu den Göttern.

Es kommt also nicht von ungefähr, dass der Wintergeist Santa Claus, der am Nordpol lebt, wo Polaris am Zenit steht, durch die Rauchöffnung oberhalb des Feuers kommt, um die menschliche Wohnung zu besuchen. Im archaischen Denken ist diese mit dem unbeweglichen Polarstern verbundene Öffnung das Tor zu den höchsten Himmelswelten. Bei den Hindus, deren Weltbild viele archaische Elemente aufweist, wird Shiva, das universelle Bewusstsein, mit dem unbeweglichen Nordstern assoziiert; der sich um Polaris drehende Sternenhimmel ist die Göttin, ist der Schleiertanz der *Maya*, der Gefährtin Shivas, die den immerwährenden Tanz der Täuschungen tanzt, an dem sich Shiva ergötzt.

Als Hüterinnen des Feuers sollten eigentlich vor allem Frauen die Aufgabe als Schamanen innehaben. Das war auch oft der Fall, besonders bei den germanischen Urvölkern.

RENTIERE, HIRSCHE UND SCHAMANEN

Nun können wir uns fragen, was es mit Santas Rentieren auf sich hat? Auch hier kommt eine Urerinnerung, ein spirituelles Substrat, zum Vorschein. Die Assoziation der arktischen Hirsche (Rentiere) mit Rudolph, dem Rentier mit der rot glühenden Nase, ist amerikanisch. Aber auch da gibt es Vorlagen: Ältere Darstellungen zeigen den Weihnachtsmann wiederholt mit Hirschen oder mit einem von Hirschen gezogenen Schlitten. Als unmittelbares Vorbild für den »Coca-Cola-Santa-Claus« gilt ein Weihnachtsmann mit einem von Rothirschen gezogenen Schlitten, den man im Jahr 1900 auf der Pariser Weltausstellung bewundern konnte. Es handelte sich um eine Werbung für die »Werkstatt des Weihnachtsmannes« im thüringischen Sonneberg, in der Weihnachtsschmuck und Spielsachen für den internationalen Markt hergestellt wurden.

Hirsche, Rentiere, Rehböcke und andere Geweihträger *(Cervidae)* waren schon immer mit dem zirkumpolaren Schamanenkomplex verbunden. Geweihkappen tragende Schamanen sind seit dem

Jungpaläolithikum bekannt. Bedeutend ist der tanzende Schamane – oder ist es die archaische gehörnte Gottheit, der *Dieu cornu*, den Rentierjäger der Magdalénien-Kultur vor rund 14 000 Jahren auf die Wände der Dreibrüderhöhle *(Grotte des Trois-Frères)* in Okzitanien, am Rande der Pyrenäen, gemalt haben. Das war noch mitten in der Eiszeit.

Die Tradition der Hirschschamanen reißt nicht ab. Sie erstreckt sich von Europa über Sibirien bis in die Neue Welt. In Star Carr, England, fanden Urgeschichtler 24 Hirschmasken, die auf ein Alter von rund 11 000 Jahren datiert werden. In das Schädeldach der Tiere wurden jeweils zwei Löcher gebohrt, durch die Lederriemen gezogen werden konnten. Inzwischen hat man bei Ausgrabungen der nacheiszeitlichen Jäger-und-Sammlerinnen-Kulturen des Mesolithikums immer wieder Tierschädel mit Geweihen gefunden, die sich als Masken verwenden ließen. Als Mesolithikum bezeichnet man die Mittelsteinzeit, als es rapide wärmer wurde und Mammuts, Wollnashörner, Rentiere, Wildpferde und andere Herdentiere in Mitteleuropa längst verschwunden waren. Sie hatten sich nach Nordosten zurückgezogen oder waren ausgestorben. Wo vorher eiszeitliche Steppe war, kehrten mit zunehmender klimatischer Erwärmung die Wälder zurück.[81] Einen hohen Bekanntheitsgrad hat inzwischen die vor rund 9 000 Jahren mit Rothirschmaske und Geweih bestattete »Schamanin von Bad Dürrenberg« in Sachsen-Anhalt. (Meller/Michel 2022) Auch bei schamanischen Völkern in Sibirien, Ostasien und in der Neuen Welt finden wir immer wieder Grabstätten von Menschen – wahrscheinlich Schamanen –, die mit Geweihen oder Hirschmasken bestattet wurden.[82]

Überall gilt das geweihtragende Tier als Reittier der Schamanen. Meistens bestehen die Rahmentrommeln aus Hirschleder; der Rhythmus des Trommelschlags stellt den trampelnden Ton des in die Tiefe der Geisterwelt galoppierenden Hirschs dar. Zirkumpolar heißt es, dass die Schamanen und Schamaninnen sich gelegentlich selbst in Hirsche verwandeln, wenn sie über die Grenze gehen.[83] Diese kühnen Wanderer in unsichtbaren Welten reiten oft Hirsche oder fliegen gar mit ihnen. Die Huitschol-Indianer in Mexiko nennen das Hirschgeweih »die Federn der Schamanen«, weil sie damit wie Adler fliegen können.

Der Flug in die andere Dimension ist ein Flug in die Geister- oder Totenwelt. Für normale Menschen ist der (weiße) Hirsch oft ein Todesbote; wenn er sie ruft, endet ihr Leben, sie müssen drüben in der Jenseitswelt bleiben. Es zeichnet einen Schamanen aus, dass er die Fähigkeit hat, wieder ins Diesseits zurückzukommen. In vielen alten Märchen – etwa in dem der Gebrüder Grimm von den sechs Schwänen – erscheint dem jungen König bei der Jagd ein weißer Hirsch. Indem er ihn verfolgt, verirrt er sich im tiefen, unwegsamen Wald und muss schwere Prüfungen bestehen. Auch damit ist ein Übertritt in die Zauberdimension angedeutet. Es ist des Königssohns Initiation.

Die eher seltene Begegnung mit einem Hirsch in freier Wildbahn im Wald ist ein überwältigendes Erlebnis. Das edle Tier strahlt Würde und Erhabenheit aus. Es ist kein Wunder, dass die majestätischen Geweihträger für die Menschen zum sakralen Symbol wurden.

Für die alten Europäer galt der Hirsch als eine irdische Erscheinung des Geistes der Sonne in Tier-

Den Sonnenhirsch sah ich von Süden kommen,
von zweien am Zaune geleitet:
Auf dem Felde standen seine Füße,
die Hörner hob er gen Himmel.

EDDA, SOLARLIED

gestalt auf der Erde. Sonnentiere gibt es mehrere: zum einen den hoch fliegenden Adler, den Feind von Schlangen, Drachen und Krankheitsgewürm; dann Meister Petz, der sich im Winter ins Reich der Frau Holle zurückzieht, um im Frühling, mit dem Erstarken der Sonne, wieder zu erscheinen. Im Märchen von Schneeweißchen und Rosenrot reißt sich der Bär beim Verlassen seines Winterquartiers am Türriegel das Fell auf, darunter blitzt lauteres Gold hervor – Gold ist das Metall der Sonne.

Wie wir sahen, war das Tagesgestirn für die indigenen Völker nicht irgendein glühender, physikalischer Feuerball im All, sondern eine mächtige Gottheit, die sich auf verschiedene Weise auf Erden manifestieren kann: in der Welt der Mineralien, in der Gnome und Zwerge leben, als Gold; in der Pflanzenwelt als der Sonne zugewandte Blüten, etwa von Gänseblümchen, Ringelblume oder Wegwarte; in der Tierwelt als die eben erwähnten Arten und in der Welt der Menschen als strahlende Helden oder als Seelenlicht spendender Heiland. Dementsprechend konnte Christus dem Jäger Hubertus – und genauso dem heiligen Eustachius – in der Gestalt eines weißen Hirschs erscheinen, zwischen dessen Geweihstangen die Sonne mit vier Hauptstrahlen leuchtete. In manchen Sagen erscheint der Hirsch mit goldenem Geweih.

Nicht nur führt der Hirschgeist die Verstorbenen oder die Schamanen in die Unterwelt oder Jenseitswelt, sondern er führt auch die Sonnenkugel selber. Davon waren einige indigene Völker, wie die Maya und die Pueblo, überzeugt. (Duerr 2015: 562) Er geleitet sie jeden Abend hinein in den Bauch der Mutter Erde und dann am Morgen wieder hinaus.

In der walisisch-keltischen Mythologie tötet der schwarze Gott der Unterwelt im November zu *Samhain* den Sonnenhirsch und raubt dessen Braut, die Blumengöttin. Während der Wintersonnenwende wird die Sonne, der goldene Hirsch, wiedergeboren.

Die mit dem Hirsch verbundene Symbolik und Mythologie passt sehr gut zu dem Tier. Der Lebensrhythmus der Hirsche folgt dem Sonnenjahr. Im Winter werfen die männlichen Tiere mit dem Absinken ihres Testosteronspiegels ihre bis zu 14 Kilogramm schweren Stangen ab. Im Frühling beginnen, im Einklang mit der neu wachsenden Vegetation, neue Geweihkolben zu wachsen; sie sind mit samtig behaarter Haut überzogen und durchblutet. Im Sommer ist das Wachstum abgeschlossen, das Geweih fängt an zu verknöchern und die Tiere fegen den Bast an Bäumen und Sträuchern ab. Im Spätherbst folgt die Brunft, und danach, wenn auch die Bäume ihr Laub verloren haben, werden die Geweihe abgeworfen. Weil die Stangen jedes Jahr im Frühling von Neuem wachsen, ist der Hirsch ein passendes Symbol der Auferstehung. Auch aus diesem Grund eignete sich der Hirsch als ein Symbol für Christus.

Wir sehen also, die geweihtragenden Tiere sind überall, auch in Europa, innig mit dem Schamanentum und dem Seelenflug verbunden. Bekannt ist der keltische Hirschgott *Cernunnos*, der Gott des Todes und der Wiedergeburt. Er ist die Sonne auf der Erde, die Sonne im dunklen Wald. Auch Freyr, der friedliche Wanengott der Germanen, der Bruder der allseits geliebten Freya, ist mit dem lebensspendenden Hirsch verbunden. Er trägt keine Eisenwaffe, sondern ein Hirschgeweih bei sich.

Wie man sieht, ist der Hirsch-Sonnenkult vielschichtig und uralt. Santa Claus mit seinem von arktischen Hirschen gezogenen Schlitten oder auch Väterchen Frost mit der Troika, gezogen von drei Hirschen, Rentieren oder Schimmeln, sind also beide Neuauflagen eines jahrtausendealten, schamanischen Urbildes.

Es gibt Pedanten – der amerikanische Komiker Mel Brooks bezeichnete sie als *»very intelligent, but stupid«*[84] –, die mit solchen Bildern nicht zurechtkommen. Eher materialistisch orientierte Intellektuelle tendieren dazu, derartige Imaginationen zu psychologisieren oder auf irgendeine physikalische Grundlage zu reduzieren. Sie monieren etwa, dass Santas Rentiere alle weiblich sein müssen, auch Rudolph, da die männlichen Tiere ihre Stangen im Winter abwerfen, die weiblichen jedoch nicht.

EXKURS

Der Horntanz von Abbots Bromley

Sehr alt ist der Horn Dance in Abbots Bromley (Staffordshire, England), der im September stattfindet. Bei diesem Tanz tragen sechs junge Burschen Rentiergeweihe vor sich her. Die Radiokarbondatierung der Geweihe beziffert das Alter der Masken aufs 11. Jahrhundert. Ursprünglich wurden Hirschgeweihe verwendet und der Tanz fand zur Wintersonnenwende statt. Da es in England damals keine Rentiere mehr gab, glaubt man, es seien Wikinger gewesen, die diese Rentierhörner aus Skandinavien mitgebracht hätten. Man vermutet, dass die Tänzer, begleitet von Trommlern, ähnlich wie heute die Hirschgeweihe vor sich hertrugen und mit ihren stampfenden Tanzschritten Botschaften an die Erdgöttin und ihren Gatten, den archaischen Hirschgott, den göttlichen Herrn des Waldes, vermittelten.

Cernunnos regt mit seiner Magie die Pflanzen von unten her zum Wachstum an und treibt sie hoch; auch den Fortpflanzungstrieb der Tiere und Menschen befeuert er. Der Name Cernunnos bedeutet »der Horn Tragende«; etymologisch geht der Name auf die indoeuropäische Wurzel *ker, »Horn, Geweih« zurück.

Es ist ein Wunder, dass ein derartiger heidnischer Tanz von der Kirche weiterhin toleriert wurde. Vielerorts hatte sie derartiges Brauchtum verboten. Der heilige Hilarius untersagte zum Beispiel im 6. Jahrhundert in Südfrankreich den Brauch, im Januar »mit Hirschköpfen herumzulaufen«, ein Verbot, das der heilige Pirmin im 8. Jahrhundert wiederholte. (Duerr 2015: 558) In einem Bußkatalog aus dem 8. Jahrhundert wird gefragt: »Hast du dergleichen getan, wie Heiden tun, nämlich zu St. Nikolaus einen Hirschen gespielt?«

Die Hirschgeweihe in Abbots Bromley werden über das Jahr in der anglikanischen Church of St. Nicholas aufbewahrt; sie wurden also unter die Fittiche der Kirche gestellt. Danach gefragt, meinte der örtliche Pfarrer augenzwinkernd: »Ja, es ist heidnisch, aber harmlos.«

Der Horntanz von Abbots Bromley findet heute traditionell im September statt.

Dann haben die Neunmalklugen errechnet, dass Santas Rentierschlitten mit Überschallgeschwindigkeit fliegen müsste, wenn er in der Weihnachtsnacht weltweit alle Kinder unter 15 Jahren beschenken wolle. Auch Rudolphs rote Nase hat anatomisch Gelehrte zum Denken gebracht: Dessen Nase sei rot, »weil sie, dank eines dichten Netzes an Blutäderchen, besonders viele rote Blutkörperchen enthält«. Das ist natürlich alles Unsinn, denn Santa ist, wie seine arktischen Hirsche, ein Wesen der metaphysischen, nicht der physischen Welt.

ZIEGENBOCK

Kleine, aus Stroh gebastelte Ziegenböcke, die man als Schmuck an den Weihnachtsbaum hängt, kennt man vor allem noch in den skandinavischen Ländern. Es ist der *Julbock* oder auch die *Julgumse* (Julwidder) in Schweden, der *Julebuk* in Dänemark, der *Julebukk* oder der *Nytarsbuk* (Neujahrsbock) in Norwegen. Ehe der Weihnachtsmann kam, brachte dort ein weißer Ziegenbock die Geschenke. In Finnland ist der Strohbock, der *Olkipukki*, gleichbedeutend mit dem Weihnachtsmann.

Skandinavische Bilderbücher und Weihnachtskarten zeigen auch heute noch, wie der Weihnachtsmann *(Jultomte)* mit all seinen Geschenken auf einem Geißbock dahergeritten kommt, um die Menschenkinder zu besuchen. Auch auf alten Illustrationen aus England reitet der bärtige alte Father Christmas mit Geschenken, einer *Wassail*-Schale und einem Kranz aus Efeu und Stechhülsenzweigen im Haar auf einem Ziegenbock durch den Schnee.[85]

Auf alten Illustrationen wie dieser mit dem Titel »Old Christmas« von 1836 kommt der Weihnachtsmann noch auf einem Geißbock geritten.

Man könnte annehmen, dass es sich bei den Ziegenböcken um eine inzwischen vergessene Verehrung des großen Donnergottes Thor (Donar, Thunar) handelt. Bis zu einem gewissen Grad mag das auch sein. Denn Thor ist Spender der Fruchtbarkeit, Freund der Bauern und Beschützer der Ernte. Man stellte sich vor, dass er mit einem von Ziegenböcken gezogenen Streitwagen über den Himmel fährt. Noch immer spricht man, wenn sich die schweren, blitzzuckenden Gewitterwolken auftürmen, von »Gewitterböcken«. Donar-Thor vertreibt donnernd die lebensfeindlichen Frost- und Eisriesen, auch die Trockenheit, die dem Wachstum der Feldfrüchte schädlich ist. Seine Gattin ist *Sif*, die Herrin der reifenden Getreidefelder. Der Mythos erzählt, ihr Haar sei blond wie Stroh, und es sei Loki, der feurige Vollender und Terminator, gewesen, der ihr die Haare abschnitt. Was da bildhaft beschrieben wird, ist die Getreideernte, das Absensen des Kornfeldes, wobei nur ein gelbes Stoppelfeld übrig bleibt.

Die Namen der beiden Böcke Thors, »Zähneknirscher« *(Tanngrisnir)* und »Zähneaneinanderreiber« *(Tanngnjöstr)*, stellen die Geräusche von Blitz und Donner dar.[86] Interessanterweise heißen zwei der Rentiere, die den Schlitten von Santa Claus ziehen, *Donner* und *Blitzen*. Auch hier, im amerikanischen Weihnachtsmythos, treten Urbilder an die Oberfläche.

Opfertier und Vegetationsdämon

Einmal, erzählt die »Edda«, übernachtete Thor bei einer Bauernfamilie. Er schlachtete seine beiden Böcke, häutete sie und warf sie in den Kochkessel. Der Donnergott lud alle zum Festschmaus ein, sagte aber, die Knochen müssten unbedingt heil bleiben, wenn man das Fleisch von ihnen abnagt. Nachdem alle mit Genuss geschmaust hatten, nahm Thor die beiden Ziegenhäute, wickelte die Knochen darin ein und berührte die Bälge mit seinem Hammer, worauf die Ziegenböcke wieder lebendig aufsprangen. Eines der Tiere aber hinkte. Thor wurde zornig, seine Augen blitzten und er rief mit Donnerstimme: »Hat jemand das Mark aus dem Schenkelknochen gesaugt, sodass mein Bock nicht recht laufen kann?«

Einer der Söhne gab zitternd zu, er hätte das getan, weil es so gut schmeckte. Der Schreck der armen Bauern war groß, sie baten um Gnade. Thor verschonte sie, nahm aber den schuldigen Jungen mit. Er musste ihm zeitlebens dienen – was bedeutete, dass der Junge schließlich zum Priester des Thor-Kultes wurde. Die Geschichte deutet an, dass der Ziegenbock bei den Nordgermanen einst, wie in vielen anderen Kulturen auch, ein Opfertier war. Es ist ein Zeichen der sich immer wieder erneuernden Lebenskraft, dass die Ziegen durch die Berührung mit Thors Hammer ins Leben zurückkehrten. Der Gedanke, dass die wieder verlebendigten, im Balg zusammengelegten Knochen nicht verletzt sein dürfen, ist übrigens ein uraltes Motiv, das wir aus den Jäger-und-Sammlerinnen-Kulturen des gesamten nordeuropäischen und sibirischen Raumes kennen. Es erinnert auch an das Zerstückelungserlebnis in der schamanischen Einweihung dieser Völker. Der entrückte Schamanenanwärter erlebt, wie er von einer Dämonenschar gejagt, zerstückelt, gekocht und gefressen wird. Ein Vogel sammelt die Knochen, legt sie in der richtigen Anordnung wieder zusammen, nimmt diese mit in sein Nest im Weltenbaum und verlebendigt sie. Als Küken, das in Zukunft die Fähigkeit haben wird zu fliegen, wächst der künftige Schamane oder die Schamanin unter der Obhut des Geistervogels heran. (Storl 2014: 157ff)

Symbole und Märchenbilder sind nie eindeutig. Hier ein weiteres Bild, das zum Archetypus des Bocks gehört: Das gehörnte Tier verkörpert den stürmischen Geist des Wachstums, des »Vegetationsdämons«, der im Getreidefeld lebt und seine Spielchen treibt. Wenn der Wind über das Kornfeld tanzt und wellenartige Muster erzeugt, sagten die Bauern: »Da bewegt sich der Getreidebock.« Dieser Vegetationsdämon wurde, wie wir schon erzählt haben, von den *Bilwis*-Priestern durch magische Handlungen im Feld gehalten (siehe Seite 29). Bei der Ernte versucht dieser Geist den Schnittern zu entfliehen; schließlich findet er Zuflucht in der allerletzten Garbe. Diese Garbe, dieser gefangene Kornbock,[87] wurde dann geschmückt und wie eine Gottheit auf dem Erntewagen unter Jubel in das Dorf gefahren, worauf mit Tanz und fröhlichem Zechen das Erntefest gefeiert wurde. In verschiedenen Regionen in Deutschland sprach man vom »Töten des Bocks«, wenn die letzte Garbe gedroschen wurde. Interessant ist, dass der Weihnachtsbaum, der symbolische Weltenbaum, mit kleinen Julböcken geschmückt wird, die aus dem Stroh der letzten Garbe angefertigt wurden.

Eine dramatische Wiederauferstehung des Julbocks fand in der schwedischen Stadt Gävle im Jahr 1966 statt. Auf dem Schlossplatz wurde ein 13 Meter hoher, 7 Meter langer und etwa dreieinhalb Tonnen schwerer, aus Stroh gebauter Weihnachtsbock aufgestellt. Das hat sich inzwischen jedes Jahr wiederholt. Leider versuchen Vandalen immer wieder, den überdimensionalen Bock niederzubrennen. Die Straftäter werden strafrechtlich verfolgt, und verschiedene Maßnahmen sollen weitere Schäden durch Brandstiftung verhindern – das Stroh wird gegen Feuer imprägniert und man stellt Wachen und Webcams auf. Es ist inzwischen ein Katz-und-Maus-Spiel. Die Ausgaben dafür kommen durch den Verkauf von Stofftieren in der Gestalt des Julbocks wieder herein.

Bei den Umzügen von vermummten Gestalten zur Wintersonnenwende – etwa dem norwegischen »Julebukk-Laufen« – waren (und sind) vielerorts auch »Ziegenböcke« mit dabei. Als Ziegen verkleidete, in Stroh gewickelte Burschen meckern laut, machen wilde Bocksprünge, erschrecken Kinder und jagen jungen Frauen nach. Früher gab es Spiele, bei denen man den in Stroh gewickelten Bock fangen sollte, was eine gute Getreideernte im nächsten Jahr bedeuten würde. In Mitteleuropa, insbesondere in den Alpenländern, überlebte der Ziegenbock als ein Begleiter der schrecklichen Perchten und der wilden Klausen. An der Ostsee, in Usedom, erscheint dieser Geist noch als »Klapperbock«; er hat Hörner und klappert mit den Kiefern. Das Mädchen, das ihn zuerst klappern hört, wird im nächsten Jahr heiraten. Dann gibt es in Österreich und in der Oberpfalz die furchteinflößende »Habergeiß«, ein Kinderschreck in Ziegengestalt mit Pferdefüßen. Der Name *Habergeiß* ist uralt. Das Wort Haber entstammt dem altkeltischen *hafr,* was wiederum Ziegenbock bedeutet.[88]

Verfolgt man das Bild des Ziegenbocks bis in die ferne Vergangenheit der menschlichen Kultur, stößt man auf den fast universellen Archetypus des wilden, zeugungskräftigen, gehörnten Gottes. Seit dem Paläolithikum gelten hörnertragende Tiere als Symbole von Fruchtbarkeit, Geilheit und testosterongesteuerter Männlichkeit – der Stier im Mittleren Osten, im Mittelmeerraum und in Indien, wo er Shivas Reittier ist, der Rothirsch (Cernunnos) bei den Kelten, das Rentier im hohen Norden, der Ziegenbock (Pan) im Mittelmeerraum, der Bisonstier in Nordamerika oder auch die Wildebeest-Bullen (Gnu) im südlichen Afrika. Der hörnertragende Bock galt als der Gefährte und Begatter der Großen Göttin, der Urgöttin, deren Reich sich unter der Erde oder in Höhlen befindet. Noch in der klassischen Antike wird der Bock der Muttergottheit zur Seite gestellt, etwa der Juno, der römischen Göttin der Geburt und Ehe. Ihr heiliges Tier war die Gans, sie wurde aber auch Capra (Geiß) genannt[89]; sie war Schutzherrin der Frauen und Gattin des Blitzzepter tragenden Jupiter. Auf der Rückseite des aufanischen Altars (Bonner Altar Nr. 7) der dreifachen Muttergottheiten *(Matronae Aufaniae)* (siehe Seite 83ff.) ist ein Baum dargestellt, zu dessen Füßen man eine Ziege mit drei Körpern, aber nur einem Kopf sieht. Auch in sehr alten Märchen, wie in »Der Teufel mit den drei goldenen Haaren«, erscheinen die eher gutmütige Großmutter des Teufels – sie ist eigentlich die Frau Holle – und ihr hörnertragender Gatte.

Der Bock wird zum Teufel

Als die Christen kamen, wurden die gehörnten paläolithischen Götter zu Teufeln erklärt. In der Volksimagination nahm der Höllenfürst selbst die Gestalt eines schwarzen Ziegenbocks mit Hörnern, gespaltenem Huf statt Fuß, langem Schwanz und schwefeligem Gestank an. An besonderen Tagen,

Der Julbock, der Ziegenbock, ist in Skandinavien ein Symbol für das Weihnachtsfest, wie hier in Gävle, Schweden.

vor allem in der Walpurgisnacht, flogen die Hexen – die letzten Anhänger der vorchristlichen schamanischen Religionen – auf Bergeshöhen, wie etwa den Blocksberg im Harz, um dem Satan in Ziegenbockgestalt zu huldigen, unzüchtig zu tanzen und zu buhlen. Dieser Bock, hieß es, habe einen riesigen Phallus. (Müller-Ebeling et al 2021: 54ff)

Für die frommen Christen wurde der Ziegenbock auch zum Reittier einer der sieben Todessünden, nämlich der sexuellen Wollust. Und beim Jüngsten Gericht würde Jesus die lammfrommen, guten Schafe auf seiner rechten Seite von den bösen Böcken auf der linken Seite trennen. Die Schafe erwartete das Paradies, die Böcke ewige Höllenqualen. (Wagner 2023: 36)

Schon im Alten Testament hat der Ziegenbock keine guten Karten. Wir erfahren vom »Sündenbock«, der, beladen mit den Sünden des Volkes Israel, in die Wüste zu dem Wüstendämon Azazel (Asasel) geschickt wird. Azazel, ein gefallener Engel, hat selbst die Gestalt eines Bocks. An die biblische Idee, dass ein Bock alles Böse an sich zieht, glaubten die europäischen Bauern noch lange. Gerne sperrte man deshalb einen Ziegenbock mit den anderen Tieren in den Stall: Falls der Teufel den Stall heimsuchte, so die Idee dahinter, würde er zuerst in den Bock fahren und das andere Vieh, die Rinder, Rosse und Schafe verschonen.

Wie wir schon sahen, nahm bei den altsteinzeitlichen Kulturen die fruchtbarkeitsspendende, männliche Gottheit als Gatte der Großen Mutter meistens die Gestalt eines starken, hörnertragenden Tieres an. Der Bock – Geißbock, Hirschbock, Rehbock, Gämsbock, Stier – war der lüsterne, geile, brunftige, begattungsfreudige Spender des Lebenssamens, der das Weiterleben der Art ermöglichte.

Das Sanskritwort *bhaga* (iranisch *baga*) bedeutet im ursprünglichen Sinn »Verteiler des Reichtums« oder »Spender des Guten«.[90] Der Name für Gott in dieser alten Sprache ist *Bhagvata* oder *Bhagvan* (*Bhagvati* für Göttin). Verwandt ist das slawische Wort *Bog*, das »Gott« heißt.[91] Auch Bog ist ein »Spender des Reichtums«. Als Dasbog (Dazhbog) erscheint er als die Leben spendende Kraft der Sonne; sprachwissenschaftlich lässt sich sein Name auf das protoslawische *dati* (»geben«) und *Bog* zurückführen; er ist also der »gebende Gott«. Es ist möglich, dass das indoeuropäische Wort Bock, **bhuggn̂ós*, mit diesen Begriffen verwandt ist, obwohl Sprachwissenschaftler da vorsichtig sind. (Vana 1992: 65)[92]

Das spendende Horn – das Füllhorn (Cornucopia) und das Trinkhorn – war für die Griechen ein Ziegenhorn. Es gehörte ursprünglich der mystischen Ziege Amaltheia, die Zeus, als er noch ein Baby war, mit ihrer Milch aufzog. Für ihre Güte versetzte er sie in den Himmel, wo sie als Stern Capella (lat. »kleine Ziege«) leuchtet. Ein Horn, gefüllt mit Früchten, Getreide und anderen guten Dingen, war auch das Attribut verschiedener Göttinnen, wie der römischen Glücks- und Schicksalsgöttin Fortuna oder der Muttergöttin Demeter. Solange es mit den heidnischen Göttinnen verbunden war, wurde das Füllhorn als Symbol von der Kirche verboten.

Der Schamanengott Odin reitet in der nordischen Sage auf seinem achtbeinigen Schimmel Sleipnir (isländische Handschrift, 18. Jahrhundert).

In den baltischen Ländern, etwa in Lettland, ist der weihnachtliche Ziegenbock noch immer präsent. Zur Wintersonnenwende verkleiden sich die Leute als weißer Ziegenbock, schwarzer Wolf, Bär, Sonne und andere Gestalten. Sie ziehen lärmend von Haus zu Haus, vertreiben damit die Geister der Finsternis und geben der Sonne Kraft.

Ähnlich machten es die alten Pruzzen (Preußen), die ja auch zu den baltischen Völkern gehörten. Da zogen zu Weihnachten ebenfalls maskierte Gestalten durch die Dörfer: Bock, Bär, Wanderbursche, Storch, Schimmelreiter, Schornsteinfeger, Bettelweib, Apfelfrau und andere, hinter denen sich die alten Götter verbargen.

SCHIMMEL

Für die Indoeuropäer – zu ihnen gehören die vedischen Inder, die Perser, die Hellenen, die Hetiter in Kleinasien, das Steppenvolk der Skythen, die Latiner und die Kelten – waren Pferde immer heilig. Das macht Sinn, denn der Ursprung der indoeuropäisch sprechenden Völker war die westasiatische Steppe, wo es auch viele Wildpferde gab. Im Gegensatz zu anderen Völkerschaften waren Pferde für sie nicht nur Jagdwild, sondern sie waren die Ersten, die das edle Tier zähmten. Sie spannten sie vor ihre Streitwagen, was ihnen ermöglichte, große Teile der Welt zu erobern, von der Grenze Chinas bis zum Atlantik (Kelten) und bis ins Ganges-Tal in Indien. In all diesen Kulturen waren Rosse heilig; sie wurden auch den hohen Himmelsgöttern geopfert – ein Opferfest im vedischen Indien, das nur ein Großkönig verrichten durfte, war das *Ashvamedha* (*Ashva* = Pferd; *Medha* = Opfer)[93] –, und die

Kummt'n Mann von'n Himmel
mit'n witten Schimmel.

ALTER KINDERSPRUCH AUS OLDENBURG

Götter selbst ritten auf Pferden, fuhren Pferdewagen oder nahmen selber die Gestalt eines Pferdes an.

Besonders heilig waren weiße Rosse, also Schimmel. Das Wort kommt von »schimmern«, glänzen. In Indien fährt der Sonnengott, *Suriya*, der Besieger der Dunkelheit, eine Quadriga mit vier weißen Pferden. Ihm voraus reitet *Ushas* (»die Leuchtende«), die Morgenröte, auf einem weißen Ross. Vishnu, ursprünglich ein mit der Sonne verbundener Gott, wird in seiner nächsten Herabkunft (*Avatar*) auf einem weißen Pferd erscheinen, um die Welt zu retten. Der iranische Sonnengott Mithras führt einen Streitwagen, gezogen von vier weißen Rossen. Der westslawische Gott *Swantevit* reitet einen Schimmel, ebenso wie die keltischen Gottheiten. In dem wunderbaren russischen Märchen von der schönen Wassilisa erscheinen in der Abenddämmerung ein schwarzer Rappen, in der Morgendämmerung ein rotes Pferd und zu Tagesanbruch ein weißes Pferd. Es sind die Rosse der Baba Jaga, der inzwischen zur Hexe verkommenen, alten slawischen Göttin. Es gäbe noch zahlreiche weitere Beispiele dieser Art.

Die nordeuropäischen Ureinwohner lernten das Pferd durch die Kelten kennen, und bald ritten auch ihre Götter auf weißen Rossen. Der Zauber- und Schamanengott Odin reitet auf dem Schimmel *Sleipnir*, dem »Dahingleitenden«, in die andere Welt, die Welt der Geister. Acht Beine hat dieses Ross, wie eine Totenbahre, die von vier Trägern getragen wird. Das hat symbolische Bedeutung, denn wenn Odin auf der Reise in die jenseitige Welt, in die Totenwelt, ist, befindet er sich in tiefer Trance, er liegt da, als sei er tot. Seine Begleiterinnen, die Walküren, die die gefallenen Helden bergen und nach Walhall bringen, reiten ebenfalls auf weißen Geisterpferden. Das Reittier Baldurs ist das »glanzmähnige« Ross mit dem Namen Silberzopf.

Tacitus, der römische »Ethnograf«, berichtet, dass die Germanen weiße Pferde in heiligen Hainen hielten, die nie geharnischt, gesattelt oder zur Arbeit gezwungen wurden; aus ihrem Scharren, Schnauben und Wiehern weissagten die Gydien und Goden (Priesterinnen und Priester) und erkundeten die Zukunft.[94]

Schimmel hat man Freyr (Fro) in heiligen *Blot*-Zeremonien zur Wintersonnenwende geopfert und ihr Fleisch gegessen. Als die christlichen Missionare kamen, wurde das kultische Verzehren von Pferdefleisch verboten. Odins Ross war nun ein dämonisches Gespenstertier, auf dem der verteufelte Gott, der »wilde Jäger«, während der Wilden Jagd ritt.[95] Bald aber setzte sich das Urbild wieder durch. Wie die alten Götter ritten nun sogar die Heiligen der Kirche – Georg, Michael, Demetrios, Martin, Stephan und sogar der Nikolaus, der niederdeutsche Sinterklaas – auf weißen Rossen. Auch die Herrscher, die Könige, Kaiser und sogar der Papst bevorzugten weiße Reittiere. So kam es, dass der Weihnachtsmann im norddeutschen Raum, von den Niederlanden bis hin zum ehemaligen Ostpreußen, wie einst Odin einen Schimmel reitet. Kinder stellen für das Pferd des Weihnachtsmannes – wie wir sahen, tun das die Kinder in Australien für Santas Rentiere ebenfalls – Futter vor die Tür: Brot, Hafer und Möhren.

In einem Kinderspruch aus Thüringen kommt, wie so vieles in der »Kinderkultur«, eine Urerinnerung zum Ausdruck; eine Erinnerung an *Wude* (Wodan):

Wer kommt denn da geritten?
Herr Wude, Wude Nikolaus:
Lass mich nicht lange bitten
und schütte deinen Beutel aus.

Die Erscheinungen des Wintergeistes

Der Winter ist ein rechter Mann,
kernfest und auf die Dauer;
sein Fleisch fühlt sich wie Eisen an
und scheut nicht süß noch sauer.

Wenn Stein und Bein von Frost zerbricht
und Teich und Seen krachen,
das klingt ihm gut, das hasst er nicht,
dann will er tot sich lachen.

Sein Schloss von Eis liegt ganz hinaus,
beim Nordpol an dem Strande,
doch hat er auch ein Sommerhaus,
im lieben Schweizerlande.

BELIEBTES VOLKSLIED VON MATTHIAS CLAUDIUS

DER GEIST DES Winters ist in den nördlichen Ländern wohlbekannt. Er ist »Väterchen Frost« bei den Ostslawen, *Kong Vinter* (König Winter) bei den Norwegern, König Frost oder König Nordwind *(Kung Bore)* bei den Schweden und *Jack Frost* bei den Engländern.
Der österreichische Maler Moritz von Schwind (1804–1871) schuf mehrere Zeichnungen von diesem »Herrn Winter« (im *Münchner Bilderbogen,* 1847). Da erscheint der bärtige Alte, in einen langen Mantel mit Zipfelkapuze gekleidet, mit einem Tannenbäumchen im Arm, wie er einsam durch eine verschneite, frostige Gasse einer Großstadt (München) schreitet. In den dazugehörigen Versen heißt es: »O lieber Herr Winter, o zieh vorbei, mit deiner frostigen Tyrannei.« Diese berühmte Zeichnung trug zu dem

Bild bei, das wir heute vom Weihnachtsmann haben. Aber auch der amerikanische Santa Claus gab der modernen Imagination einige seiner Konturen.

ENGLAND: FATHER CHRISTMAS, OLD SAINT NICK[96]

Ein britischer Freund äußerte mir gegenüber, dass ihn der amerikanischen Santa Claus, »diese kitschige Erfindung von Coca-Cola«, sehr ärgere. »Der Mantel sollte grün sein«, tadelte er, als ob ich als Amerikaner etwas dafürkönnte, »und er sollte einen Stechpalmenkranz auf seiner Kapuze tragen!«

Was die britische Überlieferung betrifft, hatte er recht. Wenn man zurückgeht zu den Kelten, die die Inseln besiedelten, dann kommt man auf den Wintergeist als den Stechpalmenkönig, dessen Gewand mit Stechpalme *(holly)*, Efeu *(ivy)* und Mistel *(mistletoe)* geschmückt war (siehe Seite 187). Manchmal ritt Father Christmas auch auf einem weißen Ziegenbock (siehe Seite 116).

Mit der Eroberung der Insel durch die westgermanischen Sachsen, Angeln und Jüten (5. Jh.) und später durch die Wikinger (8./9. Jh.) kamen der alte, weißbärtige, den Schimmel *Sleipnir* reitende Zaubergott Odin (angelsächsisch *Woden*) sowie der Wanengott Freyr (angelsächsisch Frode) mit seinem Eber ins Spiel. Die Wintersonnenwende wurde nun mit einem Feuer, *Blot*-Opfer, Besäufnis und Völlerei gefeiert – vor allem dem Verspeisen eines Wildsaubratens oder eines gekochten Eberkopfs *(boar's head)*. Singend, scherzend und als Tiere verkleidet, liefen die Teilnehmer von Tür zu Tür und ließen sich mit kleinen Gaben beschenken.

Ein altes Bild (1848) zeigt den Wintergeist, Father Christmas, mit einer Stechpalmenkrone auf dem Haupt, mit Stab und *Wassail*-Schale in den Händen und einem *Yule-Log* auf den Rücken gepackt. In der Schale befindet sich Honigbier oder Met; man prostete einander zu und sprach *»Wassail and drinkhail«*. Der Trinkspruch entstammt dem altnordischen *ves heill* und dem altenglischen *wes hál* und bedeutet: »Sei gesund (heil)!« Die Bauern gingen damals schon in den Obstgarten, wünschten den Obstbäumen gutes Gedeihen und tranken ihnen zu. Der Brauch hat sich bis heute regional erhalten, das heiße Minnegetränk wird aus gebratenen Äpfeln gebraut oder es besteht aus gewürztem Apfelwein *(apple cider)*.

NIEDERLANDE: SINTERKLAAS

Der niederländische Weihnachtsmann, der Sinterklaas oder Sünnerklaas, besucht die Menschen kurz nach dem Martinstag Mitte November. Er ist mit einem Schiff – heute ist es ein Dampfer, ein Gepäckboot *(Pakjesboot)* – von weit her angereist, und zwar aus Spanien. Das macht Sinn, denn Holland ist eine Seefahrer- und Handelsnation, und der Nikolaus ist, wie wir schon sehen konnten, ja auch Schutzpatron der See- und Kaufleute.

Ein dunkelhäutiger Helfer, der Schwarze Peter *(Zwarte Piet)*, begleitet ihn. Auf der Reise durch die Städte steigt er durch die Schornsteine in die Wohnungen und verteilt die Geschenke. Ursprünglich war der Zwarte Piet wohl ein Kinderschreck, so wie Krampus, Belznikel, Knecht Ruprecht oder der luxemburgische Huseker (Houseker) und trug eine Rute, um unartige Kinder zu schlagen, und einen Sack, um die ganz bösen da hineinzustecken. Inzwischen ist er freundlicher geworden, hat keine Rute mehr und sagt: »Auch wenn ich schwarz wie Ruß bin, so meine ich es doch gut.« *(Want ook al ben ik zwart als roet / Ik meen het wel goed.)* Man sollte also niemanden nach seiner äußeren Erscheinung beurteilen.

Wenn der niederländische Nikolaus am 5. Dezember im Hafen ankommt, verlässt er das Boot, steigt auf einen Schimmel um und reitet los. Der Schimmel reitende Sinterklaas ist wieder die Verbindung mit dem ursprünglichen Zaubergott der heidnischen Holländer und Friesen, dem *Woudan* und seinem Schimmel *Sleipnir*. Bei seinem Ritt verteilt sein schwarzer Begleiter Leckerbissen aus dem Morgenland: Apfelsinen (*appelsina*; »Äpfel aus China«), Pfefferkuchen, Pfeffernüsse, Marzipan und Spekulatius-Gebäck. Diese werden mit teuren exotischen Gewürzen gebacken, die man

»Herr Winter« stapft durch die tief verschneite Stadt – auf dem Kopf einen Stechhülsenkranz, im Arm einen geschmückten Christbaum (Grafik von Moritz von Schwind, 1847).

einst in den Kolonien in Indonesien anbaute und die sich früher nur die Reichen leisten konnten: Kardamom, Zimt, Gewürznelken, schwarzer Pfeffer, Ingwer, Muskatblüte, Zucker und Mandelmehl.

An dem Abend stellen die Kinder ihre Schuhe vor den Ofen, den Kamin oder – heute – vor die Zentralheizung, darin befinden sich als Dank für den Besuch Kinderzeichnungen oder etwas Heu für sein Ross.

Der Name Spekulatius kommt vom lateinischen *speculum*, was »Spiegel, Abbild« bedeutet. Ein Beiname des heiligen Nikolaus war *Speculator*, »der Umherschauende, Aufseher«; das war ursprünglich eine Bezeichnung für einen Bischof. In Holland machte man aus dem Nikolaus einen »Beobachter der Kinder«, der schaute, ob diese brav oder unartig gewesen waren.

Im benachbarten Ostfriesland geht es ähnlich zu. Am Vorabend des 6. Dezember stellen auch dort die Kinder einen Teller auf die Fensterbank mit einem Stück Brot für den Sünnerklaas und *Kluntjes* (Kandiszucker) für seinen Schimmel. Auch die blitzeblank geputzten Schuhe werden aufgestellt, in der Hoffnung, dass er diese mit Süßigkeiten, die die Engel im Himmel gebacken haben, mit knusprigen Keksen *(Moppen)*, Spekulatius oder einem Hefeteigmännlein, dem *Sünnerklaaskerl*, füllt.

SCHWEIZ: SAMICHLAUS

In der Deutschschweiz erscheint der Wintergeist in der Gestalt des Samichlaus am 6. Dezember. Inzwischen sieht er dem Santa Claus recht ähnlich mit seinem roten Mantel und weißen Bart. Die Sage erzählt, dass er von weit her kommt, aus dem finsteren Schwarzwald. Ein mürrischer, in eine dunkle Kutte gekleideter Gesell, der Schmutzli, begleitet den Heiligen und auch ein Esel, der die Leckereien – einige *Guetzlis* (Kekse), Nüsse, gedörrte Apfel- und Birnenschnitze und heute etwas Schokolade – trägt. Es gibt Samichlaus-Umzüge und

Samichlaus, du liebe Maa (Mann),
dörf i au es Nüssli haa?

KINDERSPRUCH FÜR SAMICHLAUS

Besuche des Samichlaus in den Häusern, in denen Kinder wohnen. Diese müssen oft einen Spruch aufsagen, und der Schmutzli, der eine Rute trägt, weiß, ob sie artig oder unartig gewesen sind. Für die Erwachsenen gibt es ein Starkbier, genannt *Samichlaus*, mit 14 Prozent Alkohol, das nur zu dieser Jahreszeit gebraut wird.

Aber auch das *Chrischtchindli*, das Christkind, kennt man, das dann eher am Heiligen Abend oder am Weihnachtsmorgen die Geschenke bringt. Manchmal kommen Samichlaus und das Christkind gemeinsam. Und wenn Nebelschwaden aus dem Wald aufsteigen, heißt es: »Jetzt hilft der Samichlaus dem Christkindlein Lebkuchen backen.«

RUSSLAND: VÄTERCHEN FROST UND SCHNEEFLÖCKCHEN

In Russland kommt am 19. Dezember »Väterchen Frost« *(Ded Moroz)*; in Weißrussland und der Ukraine kommt er am 31. Dezember. Auch er ist eine weise, bärtige und gütige Großvaterfigur. Er trägt einen knöchellangen, pelzgefütterten, himmelblauen Mantel mit Silberstickereien; eher selten ist sein Mantel rot. Der Alte kommt aus dem hohen Norden, aus der Tundra, auf einem von drei Schimmeln oder Rentieren gezogenen Schlitten *(Troika)* gefahren.

Ihn begleitet sein Enkeltöchterlein »Schneeflocke« *(Snegorotschka)*. Das liebe Mädchen, das irgendwie dem Christkind ähnelt, verteilt Geschenke an die braven Kinder. Diese müssen aber erst ein Gedicht aufsagen oder ein Lied singen. Böse Kinder packt Väterchen Frost in einen Sack und bringt sie in den dunklen, kalten Wald, wo hungrige Wölfe sie erwarten.

Manchmal trägt Großväterchen Frost einen Tannenbaum mit sich, aber auf jeden Fall ein Zepter oder einen Zauberstab. Alles, was er damit berührt, gefriert zu Eis. Er lässt Flüsse gefrieren und Schneestürme wüten. Sein Atemhauch ist frostig. Aber mutigen und gutherzigen Menschen schenkt er Kraft, innere Wärme und rote Backen. Der mächtige Zauberer vermag es auch, mit klirrender Kälte und tiefen Schneewehen »Mütterchen Russland« zu verteidigen, etwa, als vor mehr als dreihundert Jahren (1708) der schwedische König Karl XII. Moskau erobern wollte; oder als es Napoleon (1812) und Hitler (1941) versuchten – auch sie wurden vom Winter besiegt.

Väterchen Frost war ursprünglich eine alte ostslawische Wintergottheit. Die Kirche versuchte ihn in ein schlechtes Licht zu rücken. Ded Moroz seien Jungfrauen geopfert worden, später gab er sich mit gutem Essen und Wodka zufrieden. Während der frühen Sowjetzeit wurde Väterchen Frost als »Verbündeter der Popen, der orthodoxen Priester« und der Kulaken, der »ausbeuterischen Großbauern«, verboten. 1935 erlaubte man ihn wieder, da er eine nichtchristliche Jahreszeitfigur darstellte. Inzwischen ist er wieder der verehrte Wintergeist.

TURKVÖLKER: CHYS KHAN, AYAZ ATA

Nah verwandt mit dem russischen Ded Moroz ist der »Herrscher des Winters« (*Chys Khan* oder *Ayaz Ata*), der von vielen Türkisch sprechenden Ethnien in Sibirien und Zentralasien verehrt wird. Auch dieser weißbärtige Wintergeist trägt eine lange, frostig blaue, mit weißem Pelz besetzte Kutte und auf dem Kopf riesige Hörner, die den Stoßzähnen eines Mammuts ähneln. Der Alte wird auch »Mammut des Frosts« genannt. Interessant ist, dass in vielen der Märchen und Überlieferungen dieser Völker die mächtigen Eiszeitelefanten in Erinne-

Ded Moroz, Väterchen Frost, in seinem knöchellangen, eisblauen Mantel, mit langem, weißem Bart und seinem Zauberstab in der Hand

rung gehalten und in schamanischen Séancen auch besucht werden. Die Mammuts, glaubte man, seien in die Tiefen der Erde verbannt worden, wo sie dem Herrn der Unterwelt, *Erlik*, dienen müssen: Wenn sie versuchen, an die Oberfläche zu gelangen, gefrieren sie zu Eis. Die Jakuten (Sakha), die im nordöstlichen Sibirien leben, kennen den »Stier des Winters« als *Chys Khan*; sein Wohnort sei der Nordpol, beziehungsweise das Nordpolarmeer. Andere Turkvölker in Kasachstan, Kirgisistan und Usbekistan kennen ihn, trotz Konvertierung zum Islam, noch als *Ayaz Ata*. Wie das slawische Väterchen Frost wird er von seiner Enkelin, dem Schneemädchen, begleitet.

Ayaz Ata ist älter als die neue Religion des Propheten aus der arabischen Wüste. Ayaz Ata war der Wintergott der nomadischen Hirtenvölker Zentralasiens, die einer schamanischen Naturreligion, dem Tengrismus[97], folgten, dem einst auch die Türken angehörten, als sie noch in der Region des Altaigebirges lebten. Der alttürkische Mythos erzählt, dass dieser Herr des Winters zur Wintersonnwendzeit seinen glitzernden Palast im Himmel verlässt, um den armen, hungernden und frierenden Menschenkindern und Waisen in der eisigen Jahreszeit zu helfen. Sein Fest heißt *Nardugan-Bayrami*. Es ist eine echte Wintersonnwendfeier. *Nar* bedeutet »Sonne/Licht«, *Dugan* »aufgehen/Geburt«: *Nardugan* ist also die »Sonnengeburt«. Da singen die Menschen im Dorf Lieder unter einer geschmückten Silbertanne oder Kiefer – sie wird nicht gefällt – und legen ihre Geschenke unter diesen Nadelbaum. In vorislamischer Zeit symbolisierte der Baum den Weltenbaum, der neun Stockwerke bis in den Himmel hinauf reicht.

LUXEMBURG: KLEESCHEN

Im Großherzogtum Luxemburg kommt der Nikolaus in der Nacht vom 5. auf den 6. Dezember in der Gestalt von *Kleeschen*, auch *Nikleeschen* oder *Zinniklos* genannt, um den Kindern, die dann schlafen, Leckereien in ihre Schuhe zu füllen. Auch *Boxemännchen* bringt er mit; dabei handelt es sich

Die Tomten sind die guten Hausgeister in Schweden. Zu Weihnachten bringt der Jultomte die Geschenke und freut sich über einen Teller Brei.

um eine Version der am Nikolaustag traditionell gegessenen Teigmännlein, die in jeder Region anders heißen, wie Grittibänz (Bern), Stutenkerl, Klausemann, Hefekerl, Pipenspringer (Holland) Manele (Elsass) und so weiter (siehe Seite 92).

Kleeschen trägt den klassischen roten Bischofsmantel, eine ebenfalls rote Bischofsmütze und einen Bischofsstab. Sein Begleiter ist der schwarz gekleidete, schwarzbärtige, düstere *Houseker*[98], der früher auch als *Ruppert de Schwaarzen* oder *Pelzebock* bekannt war. Er ähnelt dem Zwarte Piet, dem Schwarzen Peter der Niederländer, und ist wie der dunkle Schatten des gütigen Heiligen. Während Kleeschen Nüsse und Süßigkeiten verteilt, gibt Houseker den bösen Kindern mit Essig, Salz und Pfeffer gewürzte Kekse. Auch er hat eine Rute und einen Sack dabei, in den er unartige Kinder stecken kann. Kleeschen kommt traditionell mit einem Esel aus dem Wald oder in einem Boot auf der Mosel oder auch mit der Eisenbahn und neuerdings wie Santa Claus auf einem Rentierschlitten. Zu Weihnachten selber, am Heiligen Abend, kommt dann D'Chrëschtkëndchen und bringt Spielsachen und andere Geschenke.

FRANKREICH: PÈRE NOËL

Der französische »Vater Weihnachten«, Père Noël, sieht dem deutschen Weihnachtsmann mit seinem langen weißen Bart, rotem Mantel und roter Zipfelmütze ähnlich. Auf dem Rücken trägt er einen Korb mit Geschenken für die Kinder. Diese danken ihm, indem sie Möhren oder etwas Heu für *Gui*, den Esel des Weihnachtsmannes, auslegen. *Gui* bedeutet übrigens »Mistel«. Wie es sich für den Weihnachtsmann gehört, kommt er in der Heiligen Nacht durch den Schornstein oder den Kamin ins Haus und legt die Geschenke unter den Weihnachtsbaum, den *Sapin de Noel.* Im östlichen Frankreich begleitet ihn am Nikolaustag eine düstere Gestalt, der *Père Fouettard* (nach *fouet,* »Peitsche«), der eine Rute trägt und dem Krampus, Housеker oder Belznikel als Kinderschreck nicht nachsteht.

Inzwischen kommt Père Noël auch gelegentlich wie Santa Claus mit einem Rentierschlitten angeflogen. Bei den französischstämmigen Siedlern in Louisiana, den *Cajun,* kommt *Papa Noël,* von Kopf bis Fuß in Bisamratten-Pelze gekleidet, mit einem von acht Alligatoren gezogenen Boot aus den unzugänglichen Sümpfen.

SCHWEDEN: JULTOMTE

Der schwedische Weihnachtsmann, der *Jultomte,* hat sich aus den *Tomten,* dem Zwergenvolk, entwickelt. Diese Wichtel, die man anderswo in Skandinavien *Nissen* nennt, sind die typischen Haus- und Hofgeister, die sich im Stall, in der Scheune oder in der Werkstatt nützlich machen und den Tieren wie auch den Menschen unsichtbar helfend zur Seite stehen. Sie sind allwissend, gute Handwerker, können kranke Tiere heilen und auch den Menschen durch Gedankenübertragung wertvolle Einsichten vermitteln. Man muss sie jedoch respektieren, ihnen ab und zu etwas Milch, Bier oder Kekse hinstellen, damit sie freundlich gesinnt bleiben.

Wie sehen diese Tomten oder Nissen aus? Wie alte Männlein mit langen weißen Bärten und roten Zipfelmützen. Die Mützen sind Tarnkappen, die sie unsichtbar werden lassen. Sie ähneln also ganz den Zwergen, die wir in Mitteleuropa kennen. Es gibt diese klugen, handwerklich begabten, manchmal etwas mürrischen kleinen, ätherischen Gesellen auf der ganzen Welt, wo sie aber kulturbedingt eine etwas andere Erscheinung annehmen. In Afrika zum Beispiel sehen sie aus wie kleine Pygmäen, im östlichen Waldland Nordamerikas tragen die Zaubermännlein *(Gahongas),* die *little people,* ihre Haare im Irokesenschnitt; in Irland erscheinen sie als *Leprechaus,* grün gekleidet, mit einem vierblättrigen Kleeblatt am Hut.

Die heidnischen Vorfahren der germanischen Völker kannten die kleinen Handwerker gut. In den skandinavischen Mythen wird erzählt, dass sie Odins Speer schmiedeten, auch Thors Hammer, Freyas glänzenden Schmuck, Freyrs seetaugliches Schiff, das er zusammenfalten und in die Tasche stecken konnte, oder jenen Faden, der dünner war als jeder Spinnenfaden, mit dem der gefräßige Fenriswolf gefesselt werden konnte. So ist es nicht verwunderlich, dass es in der neuzeitlichen Weihnachtsmythologie die Zwerge *(Christmas elves)* sind, die in einer Werkstatt am Nordpol die vielen Spielsachen und Geschenke basteln, die Santa Claus auf seinen Rentierschlitten packt und in der Heiligen Nacht den Menschen bringt.

Der Weihnachtsmann – der *Julemand,* wie er in Dänemark genannt wird, der schwedische *Jultomte* oder der norwegische *Julnissen* – bringt in Skandinavien am Heiligen Abend, am 24. Dezember, die Geschenke. Mit seinem weißen Rauschebart und der roten Mütze ähnelt er den Tomten oder Nissen, nur ist er viel größer. Und es ist sicherlich nicht verkehrt, ihm etwas Milch und leckere Kekse hinzustellen, damit er nach der langen Reise seinen Hunger stillen kann.

In früheren Zeiten kam er mit einem von einem Ziegenbock gezogenen Wagen, auf dem er die Gaben brachte. *Joulupukki,* »Weihnachtsbock«, nennt man in Finnland den gabenbringenden Weihnachtsmann noch heute. Was es mit dem *Julbock* auf sich hat, kann man auf Seite 116 nachlesen.

DÄNEMARK: JULEMAND

Der in einen braunen Pelzmantel gekleidete dänische Weihnachtsmann – der Julemann *(Julemand)* – ist ein *Nisse,* ein Kobold, mit roter Zipfelmütze und einer Fruchtbarkeitsrute. Mit tatkräftiger Unterstützung anderer rotmütziger Wichtel bringt er am Heiligen Abend Äpfel, Nüsse und Weihnachtsgeschenke. Die kleinen Nisser bekommen eine große Schüssel leckeren Milchreis auf den Dachboden gestellt. Die Speise soll sie gütig stimmen, damit sie das restliche Jahr nicht zur

> *Alle Pilze kann man essen,*
> *aber manche nur einmal.*
>
> UNBEKANNT

Plage werden. Der Begriff *Nisse* (Plural *Nisser*) geht auf den dänischen Vornamen *Niels* zurück, was wiederum eine Form von Nikolaus ist. Die Nisser sind also kleine Nikoläuse.

In früheren Jahrhunderten war es die Weihnachtsziege, der *Julbocken,* die die Geschenke brachte, nun aber ist es der Julemann, der immer mehr dem Santa Claus ähnelt. Er kommt mit einem Rentierschlitten aus dem weit entfernten Grönland.

Es gäbe noch viel über die Weihnachtsmänner, über den Geist des Winters, den Archetypen des geschenkebringenden Alten zu erzählen, den *Babbo Natale* in Italien, den *Gwiazdor* (»Sternemann«) oder *święty Mikołaj* (Sankt Nikolaus) in Polen oder den *Papa Noel* in Spanien. Aber das würde den Rahmen dieses Buches sprengen. Eines wollen wir jedoch nicht überspringen, das ist der eher neuzeitliche, bei Drogenfreaks beliebte Gedanke, dass der Weihnachtsmann nichts anderes als ein anthropomorpher Fliegenpilz ist.

IST DER WEIHNACHTSMANN EIN PILZ?

Bei den verschiedenen indigenen Stämmen Sibiriens, insbesondere bei den Ethnien, die als Rentierhirten leben, bei den lappländischen Sami und – auf der anderen Seite der Beringstraße – bei den Native Americans, etwa den Ojibwa und anderen Algonkins, spielte der Fliegenpilz *(Amanita muscaria)* in den dunklen Nächten der Wintersonnwendzeit eine wichtige Rolle. Der hübsche Blätterpilz aus der Gattung der Wulstlinge *(Amanita)* ist ein entheogenes Psychedelikum, das es den Schamanen ermöglicht, durch den Schornstein, das Rauchloch des Tipis oder das »Windauge«[99] in die geistigen Dimensionen zu fliegen, zum Nordstern, zu den Wurzeln oder den Gipfelästen des Weltenbaumes. Bei der pilzinduzierten Reise ist es den Zauberern möglich, mit Naturgeistern und Göttern, dem Zwergenvolk und vor allem den verstorbenen Ahnen zu kommunizieren.

Auch die germanischen und slawischen Völker, weniger die Kelten, kannten dieses Mysterium der Mittwinterzeit. Der Pilz wurde dem Schamanengott Odin (Wodan, angelsächsisch *Woden,* alemannisch *Woutis,* langobardisch *Godan*) geweiht. Er sei entstanden, als der Schaum aus dem Maul seines Schimmels auf die Erde tropfte und den Boden schwängerte. Auch von Svantewit, dem westslawischen Lichtgott, wird erzählt, dass aus dem Geifer, der vom Maul seines Schimmels auf den Boden fällt, die psychoaktiven Fliegenpilze entstehen.

Es hat einen guten Grund, dass die heilige Pilzzeremonie in den stillen, dunkelsten Nächten der Wintersonnenwende stattfand, wenn die Glut des Hausfeuers fast erloschen ist und draußen der tiefe Schnee jeden Laut schluckt. In dieser Stille nahmen die dem Odin geweihten Zauberer und weisen Frauen *(Seidkona)* den getrockneten Pilz ein, der auch »Licht der Erde« genannt wird. Helles Licht oder plötzliche Geräusche können die Trance, die Entrückung in die geistige Welt, den Seelenflug, jäh beenden. Äußeres Licht stört, wenn man das innere Licht sehen will. In einer lauten, unruhigen Umgebung bleiben die Tore zur Geisterwelt verschlossen, und die »Pilzmännlein«, die der Sonne auf ihrem Weg durch die Unterwelt folgen, nehmen einen nicht mit, sagen die Schamanen.

Wissenschaftler – die meisten haben keine Erfahrung mit der Einnahme des Fliegenpilzes – sagen, die Wirkung sei sympathikolytisch, das heißt, der Berauschte entspannt vollkommen, der Speichelfluss setzt ein, es kommt zu Bewegungsstörungen (Ataxie), und die Glieder werden so schwer, dass sich der Anwender am liebsten einfach hinlegt. Dann, so die Psychologen, kommt es zu Halluzinationen, Bewusstseinstrübung und Realitätsverkennung. Der Serotoninspiegel steigt. Verantwortlich für die Symptome sei Muscarin, das mit dem Neurotransmitter Gamma-Amino-Buttersäure (GABA) interagiert. (Rätsch 2020: 638) Ahnungslose Forscher kolportieren, dass die Einnahme des Fliegenpilzes Raserei, also »Berserkerwut« und Tobsuchtanfälle hervorruft. Das stimmt aber absolut nicht. Eher das Gegenteil ist der Fall. Berserker (Bärenhäuter), die während der Schlacht von dem Pilz berauscht wären, würden schnell ihr Leben verlieren.[100]

Natürlich ist das nur die Sicht von außen. Für die Schamanen sind es keine Halluzinationen oder Trugbilder, die sie erleben, sondern tiefe Einsichten in die Wirklichkeit jenseits der oberflächlichen Welt. Für sie sind die Geister und Götter keine Fantasien oder, wie wir heute behaupten würden, »mentale kulturelle Konstruktionen«. Die Pilzzeremonie während der heiligen Sonnwendzeit war eine wahrhafte Kommunion mit den Toten, den Naturgeistern und Göttern, die den Menschen ihren Segen vermittelten.

Traditionell wurden die Pilze, deren Myzelien in Symbiose mit Birken oder Fichten wachsen, mit den altüberlieferten Ritualen im Herbst gesammelt und dann im Schatten getrocknet, wobei die roten Pilzhüte eine kupferne Farbe annehmen. Die sibirischen Schamanen nahmen bei der Zeremonie sieben bis neun der Hüte ein. Dazu tranken sie einen Tee aus den Blättern des Schmalblättrigen Weidenröschens *(Epilobium angustifolium)* oder den Saft der Rauschbeere *(Vaccinium uliginosum)* oder der Preiselbeere *(Vaccinium vitis-idaea)*. Das hat anscheinend eine synergistische Wirkung und schützt eventuell Leber und Darm. Da der psyche-

Am Fliegenpilz berauschen sich seit jeher die Schamanen Sibiriens und Nordamerikas ebenso wie die germanischen Völker.

Hugin und Munin heißen die beiden Raben, die Odin begleiten (isländische Handschrift, 18. Jahrhundert).

delische Wirkstoff, Muscarin, nicht verstoffwechselt wird, bleibt er im Harn erhalten. Ethnologen berichten, dass in Sibirien vielerorts der Urin der Schamanen gesammelt und von anderen Gemeindemitgliedern getrunken wurde. Das sei vor allem bei Stämmen in der Tundra der Fall gewesen, wo der Fliegenpilz nicht wächst, da ihm die symbiotischen Bäume fehlen. Für diese Völker war der Pilz so kostbar, dass sie ihn im Handel mit teuren Hermelin- und Zobelfellen bezahlten.

Rabenbrot ist ein alter Name für den Pilz – ein weiterer Bezug zu dem Herrn des Rausches, Odin/Wodan. Zwei Raben, *Hugin* und *Munin*, sind seine ständigen Begleiter. Sie symbolisieren die Macht des Denkens und des Erinnerns. Odin ist der Rabengott *(Hrafnáss)*. Seine Anhänger fliegen oft in Rabengestalt aus, ähnlich wie die Müllerburschen in Otfried Preußlers Roman *Krabat*.

Auch in Sibirien, etwa bei den Korjaken auf der Kamtschatka-Halbinsel, wird der Pilz mit den als Raben fliegenden Sehern verbunden. Sie sagen, dass sich in der Urzeit, als der »Große Rabe« herrschte, Menschen in Raben verwandeln konnten. (Rosenbohm 2024: 94)

Auch Rentiere fressen den Pilz gerne und scheinen sich damit zu berauschen. Rentierhirten wie die Sami und sibirische Völker trinken den Urin dieser arktischen Hirsche. Angeblich füttern sie ihre Rentiere sogar mit getrockneten Fliegenpilzen, um dann ihren Urin zu trinken. Das sei sogar bekömmlicher, als den Pilz direkt einzunehmen, denn somit nimmt man weniger der leberschädigenden Stoffe (Ibotensäure, Muscimol) auf. (Hoffmann 2024: 15f)

Somit sind wir wieder bei Santa Claus und seinen fliegenden Rentieren angekommen. Einige Ethnobotaniker sind sogar überzeugt, dass Santa Claus im Grunde genommen eine Metapher für den Pilz ist. Mit rotem Mantel, weißem Rauschebart und weißem Pelz ähnelt er dem Pilz selber, der eine auffallende rote Kappe mit weißen Punkten besitzt. Santa sei ein anthropomorpher *Amanita muscaria*. Sie spinnen diesen Gedanken gerne weiter: Santa, der Pilzschamane, steigt von oben durch das Rauchloch des Spitzzeltes oder der Jurte ein, weil der Schnee oft so tief ist, dass der normale Eingang blockiert ist. Und unser Weihnachtsbaum mit den oft in rotes Papier verpackten Geschenken darunter ist in Wirklichkeit ein Symbol für den Nadelbaum, unter dem die roten Fliegenpilze wachsen. Es wird auch erzählt, dass die Rentiere mitten im Winter ihre Hufe benutzen, um die vom Schnee bedeckten psychedelischen Pilze herauszuscharren. Da sind Zweifel angebracht, denn Pilze wachsen schnell und zersetzen sich ebenso schnell. Unter der winterlichen Schneedecke sind sie nicht mehr auffindbar.

So giftig ist er nicht

Christliche Missionare fürchteten den Fliegenpilz wie der Teufel das Weihwasser. Sie predigten ihren Schäfchen, der Pilz sei ein Giftpilz mit tödlicher Wirkung. Die Christenpriester hatten ja eine andere Art von Kommunion im Sinn: Brot und Wein, das Fleisch und Blut des Gottes, der sich für die Menschen in die Materie hineingeopfert hatte und ihnen das Leben damit ermöglicht. Im Gegensatz zu dieser wahren Eucharistie konnte für sie das pilzinduzierte, schamanische Fliegen in die Jenseitswelt nur teuflischer Natur sein. Auch Odin, der Meister des Pilzes, konnte niemand anderes sein als der Leibhaftige selbst.[101]

Man fabulierte, der Fliegenpilz hätte seinen Namen daher, dass er toxisch für die Fliegen sei. Gezuckerte Stücke des Fruchtkörpers in einer Schale Milch würden die lästigen Insekten anlocken und töten.

Das gehört eher ins Reich der Sage, eigentlich ist eine Fliegenklatsche effektiver. Der Fliegentod sei als Warnung zu verstehen, dass der Teufelspilz auch für die Menschen tödlich giftig sei. Das glauben noch immer die meisten von uns. Es hat bis jetzt jedoch keinen dokumentierten Todesfall durch Fliegenpilzkonsum gegeben. Und die Russen, die wie die meisten Slawen Pilze lieben, essen ihn ebenso wie die Japaner, als Speisepilz. Sie geben ihn, nachdem im Wasser die giftige Ibotensäure ausgeschwemmt wurde, sogar mit in ihre Pilzsuppen.

In der heutigen technologischen Zeit ist die Erfahrung einer Fliegenpilzreise praktisch unmöglich. Zum einen haben wir das praktische Wissen und den korrekten kulturellen Umgang mit dem Fungus verloren. In einer Umgebung, in der elektrischer Strom kaum bemerkte Spannungen verursacht, wo Flugzeuge über den Ort fliegen, das dröhnende Wummern oder auch der Infraschall von Windkrafträdern oder entfernten Autobahnen die Atmosphäre durchdringt, wo plötzlich das Handy klingelt oder der Kühlschrank anspringt, ist es unmöglich, eine solche Erfahrung zu machen, die einen über die Jenseitsschwelle führt. Es braucht auch die richtige Einstellung, einen unbelasteten Geist, eine seelische Reinheit, um eine solche Reise zu machen. Einige »Drogenfreaks« brüsten sich damit, geringe Mengen des Pilzhuts zusammen mit Cannabis zu rauchen. Die tiefgehende seelische Erfahrung, die etwa die sibirischen Schamanen erleben, ist auf diese Weise nicht möglich. In meinen Augen ist das eher unnütze Spielerei. *Amanita* ist und war nie eine Partydroge. Der Geist des Pilzes gibt sich dafür nicht hin.

TANNENBAUM UND CHRISTBAUM

Der »Tannenbaum«, der im Mittelpunkt des Weihnachtsfestes steht und Jung und Alt erfreut, war meistens eine Fichte *(Picea abies)*; der Baum ist auch als Rottanne bekannt. Manchmal war es auch eine echte Tanne, eine Weißtanne *(Abies alba)*, die in der Weihnachtsstube aufgestellt wurde. Auf den heutigen Weihnachtsmärkten werden inzwischen weniger die einheimischen Nadelbaumarten verkauft als die Nordmanntanne *(Abies nordmanniana)*, die ursprünglich aus dem Kaukasus kommt, oder die Blaufichte *(A. pungens)* aus den Rocky Mountains oder gar wiederverwertbare Bäume aus grünem Kunststoff.

Immer wieder hört man, dass der Brauch, einen solchen Weihnachtsbaum ins Haus zu holen und festlich zu schmücken, im Elsass entstanden sei. Man liest, dass 1521 in Straßburg ein solches

Bäumchen mit Oblaten, Papierrosen und Äpfeln geschmückt worden sei. Anderswo wird berichtet, dass schon fast hundert Jahre vorher, im Jahr 1419, Bäckergesellen im Heilig-Geist-Spital in Freiburg (Breisgau) einen Tannenbaum mit Lebkuchen, Früchten und Nüssen schmücken ließen, die die Kinder der Armen zu Neujahr »plündern« durften. Aus Bremen wird im Jahr 1597 von einem mit Papierblumen, Früchten und Nüssen dekorierten Weihnachtsbaum berichtet. Der Brauch, Tannenbäume in die Stube zu stellen und zu schmücken ist sicherlich älter als diese spärlichen schriftlichen Zeugnisse. Nicht alles wurde in alten Zeiten aufgeschrieben.

WINTERMAIEN

Seit dem frühen Mittelalter ist der sogenannte *Weyenacht Mayen* oder der »Wintermaien« aus immergrünen Zweigen von Nadelbäumen, Stechpalme, Wacholder, Mistel oder Buchs bekannt.

Schon die Römer schmückten ihre Häuser in den Saturnalien mit grünen Lorbeerzweigen. Sie schenkten einander Stechpalmenzweige und Kerzen, ein Brauch, gegen den der strenge Kirchenvater Tertullian (150–220 n. u. Z.) heftig wetterte.

Zur frostigen, dunklen Wintersonnwendzeit brachte man den Wintermaien in die Stube. Das Gebilde galt als Zeichen der unverwüstlichen grünen Lebenskraft, die dem Winter trotzt. Es sind die »*boughs of Holly*«, von dem die englischen Weihnachtslieder singen. Oft wurde das geschmückte Tannengrün oder ein kleines Nadelbäumchen an der Decke aufgehängt. Volkskundler sprechen von »Deckengehängen«. Das Grün steckt voller Lebenskraft, deswegen »schlug« oder berührte man die Kinder mit den grünen Zweigen, damit sie wohl gediehen.

Zu solchen Wintermaien gehören auch die kahlen Zweige von verschiedenen Obstbäumen – die sogenannten Barbarazweige –, die im Haus zum Blühen gebracht werden (siehe Seite 82). In Tele-

In den dunkelsten Tagen des Jahres holen wir uns den Wintermaien, grüne Zweige und Bäume, ins Haus und schmücken ihn mit Sternen, Äpfeln und Kerzen.

O Tannenbaum, o Tannenbaum,
du trägst ein' grünen Zweig,
den Winter, den Sommer,
das dau'rt die liebe Zeit.

ALTES VOLKSLIED

marken (Norwegen) holten die Bauern eine kleine Eberesche *(Sorbus aucuparia)*, auch Vogelbeerbaum oder Queckbaum genannt, in die Stube, pflanzten sie in einen Topf und stellten sie neben den Herd. Die Fülle der Blüte sollte die kommende Ernte andeuten. Auch in Thüringen brachte man einen mit Äpfeln, Nüssen, Birnen, Lebkuchen und Marzipan geschmückten Ebereschenzweig ins Haus. Die Eberesche war einst bei den Nordgermanen dem Blitze schleudernden, Fruchtbarkeit bringenden Donnergott Thor geweiht. Typischerweise wächst der Vogelbeerbaum in kalten, schneereichen Höhenlagen, wie etwa im Schwarzwald oder im Erzgebirge. In Island ist er der einzige Baum überhaupt, der auf dieser Vulkaninsel im Nordatlantik gedeiht; für alle anderen Bäume ist das Klima dort zu kalt. Selbstverständlich genießt er in Island ganz besondere Verehrung. Er wurde dem Thor geweiht und hieß *Thorsbjörg* (Thors Bergung). Man erzählt, dass früher in der Christnacht alle Zweige eines solchen Baumes mit brennenden Lichtern besetzt wurden und dass der Wind sie nicht auszulöschen vermochte. (Marzell 1925: 75)

Solche Bräuche sind uralt und haben ihre Wurzeln in vorchristlichen Zeiten. Die grünen Zweige wurden zu Ehren der Göttin, der strahlenden Percht (Berta, Berchteli, Hulda, Holle) und der Totenschar der Ahnen ins Haus geholt, denn diese vermitteln der kultivierten Welt der Menschen die unverbrauchte Kraft und Fruchtbarkeit der wilden Natur.

Wegen solcher fragwürdigen heidnischen Wurzeln waren die Wintermaien eher problematisch für manchen besorgten christlichen Seelenhirten. Hier und da wurden die Maien als »Abgötterei« oder »Satans Kapelle« verboten, etwa 1605 im Elsass. Aber ohne Erfolg. Noch im Jahr 1654 wetterte der evangelische Straßburger Domprediger Johann Konrad Dannhauser gegen diese Unsitte: »Unter anderen Lappalien, damit man die alte Weihnachtszeit oft mehr als mit Gottes Wort begeht, ist auch der Weihnachts- oder Tannenbaum, den man zu Hause aufrichtet, denselben mit Zucker und Puppen behängt und ihn hernach abschüttelt und abblümeln lässt. Wo die Gewohnheit herkommt, weiß ich nicht. Es ist ein Kinderspiel, doch besser als andere Fantasey, ja Abgötterei, wo man mit dem Christkindlein pflegt zu treiben, und also Satans Capell neben der Kirche bauet, den Kindern eine solche Opinion beybringet, dass sie inniglichen Gebätlein für den (...) vermeynten Christkindleyn fast abgöttischer Weise ablegen. Viel besser wäre es, man weise auf den geistigen Cedernbaum, Jesum Christum.« (Haerkötter 1996: 210)

Nach der Reformation galt ein geschmückter Tannenbaum in der Stube als etwas Protestantisches, etwas, was die Krippe als Mittelpunkt der Weihnacht ersetzte. Bald aber, im 19. Jahrhundert, fand der Christbaum seinen Platz auch in katholischen Wohnstuben. Für die Katholiken wurde der Baum zum Gleichnis für den »Baum des Lebens«, den Paradiesbaum, der einst im Garten Eden stand.

KERZEN

Schon Martin Luther soll den Heiligen Abend mit seiner Familie unter einem mit leuchtenden Kerzen bestückten Tannenbäumchen gefeiert haben. Diese Geschichte ist wahrscheinlich eine fromme Erfindung, die man dem Reformator im 19. Jahrhundert andichtete. Erst im 18. Jahrhundert wurde es vor allem in den Häusern der evangelischen Adeligen und der wohlhabenden Bürger Sitte, Weihnachtsbäume mit brennenden Lichtern zu versehen. Herzogin Dorothea Sibylle von Brieg (Schlesien) soll die Erste gewesen sein, die 1611 ihren Weihnachtsbaum mit Kerzen schmückte. Aus der Stadt Lützen im Dreißigjährigen Krieg (1632) wird berichtet, dass ein schwedischer Offizier beim Weihnachtsfest einen Tannenbaum mit brennenden Kerzen in der Kirche aufgestellt hatte, »so, wie es in seiner Heimat Brauch war«. (Sjörensen 1936) Volkskundler erzählen, dass das ländliche Volk im skandinavischen Norden ebenfalls grüne Kränze ins Haus trug. Dort lief man als Teil des Julfestes sonnenläufig um die draußen vorm Haus wachsenden Tannenbäumchen und besprengte diese mit rotem Wein. Von den Sami, den Rentierhirten aus Lappland, ist bekannt, dass sie zur Wintersonnenwende Tannenbäume, die draußen im Freien wachsen, mit Federn, roten Beeren und getrockneten Fliegenpilzen schmücken und diese umtanzen. Von einigen sibirischen Völkern und von Japanern in ländlichen Gebieten wird Ähnliches berichtet.

Im Erzgebirge kennt man anstelle des Weihnachtsbaumes die oft mehrstöckige Weihnachtspyramide. Ein waagerecht liegendes Flügelrad auf ihrer Spitze dreht sich – dank der aufsteigenden Wärme der darunter brennenden Kerzen – um die eigene Mitte. Kunstvolle, in liebevoller Heimarbeit geschnitzte Rehe, Tannenbäume, Bergleute, Engel, Wichtel und Turmbläser ziehen im Lichterglanz am Auge des Betrachters vorbei und laden zur besinnlichen Einkehr ein.

Die relativ kurze Zeit, in der am Heiligen Abend die Wachskerzen am Lichterbaum brennen, die Glaskugeln und das silberne Lametta[102] funkeln und leuchten, ist tatsächlich magisch, eine Berührung mit der Ewigkeit. Und das nicht nur für die Kinder. Die nach Honig duftenden Bienenwachskerzen verbreiten dabei einen goldenen Schein. Derweil werden alle anderen Lichter im Haus gelöscht. Meistens ruft man die Kleinen erst in die Stube, nachdem alle Baumkerzen angezündet sind, und sagt ihnen, das Christkind war da. Nun werden die altbekannten Weihnachtslieder gesungen und – in christlichen Familien – das Evangelium von der Geburt des Heilands gelesen und ein Dankgebet aufgesagt. Und dann folgt die Bescherung im Kreis der Familie mit Geschenken, die ein materieller Ausdruck der gegenseitigen Liebe und Wertschätzung sind. Danach werden Platten mit besonders leckeren Häppchen, mit Fisch, Käse, Wurst, Sülze und anderen Delikatessen aufgetischt – alles Speisen, die auch den verstorbenen Vorfahren einst schmeckten, denn diese sind im Geiste ebenfalls anwesend. Selbstverständlich ist manch kräftiger Schluck Grog, Glühwein oder eines anderen geistigen Getränks mit dabei. So wurde der Heilige Abend in meiner Familie gefeiert und so ähnlich war (oder ist) es überall im mittleren Europa.

In traditionellen katholischen Familien ist der Heilige Abend ein Fasttag, an dem es nur einfache Speisen gibt. Erst nach der mitternächtlichen Christmette, der Feier der Christusgeburt, ist das Fasten vorbei.

Diese Feierlichkeit findet in der »Zeit außerhalb der Zeit« statt, in dem Moment, in dem die Ewigkeit den gewöhnlichen Alltag durchdringt und in der sich das Himmelreich öffnet, so wie es in alten Weihnachtsliedern heißt:

Heut schließt er (der liebe Gott)
wieder auf die Tür
zum schönen Paradeis;
der Cherub (der Torwächter
mit flammendem Schwert)
steht nicht mehr dafür.
Gott sei Lob, Ehr und Preis.[103]

Oder:

O Heiland, reiß die Himmel auf,
herab, herab, vom Himmel lauf.
Reiß ab vom Himmel Tor und Tür,
reiß ab, wo Schloss und Riegel für!

O Erd, schlag aus, schlag aus, o Erd,
dass Berg und Tal grün alles werd.
O Erd, herfür dies Blümlein bring,
o Heiland, aus der Erden spring.[104]

Aus dem Erzgebirge kommen die kunstvoll geschnitzten Weihnachtspyramiden, die sich durch die Wärme der Kerzen wie von Zauberhand drehen.

Egal ob man Christ, Heide, Agnostiker oder Atheist ist, man spürt, dass Weihnachten eine ganz besondere Zeit ist, die einen tief in der Seele berührt. Es ist, wie wir anfangs gesagt haben, ein kosmisches Ereignis, ein Wendepunkt im Sonnenlauf, den auch Tiere und Pflanzen wahrnehmen. Kulturell handelt es sich um ein morphogenetisches Feld, das immer wieder neu zum Ausdruck kommt.[105]

Die Zeiten ändern sich. Vielerorts ist das Fest säkularisiert, man glaubt nicht mehr an Metaphysisches. Mein Schwager, ein Philosophieprofessor, sagte: »Ich werde meinen Kindern doch nicht solche Lügenmärchen erzählen!« Und dennoch spürt auch der moderne Mensch die besondere Stimmung dieses kosmischen Ereignisses.

Oft feiert man heutzutage den Heiligen Abend, indem man sich die *Christmas Shows* im Fernsehen »reinzieht« – etwa Unterhaltungsprogramme mit populären Schlagerstars. Wenn überhaupt gesungen wird, dann sind es Popsongs, wie etwa das von Bing Crosby bekannt gemachte Weihnachtslied *I'm Dreaming of a White Christmas* – das mit über 100 Millionen verkauften Singles weltweit beliebteste Weihnachtslied. Dazu gibt es verschiedene rockige Hits, wie *Rocking Around the Christmas Tree, Sexy Santa* oder *All I Want for Christmas is You*, die in der inzwischen teilweise säkularisierten Festzeit die Menschen weiterhin in Bann halten. Und was das Trinken betrifft, da könnten die Feiernden mit den alten Wikingern durchaus mithalten.

Baumkerzen sind, seit Thomas Edison 1879 die Glühbirne erfand und vermarktete, ebenfalls weitgehend verschwunden. Nicht nur begann man kurz nach dieser Erfindung den Weihnachtsbaum mit elektrischen Lichtern zu dekorieren und ganze Häuser oft kunstvoll mit bunten elektrischen Lichterketten zu schmücken. Auch das Weihnachtsfestessen wurde vielerorts amerikanisiert, indem der gemästete Truthahn *(turkey)* den Schweinebraten oder die Weihnachtsgans ersetzte.

Diese Entwicklungen will ich keineswegs kritisieren, sie sind Ausdruck des sich ständig wandelnden Zeitgeistes und als solche für mich als Kulturanthropologen durchaus interessant.

Meistens wird (wurde) der Weihnachtsbaum früh am Tag des Heiligen Abends geschmückt. In meiner Familie etwa übernahm der Vater die Aufgabe, derweil sich Mutter und Töchter mit dem Bereiten der Speisen beschäftigten.

Bis Dreikönig oder Lichtmess

Vom Weihnachtsabend bis zum Dreikönigstag steht der Baum wie ein göttlicher Gast in der Stube, dann wird er abgeräumt. Man kann ihn aber auch länger aufgestellt lassen, etwa bis Maria Lichtmess (Hohe Weihnacht) am 2. Februar. Das ist auch allgemein in Frankreich der Brauch, wo der Baum, der *Sapin de Noël*, bis zum *Chandeleur* bleibt. Auch unsere Nachbarn im Tal hier im Allgäu lassen den Baum und die darunterstehende Krippe mit den vom örtlichen Künstler geschnitzten Figuren bis Lichtmess stehen. Hier und da war es Brauch, den trockenen Tannenbaum bis zum nächsten Weihnachtsfest auf dem Dachboden aufzubewahren, das würde den Blitz abhalten.

La Chandeleur, das Lichtmessfest, das 40 Tage nach Weihnachten gefeiert wird, ist für die Franzosen der Tag der Crêpes, der Pfannkuchen, oder, wie man sie in Sachsen nennt, der Eierkuchen. Das runde Gebäck stelle, sagen Volkskundler, die Sonne dar, weshalb es in der Hoffnung auf ein sonniges Jahr mit einer guten Weizenernte am Lichtmesstag gebacken und gegessen wird.

WELTENBAUM

In der Gestalt des Weihnachtsbaums kommt ein weiteres, tief in der Seele verankertes Urbild zum Ausdruck: Es ist der Weltenbaum, der fast universell verehrt wird und der schon den paläolithischen Völkern als Sinnbild des Universums bekannt war.[106] Bei den zirkumpolaren Völkern, vom

Die Spitze des Weihnachtsbaumes krönt oft ein goldener Stern. Er repräsentiert den Nordstern, den Polarstern, um den sich scheinbar der ganze große Sternenhimmel dreht.

Nun tragt ins Zimmer mir herein
den grünen Tannenbaum.
Ich möchte einmal träumen noch
den süßen Weihnachtstraum.

THERESE KEITER

Nordatlantik über Sibirien bis in die Neue Welt, ist dieser identisch mit dem »Schamanenbaum«, dessen neun Äste die übereinanderliegenden neun Himmelsebenen darstellen, in die die Schamanen reisen, um mit Göttern, Geistern, Ahnen oder Pflanzendevas in Verbindung zu treten. Der Baum ist die Weltensäule, die Himmelsachse *(axis mundi)*, die Himmel und Erde verbindet. Er ist im Makrokosmos das, was die Wirbelsäule im Mikrokosmos, im menschlichen Körper, ist. In der Bibel wird dieser Baum zur Himmelsleiter, auf der die Engel hinauf- und hinabsteigen. Im späteren kirchlichen Dogma wird von neun in drei Hierarchien gegliederten Engelschören gesprochen, die dem Pseudo-Dionysos Aeropagites (5. Jh.) in einer Vision erschienen.[107]

Die bunten Glaskugeln, die Strohsterne, Äpfel, Lebkuchen und der andere Baumschmuck stellen symbolisch diese jenseitigen, spirituellen Welten, deren Gaben und Bewohner dar. Die sich drehende mehrstöckige, erzgebirgische Weihnachtspyramide ist ebenfalls eine bildhafte Wiedergabe des mehrstöckigen Weltenbaumes. Die Spitze des Weihnachtsbaumes wird oft von einem goldenen Stern gekrönt. Dieser repräsentiert den Nordstern, den Polarstern, um den sich – so, wie man es mit den unmittelbaren Sinnen nachts wahrnimmt – der ganze große Sternenhimmel dreht.

Im Mittelalter und besonders in der Renaissance identifizierte man die neun beziehungsweise sieben Ebenen des Universums zwischen Erde und Fixsternhimmel mit den planetarischen Sphären. Auf der ersten Stufe jenseits der Erdenmaterie liegt der Mond, gefolgt von Merkur, Venus, Sonne, Mars, Jupiter und Saturn. Der Saturn, dargestellt als alter, sich langsam bewegender Greis, befindet sich am äußersten Rand der sichtbaren Planeten. Langsam zieht er seine Bahn an der Grenze zu den Fixsternen, in welchen die ewigen Urbilder beheimatet sind. Diese Urbilder werden auf die Erde projiziert, wo sie – von den Planeten modifiziert – materielle Erscheinungsformen annehmen. In dem Sinn ist der Saturn die Brücke zur Ewigkeit, der Übergang zwischen den Wandelsternen und dem »Kristallhimmel«.

Koniferen (»Zapfenträger«), wie Fichten und Tannen, sind saturnisch. Sie sind entwicklungsgeschichtlich sehr alt: Im Erdmittelalter vor rund 300 Millionen Jahren erschienen, waren sie eine Futterquelle für die Riesenechsen (Dinosaurier). Wir Menschen dagegen tauchten erst vor etwas mehr als einer Million Jahre auf. Die einzelnen Bäume selber können sehr alt werden. Das Alter der ältesten Fichte der Welt – sie wächst in Darlarna, Schweden – beträgt, nach C-14 Analyse, 9 550 Jahre. Wahrhaft saturnisch! Auch die eiskalte saturnische Winterszeit vermag ihr kaum etwas anzutun.

BAUM DER GEBURT

Die Wintersonnenwende ist die Saturnzeit des Jahres. Sie ist der Wendepunkt, der, wie es der griechische Philosoph Herakles (5. Jh. v. u. Z.) formulierte, einsetzende Gegenlauf *(Enatiodromie)*,[108] der Übergang vom Abstieg und »Tod« der Sonne zum erneuten Wiederaufstieg, zu ihrer Wiedergeburt.

Gemäß des altüberlieferten irisch-keltischen Baumalphabets *(Beth-Luis-Nion)* galt die Fichte oder Tanne *(Ailm)* als Baum der Neugeburt, der Wiedergeburt der Sonne im Schoß der Großen Göttin. Der Fichte gehören also die ersten Tage des neuen Jahreszyklus.109 (Graves 1961: 192, 194)

Diesem neuen Zyklus gegenüber steht der letzte Tag des Sonnenabstiegs. Die Göttin des Niedergangs, Verderbens und des Todes war für die Kelten *Morrigan*; ihr Baum war nicht der Baum der Wiedergeburt, sondern *Idho*, die Eibe *(Taxus baccata)*, der Baum des Todes. Dieser düstere Baum ist der dreizehnte, der den Kreis der zwölf heiligen Bäume, die in dem Alphabet erwähnt werden, sprengt. Die Eibe ist der Inbegriff des Giftes; von dem Wort *taxus* leitet sich der Begriff »toxisch« und »Toxikum« ab. Todbringende Waffen, Bögen und Speere wurden bevorzugt aus dem elastischen Holz gemacht. Der älteste bekannte Speer – von Neandertalern im Mittelpaläolithikum hergestellt – bestand aus Eibenholz. (Storl 2020b: 142f)

Wir sehen also, indem die Fichte (oder Tanne) ein Baum der Neugeburt ist, passt sie vorzüglich zur Geburt des Heilands, zur Wiederkehr des rettenden Lichts. Kein Baum außer Fichte und Birke verquickt seine Wurzeln in enger Symbiose mit den Myzelien des Fliegenpilzes. Beide Bäume haben eine lichthafte Natur, die jeder erfährt, der sich in meditativer Innenschau auf sie einlässt: Bei der Birke ist es ein helles, fröhliches Licht, bei der Fichte ist es ein eher warmes, rötliches Licht, wie das Feuer eines Kamins oder Herdes. Der Fliegenpilz empfängt das Licht – in Form des Zuckers, der bei der Lichtsynthese (Fotosynthese) entsteht – und kann dieses unserer Seele weitervermitteln, sodass es zum inneren Licht wird. Dieses innere Licht ermöglicht es uns – beziehungsweise den Schamanen –, in die dunklen Tiefen des Unbewussten zu schauen, in Regionen, die uns meistens verschlossen sind. In den Visionen, die dieser Pilz vermittelt, war es den alten heidnischen Sehern möglich, bis in die Welt der Zwerge und der Verstorbenen zu gelangen und auch das neugeborene »Sonnenkind« zu schauen.

Die golden leuchtende Sonne am Weihnachtsbaum steht für die Hoffnung auf die Wiederkehr des Lichts.

Die Krippe direkt unter dem Christbaum veranschaulicht die Geburt des kleinen aus dem großen Kosmos.

Im Volksglauben, insbesondere im alemannischen Siedlungsgebiet, spielt die Fichte (oder Tanne) eine Rolle als Kinderbaum. In Solothurn sagt die Mutter den kleinen Kindern, wenn sie fragen, woher sie kommen: »Die Hebamme schüttelte dich vom Tannenbaum.« Und anderswo, etwa im Kreis Lörrach, holt die Hebamme die Kinder aus einer mächtigen Tanne, der *Brititanne*. Das Wort *Titi* ist alemannisch und bedeutet Kindlein.[110]

GEBURT DES MIKROKOSMOS

Wie wir sahen, symbolisiert der Weihnachtsbaum den Weltenbaum, der das gesamte physische und spirituelle Universum, die »große Natur«, darstellt. Und aus dieser großen Natur, diesem Makrokosmos, wird der Mensch – so die Sicht der antiken Kulturen – als Mikrokosmos geboren. Auch für moderne Menschen macht das Sinn, denn auch unsere Wissenschaft spricht von einer aus der Natur hervortretenden, evolutionären Entwicklung des *Homo sapiens*. Der Mensch, die »kleine Welt« – so lehrten es die alten Griechen –, tritt aus dem Makrokosmos, der »großen Welt«, hervor, so wie der Same aus der Pflanze. Er hat die gleichen Eigenschaften wie der Makrokosmos. Diese unsere kleine Welt trägt also den ganzen Himmel in sich, die Sterne und Planeten, sowie alles, was die Erde ausmacht.

Oft stellt man zu Weihnachten die Krippe mit dem neugeborenen Christkind direkt unter den Weihnachtsbaum. Dabei wird, ob es einem bewusst ist oder nicht, das Bild von der Geburt des kleinen Kosmos aus dem großen Kosmos (dem Baum) anschaulich gemacht. Gott selbst steigt aus dem großen Universum heraus und inkarniert sich in Menschengestalt in der hiesigen Welt. *Ecce homo* (»Seht, da ist der Mensch!«) – das will besagen: Wir tragen den göttlichen Wesenskern in uns.

DIE BEDEUTUNG DER KRIPPE

Aus dem Stamm des makrokosmischen Lebensbaums tritt der Mikrokosmos hervor. Diese archetypische Imagination kommt unbewusst zum Ausdruck, wenn fromme Menschen die Krippe mit dem Christkind an den Stamm unter dem Baum stellen. Unter dessen grünen Zweigen sehen wir das Urpaar, Josef und Maria. In die Krippe haben sie das Kindlein, den als Mensch geborenen Gottessohn, auf Stroh und Kräuter gebettet.

Stroh, Heu und die Kräuter repräsentieren die Vegetation an sich, denn diese hat offensichtlich Anteil an der Wiedergeburt des Lichts. Indem es darauf liegt, segnet das göttliche Kind die Pflanzenwelt. Die christliche Legende erzählt, dass diese Kräuter jene waren, »die Ochs und Esel nicht fraßen«. Sie wurden durch diesen Segen zu Heilkräutern. Im alten Europa, schon bei den Kelten, galt ein heißes Heublumenbad als ein wichtiges immunstärkendes Heilmittel. Und die vielen Kräuter als Tee, dreimal am Tag getrunken oder in Schmalz gekocht als Salbe, waren über Jahrhunderte die bevorzugten Medikamente.

Bei den heidnischen Europäern war es Brauch, dass die Hebamme für die Mutter und ihr Neugeborenes ein Bett aus duftenden Kräutern bereitete: mit Labkraut, Dost, Beifuß, Johanniskraut, Quendel, Gundermann, Waldmeister, Ziest, Kamille und anderen der Freya geweihten Duftpflanzen. (Müller-Ebeling et al 2021: 84f) Dieses sogenannte Freya-Bettstroh wurde von Bonifatius (Synode von Liftinae, 742 n. u. Z.) zwar verboten, aber die Frauen hielten sich nicht an die Anordnung, denn sie hatten gute Erfahrungen damit gemacht. Heute wissen wir, dass diese Kräuter essenzielle Öle enthalten, die keimhemmend wirken, auch Kumarin, was Mutter und Kind beruhigen kann. Mit Verweis auf die Kräuter in der Krippe benannten die Frauen das Bettstroh der Freya kurzerhand um in »Maria Bettstroh« oder »Unser Lieber Frauen Bettstroh« (engl. *Lady's bedstraw*) – und die Gottesmänner konnten nichts mehr dagegen einwenden.

Bei der Geburtsszene sind nur Ochs und Esel anwesend, oft ein paar Schafe, nur zahme Tiere, nicht die wilde Natur.

Sie legte den Knaben in eine Krippe,
und ein Ochse und ein Esel beteten ihn an.

PSEUDO-MATTHÄUSEVANGELIUM

Die Tiere in der Krippe

Die Tiere, die bei der Geburt anwesend waren – Ochs und Esel, die Schafe und der Hirtenhund und schließlich die Kamele der Weisen aus dem Morgenland –, sind die Vertreter der Tierwelt. Wilde Tiere, Bären, Wölfe, Raben und dergleichen, die den Heiden heilig waren, fehlen jedoch. Ganz im zarathustrischen Sinn sind nur die domestizierten, friedlichen, gezähmten Tiere Gäste des Mysteriengeschehens. Kein schnaubender Stier ist dabei, sondern der friedliche Ochse, ein kastrierter Stier. Kein feuriges Ross, das in der mittelalterlichen christlichen Sichtweise Ausdruck der Sünde des Stolzes ist. Mit im Stall steht ein Esel, für die Gläubigen ein Sinnbild der Demut. Es ist das geduldige Tier, das den Nikolaus bei seinen Runden begleitet, das Maria auf seinem Rücken trägt und auf welchem später Jesus bei seinem Einzug in Jerusalem reitet. Eine Herde Schafe findet man ebenfalls. In der christlichen Mythologie symbolisieren sie die Gläubigen, die eines Hirten (kirchenlateinisch *Pastor*) bedürfen, der sie durch das gefährliche Jammertal des Lebens führt und der mit seinem Hirtenstab die Wölfe (Teufel) abwehrt. Der Ziegenbock fehlt selbstverständlich, denn dieser wurde zum Symbol der Sünde der Geilheit. Die Kamele, die Reittiere der Weisen aus dem Morgenland, symbolisieren unter anderem Ausdauer und Geduld mit den Belastungen des Lebens; kniend empfangen sie die Bürde, die sie zu tragen haben.

Die frommen Hirten und die Weisen haben auch eine gleichnishafte Bedeutung. Die Schäfer waren meist Analphabeten, sie nahmen die Dinge unmittelbar wahr, ohne sich in klugen Schriften zu verstricken. Sie sind Meister der Einkehr, der inneren Sammlung. Deswegen waren sie es, die als Erste das Wunder der Geburt des göttlichen Kindes wahrnahmen. Die Hindus würden sie mit *Bhakti-Yogis* vergleichen, jenen, die durch Liebe und Hingabe zur Gottesschau gelangen. Später als die simplen Hirten erschienen die gelehrten Sterndeuter, die zarathustrischen Magier. Ihr Weg zur göttlichen Schau ist nicht die bedingungslose Liebe und Hingabe, sondern das Studium der Schriften und das Erforschen des Sternenhimmels. Die Hindus nennen diesen Weg zur Erkenntnis des Göttlichen *Raja-Yoga*, das »königliche Yoga«.

Die sogenannten Krippenspiele, in denen die biblische Geschichte von Jesu Geburt bis hin zur Flucht nach Ägypten nachgespielt wird, waren in vielen Kirchengemeinden beliebt. So konnte dem einfachen, analphabetischen Bauernvolk das Heilsgeschehen verständlich gemacht werden – ähnlich wie bei den Passionsspielen zu Ostern. Die Krippenspiele und das sogenannte Christkindwiegen sollen auf Dominikanerinnen im 13. Jahrhundert und auf Franz von Assisi zurückgehen.

Jungfrau Maria

Und nun noch ein Wort zur Jungfräulichkeit Marias und ihrer »unbefleckten Empfängnis«. Für viele unserer gebildeten und zynischen Zeitgenossen ist das ein Stein des Anstoßes und des Spotts. Physikalisch wäre das selbstverständlich eine Unmöglichkeit. Aber wir haben es mit *meta*physischen Gesetzmäßigkeiten zu tun. Die tiefere Bedeutung ist folgende: Maria symbolisiert, wie auch die Märchenheldinnen in den alten Märchen, die Menschenseele. Und diese muss rein und unbefleckt sein, wenn sich das Göttliche mit ihr vereint und im Herzen – symbolisiert durch den einfachen Stall – geboren werden will.

Gedenktage nach Weihnachten

Außer dem Lichterbaum
im Weihnachtszimmer
steht der riesige Lichterbaum
des Sternenalls vor uns.
Er leuchtet uns auch auf dem Pfade
zum neuen Jahr.

HERBERT FRITSCHE
SINN UND GEHEIMNIS DES JAHRESLAUFS, 1983

M**IT DER CHRISTNACHT** und dem ersten Weihnachtsfeiertag sind die zwölf heiligen Tage und die Raunächte noch längst nicht vorbei. Die Kirche hat (hatte) die Sonnwendtage voll im Griff: So wurde der zweite Weihnachtsfeiertag, der 26. Dezember, dem ersten Märtyrer, dem heiligen Stephanus, geweiht; am 27. Dezember feiert die Kirche den Apostel Johannes, den Lieblingsjünger Jesu – er ist nicht mit Johannes dem Täufer zu verwechseln –, der mit Maria bei der Kreuzigung anwesend war und nicht wie die anderen Jünger weglief. Der 28. Dezember erinnert an den von König Herodes angeordneten Kindermord in Bethlehem. Am 30. Dezember ist das Fest der Heiligen Familie. Am 31. Dezember feiert man, übermütig, feuchtfröhlich und ausgelassen, den Jahreswechsel, unter der Obhut des heiligen Silvester. Der Jahreswechsel stellt den zweiten Höhepunkt unseres winterlichen Sonnwendfestes dar.

Zugleich feiert die Kirche am 1. Januar das Fest der Beschneidung des Jesuskindes *(Circumcisio Domini)*. Am 6. Januar folgt dann der dritte Höhepunkt des Wintersonnwendfestes in Form der »Erscheinung des Herrn« (Epiphanie) und des Tags der Heiligen Drei Könige. Aber auch die alte Göttin, die Percht, kommt zu ihrem Recht mit dem Berchtelistag. Das am selben Tag stattfindende Narrenfest mit dem Bohnenkönig ist ein Echo der römischen Saturnalien. Schauen wir uns diese Feste nun etwas näher an.

SANKT STEPHANUS (26. DEZEMBER)

Wegen seines Bekenntnisses zu Jesus wurde Stephanus vom Hohen Rat (Sanhedrin) zum Tod durch Steinigung verurteilt. Die Vollstreckung fand außerhalb des Tores der Stadt Jerusalem statt. Er ist somit der erste Märtyrer, der Erzmärtyrer. Im frühen Mittelalter wurde sein Tag mit Völlerei und Trinkgelagen – der sogenannten Stephansminne – gefeiert. Karl der Große schritt ein und verbot das maßlose Zechen.[111] Aber ohne viel Erfolg. Der Volkskundler Lutz Mackensen schreibt dazu:

»Es war also damals verbreitete Sitte, den Namen Stephans beim Trunk, ja sogar in der Trunkenheit anzurufen. Wir haben hier die ursprüngliche Form des christianisierten Minnetrunks vor uns, wie er aus vorchristlicher Zeit bekannt und beliebt war: Beim Gelage wurde das Gedächtnis eines besonders in Ansehen stehenden Heiligen (statt des einstigen Gottes) getrunken. Dass dies kein religiöser Akt mehr, sondern lediglich eine Zechangelegenheit war, die im besten Falle die Üppigkeit des Gelages durch ein fromm scheinendes Mäntelchen vor den Zechern rechtfertigen sollte, erhellt aus dem Verbot: Wäre es eine würdige, fromme Sitte gewesen, hätte Karl kaum Veranlassung gefunden, dagegen einzuschreiten.« (Bächtold-Stäubli 1987 Bd. VIII: 429)

Das Gelage zu Ehren des heiligen Stephanus führt die zur Julzeit gefeierten Sauforgien der Wikinger und anderer Heiden weiter. Die Frage ist, welcher Gottheit das Trinken vorher geweiht war. Da kommt vor allem einer infrage, und zwar Freyr (Fro), der Gott der Fruchtbarkeit, Herrscher über Regen und Sonnenschein und Wächter über das Wachstum. Als solcher wird er mit einem mächtigen Glied, ähnlich dem eines Hengstes, dargestellt. Er gehört zu dem friedlichen Göttergeschlecht der zaubermächtigen Wanen (altnordisch *Vanir*, eng-

»… Und wenn die stade Zeit vorüber ist, dann wird's auch wieder ruhiger!«, philosophierte schon Karl Valentin.

In den ehemaligen östlichen Provinzen Deutschlands und in Polen werden Geistliche am Stephanstag, in Erinnerung an die Steinigung des ersten Märtyrers, mit Erbsen beworfen.

lisch *Wanes*), die für Fruchtbarkeit und vor allem das Gedeihen der Vegetation sorgen. Somit ist er auch ein Gott des Friedens, der sein Schwert abgibt und – zur Julzeit – keine Waffen duldet.

Das Tier, mit dem Freyr verbunden ist, ist der mächtige Sonneneber *Gullinborsti*, »der mit den goldenen Borsten«. Dieser Eber hat die Kraft, das Jahresrad, das zur Sonnenwende zwölf Tage stillgestanden hat, wieder anzuschieben. Neben dem Wildschwein ist Freyr auch mit den Pferden verbunden, er ist Beschützer dieser edlen Tiere und reitet auf dem weißen Hengst *Blóðughófi* (»blutige Hufe«). Wie wir sahen, waren Rosse für die nordischen Völker besonders heilig (siehe Seite 120). Als Teil der Verehrung des holden Wanengottes veranstalteten die nordeuropäischen Ureinwohner nach der Sonnenwende Pferderennen.

Mit der Christianisierung wurden Freyr und – in keltischen Ländern – die Pferdegöttinnen Epona und Rhiannon durch Stephan, den Schutzpatron der Kutscher und Pferdeknechte, ersetzt. Stephanus wurde der Legende nach gesteinigt, deshalb ist er auch Schutzpatron der Maurer geworden. (Ström 1975: 237) Freyr lebt aber in dem heiligen Erzmärtyrer als Pferdepatron weiter. Am Stephanstag, am 26. Dezember, findet an manchen Orten heute noch der »Stephanus-Ritt«, ein Umritt über Feld und Flur mit kirchlichem Segen, statt. Oder man ritt – wie im Levanttal (Kärnten) – zwölf- oder fünfzehnmal um die Kirche herum um die Wette. Vielerorts werden noch immer die Pferde von den Priestern im Kirchhof an dem Tag gesegnet, und auch der Hafer, den die Rosse so gerne fressen, erhält den priesterlichen Segen. Zudem wurden am Stephanstag die Pferde zur Ader gelassen[112], das Lecksalz gebenedeit und ein Zweig Kreuzdorn *(Rhamnus)* in die Tränke gelegt, damit die Tiere das Jahr lang gesund bleiben.

Am Tag dieses Heiligen wird Wasser geweiht und in heilendes »Stephanus-Wasser« verwandelt, das auch den Rossen zugutekommt. Auch Flaschen mit weißem und rotem Wein, den Gläubige in die Kirche bringen, erhalten den kirchlichen Segen, schließlich ist er wichtig für die Stephansminne. Das Trinkgelage an dem Tag wird oft scherzhaft »Stephans Steinigung« genannt.

FEST DER UNSCHULDIGEN KINDER (28. DEZEMBER)

Ein weiterer Feiertag, der von der Kirche seit dem 6. Jahrhundert gefeiert wird, aber heute fast vergessen ist, ist der »Tag der unschuldigen Kinder« am 28. Dezember. Er soll an die – historisch nicht belegbare – Tötung aller bis zu zwei Jahre alten männlichen Kinder in Bethlehem erinnern, welche Herodes angeordnet hatte. Der böse Herrscher, der von den Weisen aus dem Morgenland gehört hatte, dass ein neuer König geboren worden sei, fürchtete einen Konkurrenten, der ihn auf dem Thron ersetzen würde. Er hoffte, mit der grausamen Maßnahme auch den Jesusknaben zu erwischen. Aber Jesus entkam, er befand sich inzwischen mit der Heiligen Familie und ihrem Esel auf der Flucht nach Ägypten. Deswegen wurde es, nebenbei bemerkt, Brauch, an diesem Tag die Esel gut zu füttern oder, wenn man einem begegnete, ihm eine Leckerei ins Maul zu stecken.

Der Archetypus des Kinderfressers, der alte Saturn, findet in dieser Sage wieder einmal Ausdruck.

Der Weihnachts-schmaus

Was das Essen und Trinken betrifft:
Nichts ist schwerer zu ertragen
wie eine Reihe von guten Tagen.

KURT TUCHOLSKY

KEIN FEST OHNE üppigen Schmaus. Das ist ein universales Gesetz. Und da sich zur Wintersonnenwende die Tore zur spirituellen Welt öffnen und die Götter – für Christen: Gott selbst in der Gestalt eines neugeborenen Kindleins – sowie die Engel, Zwerge und die Ahnen ganz nahekommen, werden auch sie als verehrte Gäste eingeladen, mitzufeiern und mitzuschmausen. Das Festessen ist eben nicht nur für die anwesenden lebenden Familienmitglieder, sondern auch für die verstorbenen. Man isst traditionelle Speisen, also solche, die sie auch kannten und liebten. In vielen Kulturen bekommen sie einen Ehrenplatz am Tisch; und dem Großvater, der das Zeitliche gesegnet hat, stopft man eventuell sogar seine Lieblingspfeife mit Tabak und der seligen Oma gönnt man ein Gläschen Mirabellenlikör.

Noch lange war es hier und da Brauch, auch für die Holda oder Percht einen Tisch zu decken und über Nacht stehen zu lassen. Am nächsten Tag wurden die Speisen, darunter die Milch, die dann »Perchtmilch« hieß, »von den Leuten gegessen, den Hühnern und Kühen davon gegeben«. (Bächtold-Stäubli 1987 Bd. IX: 882) In Skandinavien wurden Stroh und einige Leckerbissen für den Julbock unter den Weihnachtstisch gelegt. Und im Saarland war es noch lange Brauch, dass die Kinder Stroh und Hafer »für das Christkind« unter den Tisch legten. Auch die Hausgeister, die Kobolde und Wichtel, vergaß man selbstverständlich nicht. Vielleicht goss die Hausfrau ihnen etwas Bier oder Wein unter den Hofholunder und stellte ihnen eine Grütze oder etwas Brei hin. Ein gutes Verhältnis zu ihnen war ja wichtig, damit im Haus und im Stall kein Unglück geschieht.

LECKERBISSEN FÜR TIERE UND OBSTBÄUME

Den treuen Tieren im Stall sollte es ebenfalls gut gehen. Sie bekamen Sonderfutter, und man hat ihnen erzählt, dass der Heiland geboren wurde. So etwas konnte ich noch im Emmental erleben. Am Heiligen Abend begaben sich Bauer und Bäuerin, ihre Kinder und das ganze Gesinde (Mitarbeiter) in den Stall, sangen den Kühen und Pferden Weihnachtslieder vor und brachten ihnen Brot, Äpfel, Möhren und besonderes Futter. Das muss die Kühe erfreut haben, denn in den nächsten Tagen stieg die Milchleistung an. Den Hühnern kochte die Bäuerin einen Topf Spaghetti als Weihnachtsfraß. Für das glückliche Federvolk waren das lauter saftige Würmer. (Storl 2021b: 203) In Schweden bekommen alle Tiere in dieser Nacht Jul-Bier zu saufen. In Norwegen und anderswo bekam das Stallvieh etwas von dem Essen, das auf dem Weihnachtstisch gestanden hatte. In Schottland, dem Erzgebirge und der Steiermark war es Sitte, dem Vieh etwas von dem für das Fest gebackenen Brot zu geben, das mit den Körnern der letzten Garbe hergestellt worden war.

Bei Mitteleuropäern, Skandinaviern, Kelten, Slawen, Roma und Türken sehr verbreitet ist der Glaube, dass die Tiere in der Mitternachtsstunde am Heiligen Abend sprechen können. Sie besprechen die Ereignisse des kommenden Jahres, klagen ihr Leid, reden über Glück und Unglück im Haus. Da auch die Verstorbenen nahe sind, sprechen die Tiere auch mit den ehemaligen Hofbesitzern. Im Emmental, wo ich arbeitete, war ein fünfzehnjähriger Lehrjunge, der herausfinden wollte, ob die Tiere in der Nacht wirklich reden könnten. Er legte sich ins Heu und lauschte, schlief aber, da er die späte Stunde nicht gewohnt war, ein. Er träumte jedoch, dass die vier neuerworbenen *Guschti* (Jungvieh) gesagt hätten, es gefiele ihnen gut auf dem Hof, nur hätten sie gerne etwas Lecksalz. Als der Junge das am nächsten Morgen erzählte, kratzte sich der Bauer am Kopf und sagte: »Ach ja, ich habe ganz vergessen, ihnen Salz zu geben!«

Auch den Pflanzen, insbesondere den Obstbäumen und Beerensträuchern, soll es in der Christnacht gut gehen. Essensreste schüttet man unter die Bäume und lädt sie zu Tisch:

Ihr Bäume und Äste,
kommt rein zu mir
und seid alle meine Gäste.

Im Pinzgau schüttet die Bäuerin das Übriggebliebene unter die Bäume und sagt schlicht: »Bam, esst's!« In Holstein klopfte man an alle Obstbäume und sagte: »Freuet euch Bäume, der Heilige Christ ist gekommen.«

Weitverbreitet – in Schweden, England, Frankreich, Deutschland und bei den Südslawen – war der Brauch, den Obstbäumen zuzutrinken und Strohbänder um ihre Stämme zu wickeln. Das geschah am Heiligen Abend, aber meistens am Dreikönigstag. Die Strohseile enthielten oft Stroh von der letzten Garbe der vorherigen Ernte.

DAS WEIHNACHTLICHE SCHLARAFFENLAND

Traditionell war die Adventszeit eine Zeit des Fastens. Umso mehr freute man sich auf den Weihnachtsschmaus. Und da legte man tüchtig zu. Die Nordfriesen nannten den Heiligen Abend »Vollbauchabend« oder »Dickbauchabend«. Seit heidnischen Zeiten wurde dazu ordentlich gezecht. Besonderes Jul-Bier wurde gebraut und, wie es in den nordischen Ländern bis heute der Brauch ist, trinkt man zu Ehren tapferer Männer, des Königs, von Christus, der Jungfrau Maria und den Heiligen.

Gegessen wurde alles, was schmeckt: Grütze, Erbsen, Saubohnen, Fischrogen, Mohnkuchen, fette Fleischbrühe mit Brot (im Allgäu), Karpfen (in Osteuropa), Gänsebraten und vor allem Schweinefleisch.

Bei den Skandinaviern, in Teilen Norddeutschlands und bei den Südslawen wurden Weihnachtsbrei oder die Jul-Grütze traditionell gemeinsam aus einem Topf oder einer großen Schüssel geges-

Gebildbrote, etwa in der Form von Menschen und Tieren, sind beliebte Brauchtumsgebäcke zu hohen Festtagen, vor allem zu Ostern und Weihnachten.

sen. Man sollte sich dabei richtig vollstopfen, denn dann würde es im kommenden Jahr eine gute Ernte geben.

Einigen Moralaposteln passte diese ausschweifende Fresserei gar nicht. Im 16. Jahrhundert nannte der Freiburger Theologieprofessor Jodocus Lorichius das Weihnachtbratenessen einen teuflischen Missbrauch.

GEBILDBROTE UND STOLLEN

Gebäck in Gestalt von Menschen, Tieren oder Symbolen, entweder von Hand geknetet und frei geformt oder aus einer entsprechenden Backform, kennt man nicht nur bei fast allen europäischen Völkern, sondern bei indigenen Kulturen weltweit. Es wird an heiligen Tagen verzehrt oder den Geistern geopfert. Wie wir schon gehört haben, bezeichnen Volkskundler dieses geformte Brauchtumsgebäck als Gebildbrot. Wir haben den Begriff schon im Zusammenhang mit dem Nikolaustag kurz erwähnt (siehe Seite 92).

Beliebt sind Brote und Kuchen, Kekse, Lebkuchen, Hefekuchen, Pfefferkuchen oder Marzipan in Form von Tieren: Pferde, Ziegenböcke, Lämmer, Hirsche, Bären, Hahn und Henne, Eber und Säue.

Einige Beispiele: In Skandinavien, auch in Irland, bäckt die Hausfrau ein Weihnachtsbrot in der Gestalt eines Ebers. Bei den Esten wird ein »Weihnachtsbär« gebacken. In Mecklenburg bildete das Weihnachtsgebäck Männer, Frauen, Hirsche und vor allem Schweine ab. Neben der Vorbereitung des Christklotzes (des geschmückten Eichenstamms, der rituell verbrannt wird) bäckt die serbische Bäuerin ein Gebäck in Form eines Schweins.

Es wird vermutet, dass es sich bei den Teigfiguren um einen Ersatz für frühere Tieropfer (oder Menschenopfer?) handelt. Ein norwegisches Gesetz aus dem 13. Jahrhundert – die Christianisierung war noch nicht abgeschlossen – deutet das an. Es erklärt denjenigen, der Speiseopfer aus Teig in menschlicher Gestalt in seinem Haus aufbewahrt, für vogelfrei. (Beitl 1974: 258)

Der dicke weiße Puderzuckermantel um den Stollen soll an die »Süßigkeit« des Jesuskindes erinnern.

Im alemannischen Raum war es Brauch, dass die Gotte und der Götti ihren Patenkindern am Feiertag zopfförmig geflochtene Hefebrote aus feinem Weißmehl schenken. Ist der Butterzopf – wie einige Volkskundler vermuten – eine unbewusste Erinnerung an ein Haaropfer? In alten Zeiten wurden oft den Göttern oder Dämonen Haare als Pars pro Toto (»ein Teil für das Ganze«) geopfert.[113]

In Sachsen ist eine Weihnacht ohne Stollen nicht denkbar. Auch dieses brotförmige Weihnachtsgebäck aus Hefeteig mit Mandeln, Rosinen und Zitronat ist eine Art Gebildbrot. Es stellt das Christkindlein als süßes Wickelkind dar.

Das Stollenbacken ist rituelles Frauenhandwerk. Ungefähr drei Wochen vor dem heiligen Fest, oft am ersten Advent, mischt die Herrin des Hauses die Zutaten je nach Familienrezept[114] und knetet den Stollenteig. Wenn das getan ist, wird die Teigmasse zum Bäcker getragen, der es in seinem Backofen fachgerecht bäckt. Zu Hause wird dann der Laib üppig mit Butter bestrichen, reichlich mit Puderzucker oder Vanillezucker bestreut, wie ein Säugling in ein Tuch gewickelt und bis zum Nachmittag des Heiligen Abends aufbewahrt. Wenn dann der Baum fertig geschmückt ist, schneidet man den Stollen an und verspeist ihn feierlich beim Schein der vier Kerzen des Adventskranzes. Dazu trinken die Erwachsenen Kaffee – selbstverständlich aus Meissener Porzellantassen. Auch arme Leute in Sachsen besitzen solche Tassen, denn diese haben – wie die Teekanne bei den Briten – rituellen Status.

Der in Tücher (Windeln) gewickelte Stollen hat ungefähr die Größe eines neugeborenen Kindes und er riecht auch gut wie ein solches. Man trägt ihn gerne in den Armen, wie man ein kleines Kindlein tragen würde. Indem man in den Wintersonnwendtagen den Stollen verzehrt, nimmt man das göttliche Kind in sich auf, so wie man die Hostie, Gottes Fleisch, beim Abendmahl aufnimmt.

Ähnlich, wie die britischen Royals jedes Weihnachten einen blühenden Zweig aus Glastonbury bekommen, erhielt das sächsische Königshaus vom 16. Jahrhundert ab jedes Jahr einen 36 Pfund schweren Stollen von einem auserwählten Dresdner Bäcker.

Etwas Aberglaube begleitet dieses sakrale Brot: Wenn der Teig nicht aufgeht oder der Stollenlaib zerbricht, dann bereitete das Sorge, denn dann hieß es, jemand im Haus wird sterben.

Inzwischen gibt es in Plastik verpackten Stollen in jedem Supermarkt, und das schon lange vor der Adventszeit. Es ist einfach, neben Nürnberger Lebkuchen und Spekulatius, eine weitere kommerzielle Süßware geworden. In einer Zivilisation, in der Zucker und die einst teuren Zutaten wie Mandeln und Rosinen nichts Besonderes mehr sind, hat der Stollen seinen sakralen Stellenwert längst verloren.

SCHWEINEBRATEN

Für die heidnischen Europäer, insbesondere für die Waldvölker, die Kelten, Germanen und Slawen, waren Schweine heilige Tiere. Die Sau symbolisierte die gebärende, nährende, behütende Natur. Das äußerst fruchtbare, kluge, lebensfrohe Schwarzwild, das gerne im feuchten Waldboden wühlt, gehörte offensichtlich zur Erdgöttin. Gerne nahmen auch die anderen großen Göttinnen die Gestalt einer Wildsau an: Eine Ehrenbezeichnung der keltischen Muttergöttin war »alte Bache«; die griechische Göttin Demeter, die zuständig für Ackerbau und Getreide ist, reitet auf einem Schwein; Sau *(Syr)* ist einer der Namen der holden Freya; und die altslawische Erdgöttin, die als die Waldhexe Baba Jaga im Märchen überlebt hat, reitet – wie auch die keltische Göttin der Ardennen – auf einer Wildsau.

Wildschweine sind mit der Eiche verbunden, Eicheln gehören zu ihrem Lieblingsfutter. Die alteuropäische Überlieferung erzählt, dass die göttliche Sau unter der Eiche von dem einschlagenden Blitz des Donnergottes geschwängert wird.

Der Eber mit seinen rasierklingenscharfen Hauern stellt physische Kraft und kämpferischen Mut dar. Mit dem furchtlosen Keiler identifizierten sich die keltischen Krieger gerne, sie trugen oft Eberfiguren als Helmzier. Selbst der keltische Himmelsgott *Teutates* nahm öfter Ebergestalt an. *Esus*, der mit Mistellaub gekrönte Waldgott der Gallier, wird oft mit einer Axt beim Bäumefällen dargestellt. Auch er ist ein Eber und seine Axt sind seine scharfen Wildschweinhauer. Somit ist er Gott über Leben und Tod. (Lengyel 1985: 224)

Im Gegensatz zu den biblischen Erzählungen hatten Schweinehirten in der keltischen Gesellschaft den höchsten Rang inne. Fürsten, Königssöhne und Druiden, sogar der Nationalheilige der Iren, Patrick, betätigten sich als Schweinehirten. (Botheroyd 1995: 291)[115]

Ein dermaßen verehrtes Kulttier spielte in den Weihenächten der Wintersonnenwende selbstverständlich eine ganz besondere Rolle bei den indigenen Europäern. Das ist noch immer so. In Skandinavien war früher das Opfer *(Blot)* eines Keilers wesentlicher Teil des Festes. Der König hatte die Pflicht, beim Julfest (Jul-*Blot*) dem Gott Freyr ein großes Schwein zu opfern, denn nur so würde er das Jahr fruchtbar werden lassen. Das geopferte Tier stand für den goldborstigen Begleiter Freyrs, *Gullinborsti*. Die Barden besangen den göttlichen Eber, »der zu Tag und zu Nacht, zu Luft und zu Lande schneller laufen kann als jedes Ross« und dessen weiße Blitzhauer die Nacht erhellen. Wie wir schon hörten, ist er es, der das Jahresrad mit

Tu deinem Leib etwas Gutes,
damit deine Seele Lust hat,
darin zu wohnen.

TERESA VON AVILA

seiner Kraft wieder anstößt, nachdem es zwölf Tage und Nächte stillgestanden hatte.

Wenn das Opferschwein in den Fürstensaal geführt wurde, legten die Männer ihre Hand auf die Borsten auf dessen Rücken und legten ein Gelübde ab, was sie im kommenden Jahr tun oder lassen würden.[116] Der Schwur musste unbedingt eingehalten werden, er galt als Manneswort. Diesen Wintersonnwendbrauch kannten nicht nur die Skandinavier, sondern viele der germanischen Stämme. Volkskundler vermuten, dass darauf die Idee der Neujahrsvorsätze zurückgeht.[117]

Dem geopferten und dann gerösteten Eber steckte man – wie heutzutage noch immer dem Spanferkel – einen Apfel in die Schnauze, damit er, nachdem man sein Fleisch gegessen hatte, im neuen Jahr wiedergeboren werden würde. Der Grundgedanke dieser Völker ist: Äpfel schenken Leben.

Das geröstete Weihnachtsferkel ist bis heute Teil der schwedischen Weihnacht. (Ström 1975: 144) Aber nicht nur dort. Die Engländer, die viel altes Brauchtum erhalten, welches anderswo längst aufgegeben wurde, feiern noch immer das Fest des geopferten Ebers. So wird im Queen's College zu Oxford ein mit vergoldeten Blättern geschmücktes und mit einer Fürstenkrone geschmücktes Eberhaupt *(boar's head)* auf einem großen Tablett in einer langen Prozession feierlich in den Saal getragen und mit *boar's head carols* besungen. Der Eberkopf ist massig; er symbolisiert Gesundheit, Heldenmut, Todesverachtung, Kampfbereitschaft und männliche Stärke. Die Kirche ist an der Zeremonie beteiligt und sieht den Eber als Symbol für den Sieg des Lichts über die Finsternis.

Auch anderswo ist ein Schweinekopf Teil des Weihnachtsschmauses. Besonders in Sachsen, wo es am Heiligen Abend auch unbedingt »Gallertschüssel« (Schweinskopfsülze) geben muss; diese wird mit etwas Essig, Öl und gehackten Zwiebeln serviert.

Ansonsten darf Schweinefleisch, egal was es sonst noch für Leckereien gibt, in der heiligen Zeit nicht fehlen, sei es als Schweinebraten, Würste, geräucherter oder gekochter Schinken. Im süddeutschen Sprachraum, im Elsass, in Südbaden und besonders in der Eidgenossenschaft gehört »Schäufele« (schweizerdeutsch, *Schüfeli*), also das Fleisch des schaufelförmigen Schulterblattes, zum Weihnachtsessen. Und von der Mettensau, die in Bayern und Teilen Österreichs in der Thomasnacht für das Weihnachtsessen geschlachtet wird, haben wir schon berichtet (Seite 98).

Bei den Letten wird ausgiebig und reichhaltig gegessen, nachdem die Gemeinde einen Eichenstamm durch das Dorf gezogen hat (siehe Seite 176). Zu diesem Wintersonnwendfestschmaus gehören mit Speck gefüllte Teigtaschen, graue Linsen mit Speck, Schweinebraten und unbedingt auch gekochter Saurüssel – die Schweineschnauze steht für Fruchtbarkeit der Menschen, der Tiere und überhaupt der Natur. Oft wird ein ganzer Schweinekopf serviert. Die Kärntner kennen ebenfalls den Saurüssel als traditionelle Speise in den heiligen Tagen, und zwar am Silvesterabend.

Viel regionales Brauchtum in Europa dreht sich um das totemisch verehrte Tier:

- In Tschechien etwa sagt man, dass man am Heiligen Abend ein goldenes Schwein durch die Luft fliegen sehen kann, vorausgesetzt, man hat bei der Zubereitung der leckeren Platten nicht von ihnen genascht.
- In Schweden und bei den Südslawen wird das Weihnachtsschwein mit Korn aus der letzten Garbe gefüttert und jeder Hausbewohner muss davon essen. Die Knochen oder Reste davon werden in den Acker gesteckt, um dessen Fruchtbarkeit zu fördern.
- Bei den Bauern im Setesdal (Norwegen) wurde früher das frisch geschlachtete Jul-Schwein an den Kesselhaken über die offene Feuerstelle in der Mitte des Hauses gehängt und aus seinen Eingeweiden wahrgesagt.
- Bei den Siebenbürger Sachsen (Rumänien) kommt der »Gotteseber« *(Gotsbuorich)* wie alle Geistwesen in der Weihnachtsnacht durch den Rauchfang. Auch ein Adventsschwein *(Kräsztschweinj)* betritt das Haus auf diese Weise. (Wlislocki 1893: 51)

Bis heute gehört ein Schweinekopf in vielen Regionen zu den typischen Weihnachtsspeisen.

Die Verehrung der Schweine bei den ehemals heidnischen Waldvölkern war für die christlichen Glaubensverkünder eher problematisch. Denn in der Bibel gelten Schweine als unrein: Ein Eber verwüstet den Weinberg des Herrn (Psalm 80,14), und Jesus jagt Dämonen in eine Schweineherde, die darauf in den See Genezareth stürzen und ertrinken. Für die Missionare galten die Borstenviecher als Symbol von Unmäßigkeit, Wollust und Ignoranz. Diese Einschätzung hat ihre Gründe, denn in Wüsten und Halbwüsten kann man Rinder, Ziegen und Schafe gut von Ort zu Ort treiben; Schweine jedoch vertragen die Hitze nicht, sie sind Waldtiere, die Wasser brauchen, um sich zu suhlen. Sie haben empfindliche Haut, und wenn kein Wasser vorhanden ist, sind sie gezwungen, sich in ihrem eigenen Kot und Urin zu wälzen. Daher gelten sie als unrein. Außerdem hielten die Feinde der Hirtenvölker, etwa die Babylonier, die in den Flusstälern lebten, Schweine und verehrten eine Muttergottheit, die in der Bibel als »Hure von Babylon« erwähnt wird und die selbst die Erscheinung einer Sau annehmen konnte.

Die Verkünder der neuen Religion hatten es also schwer, die alteuropäischen Eingeborenen umzustimmen. Schließlich mussten sie kapitulieren. Denn mit dem ägyptischen Einsiedler Antonius (251–356 n. u. Z.), der erfolgreich einen Dämonenangriff abwehrte und den man beim Antoniusfeuer um Hilfe anrief (siehe Seite 19), haben wir das Bild eines Heiligen, der sich liebevoll um die Rüsseltiere kümmerte und sie wieder zu Ehren brachte. Antonitermönche züchteten sie in ihren Klöstern. Man sperrte sie nicht in Ställe, sondern sie genossen amtlichen Schutz und durften frei in den Ortschaften herumlaufen. Sie trugen Glöckchen und ernährten sich von Abfällen und den Gaben der Bürger. Der heilige Antonius wurde somit zum Schutzherrn der Schweine. Der Volksmund kennt ihn in Nord- und Westdeutschland als »Swinetönnes« oder »Ferkes-Tünn«, in Tirol als »Fackentoni«, im alemannischen Raum als »Sautöni« oder »Säulitöni«. In Italien nennt man ihn *Antonio del porco*; die heidnischen Esten haben ihn gar zu einem Schweinegott gemacht. Jedes Jahr – und da sind wir wieder bei unserem Thema – wurden einige der Antoniusschweinchen zu Weihnachten oder Silvester mit Efeu bekränzt, gesegnet und dann geschlachtet. Das Fleisch hat man an die Armen und Waisen verteilt. Auch am Namenstag des Heiligen, am 17. Januar, fand (und findet zum Teil noch) ein Saumetzgern statt. Antonius ist Schutzpatron der Bauern, Metzger und selbstverständlich der Schweinehirten.

GÄNSEBRATEN UND FLIEGENDE SCHAMANINNEN

Ein in Westeuropa beliebtes Weihnachtsessen ist die Weihnachtsgans – die *Christmas goose* in England, die *Kerstgans* in Holland, *l'oie de Noël* oder auch *le fois gras d'oie*, die Gänsestopfleber der Franzosen.[119] In Deutschland wird am ersten Feiertag vielerorts Gans mit Rotkohl und Kartoffelklößen verspeist. Wenn man fragt, woher der Brauch kommt, zu Weihnachten oder auch am Martinstag (11. November) einen Gänsebraten zu essen, dann wird einem erzählt, dass es auf den besagten Heiligen zurückgehe. Sankt Martin – wir kennen ihn als den zum Christentum bekehrten römischen Offizier, der seinen Mantel teilte und einem Bettler gab – sollte Bischof werden, aber der bescheidene Mann fühlte sich des Amtes nicht würdig und versteckte sich in einem Gänsestall. Die Gänse aber verrieten ihn mit ihrem Schnattern. Das ist natürlich eine fromme Legende.

Der Martinstag ersetzte das heidnisch-keltische Jahresendfest (Samhain) im November, wenn es dunkler und kälter wird, die Toten umgehen und der Sonnenhirsch vom schwarzen Gott der Unterwelt erlegt wird. In dieser Zeit fliegen die Wildgänse klagend Richtung Süden. Mit ihrem Flug künden sie die im Spätherbst abnehmende und dann im Frühling wieder zunehmende Kraft der Sonne an. Sie fliegen im Einklang mit dem Rhythmus der Natur, mit dem Atemzug der Erde. Deswegen verspeisten die Kelten zu diesen Zeiten, und nur dann, den sakralen Vogel als totemisches Mahl. Bei den germanischen Völkern, weiter nördlich, wurde das Mahl auf die Wintersonnenwende verlegt.

Zugleich ist die Gans, ebenso wie der Wildschwan, eines der ältesten Symbole für den Schamanenflug. Die Symbolik ist schon bei den paläolithischen Stämmen Sibiriens belegt. (Campbell 1991: 257) In Indien wird noch immer der Yogi, dessen Versenkung seine Seele in die weiten Gefilde der geistigen Welt trägt, als *Hamsa* (Gänserich) gezeichnet. (Storl 2021a: 57) Auch bei den indigenen Waldvölkern Europas wurden die Seelen der Schamaninnen[120] als fliegende Gänse – gelegentlich auch als Schwäne – imaginiert. Eine wichtige Zeit des Fluges dieser weisen Frauen *(Völvas, Seidkona)* waren die Winter- und Sommersonnwendtage. Vor dem Flug wurden sie mit Beifußkraut – als Räucherung oder Einreibung – geweiht. Wie wir aus dem angelsächsischen Kräutersegen erfahren, war dieses Kraut der Ahnengöttin, in Griechenland der Göttin der Wildnis, Artemis, geweiht. Die Frauen flogen mit der Schar der Gänsemutter Holda (Holle) oder mit Wodans Wilder Jagd aus, um mit Göttern, Geistern und Ahnen zum Segen ihrer Gemeinschaft zu verkehren.[121]

Old Mother Goose,
when she wanted to wander
would fly through the air,
on a very fine gander.[118]

ALTES ENGLISCHES VOLKSLIED

Der Hindugott Brahma reitet auf Hamsa, dem Gänserich, der den Schamanenflug versinnbildlicht (Punjab, um 1700).

Beifuß zur Gans

Das Besondere an dem Gänsebraten ist, dass ein Sträußchen Beifußkraut mit in die Füllung kommt. Die rationelle Erklärung ist, dass dieses bittere Kraut bei der Fettverdauung hilft. Das Merkwürdige dabei ist, dass andere fettige Gerichte, wie etwa Lammbraten, Aal oder Schweinebraten, nicht damit gewürzt werden. Der Brauch hat eher damit zu tun, dass der Beifuß Terpene und ätherische Öle, darunter Kampfer, enthält, die die Seele öffnen und den Übertritt in die jenseitige Welt erleichtern. (Storl 2018b: 135)

Für die christlichen Missionare waren die Göttin Hulda (Frau Holle; die strahlende Percht) schlicht eine Dämonin und die fliegenden Weiber böse Zauberinnen, die es zu verbannen galt. Aus der heidnischen Weihegans wurde dann die Martinsgans, die Weihnachtsgans oder gar die »Opfergans«, die von den geistlichen oder feudalen Herren als Abgabe gefordert wurde. Die Verbindung zu dem schamanischen Seelenflug wurde vergessen, aber der Beifuß als Würze blieb.

Noch immer benutzt man in der Volksmedizin das ausgelassene Fett der Weihnachtsgans als Salbe für Wunden, insbesondere bei Geschwüren der Gebärmutter; bei Lungenerkrankungen wurde die Brust mit Gänsefettsalbe *(Anseris unguentum)* eingerieben. Über die Verwendung dieses feinen Fettes in den sogenannten Flugsalben der Hexen wissen wir wenig. Die meisten Rezepte stammen von neugierigen Gelehrten und Geistlichen. Die pharmakologisch wirksamen Kräuter, die den Ausflug ermöglichten, wurden – so wird berichtet – in verschiedenen Fetten von Tieren, in aus Muttermilch gebutterter Butter oder gar in dem Fett getöteter, ungetaufter Säuglinge gekocht. Letzteres ist sicherlich Gräuelpropaganda, die von den Inquisitoren verbreitet wurde. Das Fett von Fledermäusen und vor allem Gänsen, also fliegenden Tieren, soll bevorzugt verwendet worden sein. Gänsefett ist, wie die Gänse überhaupt, assoziiert mit der Frau Holle (englisch *mother goose*, »Gänsemutter«), deren Federbetten mit Gänsedaunen gestopft sind. Wenn wir in den Federbetten schlafen gehen und träumen, befinden wir uns im Reich der Frau Holle. Wenn die alte Göttin am Morgen ihre Betten ausschüttelt, wirbeln die weißen Daunen auf und es schneit auf Erden, da ist es Winter. Wie wir aus dem alten Märchen »Frau Holle« wissen, ist das, was auf der Erde ein Jahr ausmacht, im Hollenreich ein Tag. Die Anführerin der in Gänse- oder Schwanengestalt ausfliegenden Frauen ist die Holle oder die strahlende Percht.

TRUTHAHN

Im Zuge der Amerikanisierung der westlichen Gesellschaft hat sich vielerorts der Truthahn (Puter) als Weihnachtsbraten durchgesetzt. Der große, schwere Wildvogel, der ursprünglich aus Nord- und Mittelamerika kommt und als einer der wenigen Tiere von den amerikanischen Ureinwohnern domestiziert wurde, fand seinen Weg nach Europa relativ früh. Wegen seiner Fleischmasse – gemästet wird er ungefähr 13 Kilo schwer – und wegen seines Geschmacks ersetzte er bei wohlhabenden Briten allmählich die Gans als Weihnachtsbraten. Um 1850 wechselte die englische Königsfamilie von dem traditionellen gebratenen Schwan zum gebratenen »türkischen Hahn« (englisch *turkey cock* oder einfach *turkey*). In den USA ist der Turkey das Feiertagsessen an sich. Besonders in England und Frankreich hat sich das inzwischen ebenfalls eingebürgert.

KARPFEN

Karpfen gehört vor allem im östlichen Europa zu den traditionellen Speisen der Weihnachtszeit. In Polen, wo dieser Fisch das Kultessen des Weihnachtstages ist, werden an dem Tag 90 Millionen der edlen Fische verspeist. Ein Beitrag im Internet behauptet, in der winterlichen Zeit schmecke er am besten, denn da halte er seine Hochzeit und seine Liebeshormone sprudelten. Das ist aber wieder einmal ein Mythos, denn das Begattungsritual dieser Fische ist im Mai, wenn die Wassertemperaturen wieder wärmer werden. In der Laichzeit kann ein Weibchen bis zu 15 Millionen Eier (Rogen) ablegen.

Der Karpfen ist ein friedlicher Süßwasserfisch, ein Schlamm- und Grundbewohner in Teichen und Seen, wo er vor allem Pflanzen, Würmer und Insektenlarven frisst. Die Römer, heißt es, hätten diese Fischart zuerst in Europa domestiziert. Aber in China und Japan wurden Karpfen schon länger gezüchtet.

Im Mittelalter betrieben Mönche und Nonnen Karpfenzucht. In den vielen Fastentagen war den Christen ja Fleisch verboten, aber Fische galten

Oh, wie ist es schön, wenn Weihnachten ist!
Ich wünsche nur, dass ein wenig
öfter Weihnachten wäre.

ASTRID LINDGREN

Ein traditionelles Weihnachtsessen ist vor allem in Osteuropa der Karpfen, der einst in den Fischteichen der Klöster als Fastenspeise gezüchtet wurde.

nicht als Fleisch (Biber durften übrigens auch verspeist werden, da sie im Wasser leben und als »Fische« klassifiziert wurden). Die ganze Adventzeit hindurch bis zum ersten Feiertag musste gefastet werden, aber da der Teichkarpfen nicht als Fleisch galt, konnte man ihn getrost schon am Weihnachtsabend essen.[122] So wurde der Fisch zur Festtagsspeise.

In Süddeutschland, insbesondere in Franken, ist es Brauch, den Karpfen in Stücke zu schneiden und zu braten; in Nord- und Ostdeutschland wird der Karpfen als »Karpfen blau« mit Wurzelgemüse, etwa Sellerie, gekocht. (Storl/Storl 2023: 168) Der Fisch gibt Körperwärme und galt als Liebesmittel (Aphrodisiakum); zudem ist er sehr nahrhaft, er enthält viel Eiweiß, Mineralien wie Phosphor und Eisen sowie viele Vitamine. Auch die Haut kann man gut mitessen.

Der Karpfen ist eine Sakralspeise, nicht nur ein leckeres Nahrungsmittel. Früher ließ man ihn einige Tage vor dem Keulen erst einmal im sauberen Wasser, etwa in der Badewanne, schwimmen. Jeder, der das einmal erlebt hat, wird gemerkt haben, dass das Tier hochtelepathisch ist. Es ist leicht, mit ihm seelisch in Resonanz zu gehen. Es gehört übrigens zur japanischen Kultur, am Karpfenteich zu meditieren. Diese Karpfen – *Koi* genannt – entwickeln eine große Zutraulichkeit zum Menschen.

Die Karpfen nehmen Kontakt auf und schauen einen mit ihren Augen tatsächlich an. Auch nachdem sie getötet wurden, sind ihr Ätherleib (Energiekörper) und ihre Seele noch lange anwesend.[123] Der geopferte Karpfen bringt Segen, wenn man ihn würdigt, liebevoll und dankbar anschaut, er kann nämlich die Herzenswünsche – etwa Wünsche der Heilung oder den Wunsch nach Kindern oder Enkeln – mit in den Himmel tragen. Er ist also ein Glücksbringer (siehe Seite 165). In China wurde dieser Fisch seit dem Altertum für seinen Mut und seine Beharrlichkeit verehrt; er hat die Fähigkeit – so die ostasiatische Legende –, einen Fluss aufwärts zu schwimmen und bei einem Wasserfall die »Drachenpforte« zu überspringen, wobei er selber zu einem kleinen Glücksdrachen wird.

Silvester, Altjahrtag und Neujahr

Und wer nit etwas Neues hat.
Und um das Neu Jahr Singen gat
und grünen Tannreis steckt in syn Huß.
Der meint, er lebt das Jahr nit uß.

SEBASTIAN BRANT, DAS NARRENSCHIFF, 1494

DER NEUJAHRSABEND WURDE nach Papst Silvester benannt, der 335 n. u. Z. starb. Er ist der erste Papst, der nicht als Märtyrer aus dem Leben schied. Er legte den 1. Januar als Neujahrstag fest. Ansonsten ist dieser Inhaber des Heiligen Stuhls für die sogenannte *Konstantinische Schenkung* bekannt, eine Urkundenfälschung, die neben anderen Rechten den Vorrang Roms gegenüber allen Kirchen festsetzte und ihm die Herrschaft über die Stadt Rom, ganz Italien und die Westhälfte des Römischen Reichs übertrug.

Der Silvesterabend ist wieder eine magische Zwischenzeit, eine Übergangszeit zwischen dem alten und dem neuen Jahr, ein zweiter Höhepunkt der Wintersonnwendtage, in der die Geister besonders nahe sind.[124] Egal, welchen Kalender man benutzte, die Nacht zum neuen Jahr wurde immer feuchtfröhlich mit Lärmen, Peitschenknallen, Kuhglockengeläut, Jauchzen, Trommeln auf der Tenne mit Dreschflegeln, dem Schießen mit Flinten in die Obstbäume oder über das Feld gefeiert. Volkskundler nehmen allgemein an, dass es der Sinn des Lärms ist, böse Geister oder Dämonen zu vertreiben. Das ist auch der offizielle Standpunkt der Kirche. Aber wenn man das Brauchtum genauer ansieht, könnte es darum gehen, die Kräfte der Natur, die schlafende Erde zu wecken und das Pflanzenwachstum wach zu rütteln.

Heute sind es vor allem Knallfrösche, Böller, Raketen und anderes Feuerwerk, das für den Lärm sorgt. Zur Mitternachtsstunde knallen derweil

> *Die Zeit verrinnt. Die Spinne spinnt*
> *in heimlichen Geweben.*
> *Wenn heute Nacht ein Jahr beginnt,*
> *beginnt ein neues Leben.*
>
> JOACHIM RINGELNATZ

in den Wohnungen die Korken der Sekt- und Champagnerflaschen. Gut für den Kommerz: Der Absatz von Schaumwein und Pyrotechnik boomt. Allein in der Bundesrepublik wurden zum Jahreswechsel 2023/2024 180 Millionen Euro für Silvesterknaller ausgegeben. Silvester ist, ähnlich wie X-mas, ein globales Fest geworden. Etwa eine Milliarde Menschen verfolgen weltweit die großen Feuerwerke auf den Bildschirmen.

Auch diesmal – so der ländliche Glaube – kommen die Seelen der Verstorbenen auf Besuch. In Nordostdeutschland legt man extra Holz in den Ofen, damit sie es warm haben; im Erzgebirge setzt man den Verstorbenen ihre Lieblingsspeise vor. Ähnlich wie am Heiligen Abend oder auch am Dreikönigstag wird je nach Region den Obstbäumen zugeprostet.

LOSTAG

Der Neujahrstag ist ein Lostag. Das Wort Los kommt vom althochdeutschen *hloz* und dem urgermanischen **hlaut*, mit der Bedeutung Schicksal, Losung; es könnte auch auf das althochdeutsche *losen*, »achtsam lauschen, tief hineinhören« zurückgehen. Das Losen, besonders an heiligen Tagen, war für die Germanen eine wichtige Methode, um nach der Zukunft und dem Schicksal zu fragen und Lösungen zu finden. Ahnen und Geister befinden sich ansonsten jenseits von Raum und Zeit. Deswegen können sie sehen, was im Werden begriffen ist, was auf die Menschen zukommt. In diesen »Zwischenzeiten« können Schicksalsfragen beantwortet werden: »Werde ich heiraten?«, »Wird es Frieden geben?« oder »Wie ist es mit der Feldfruchtbarkeit im nächsten Jahr bestellt?«

- Zu den mantischen Vorgehensweisen gehört schon seit der Antike das **Bleigießen.** Wegen möglicher Bleivergiftung ist diese mantische Methode in der EU inzwischen verboten. Als Ersatz bietet sich das Gießen von Eiweiß, Zinn oder Wachs an.
- Einen **Apfel** möglichst in einem spiralförmigen Stück schälen, die Schalen über die linke Schulter werfen und dann die Buchstaben, die sich dabei möglicherweise bilden, enträtseln.
- Auf einem **Kreuzweg** oder einer Weggabelung sitzen, lauschen und beobachten, welche Tiere oder andere Phänomene erscheinen.
- Sehr beliebt bei den Bauern ist das **Zwiebelorakel,** um das Wetter fürs kommende Jahr zu erfahren. Am Silvesterabend teilt man eine Zwiebel, trennt zwölf Zwiebelschalen heraus und bestreut diese Näpfchen mit jeweils einer Prise Salz. Aus der Menge der Feuchtigkeit, die sich über Nacht in den Schalen ansammelt, kann man ablesen, wie das Wetter in den nächsten zwölf Monaten wird, ob und wie viel es regnet oder ob es eine Dürre gibt. (Storl 2023b: 71)
- In der Neujahrsnacht sollte man unbedingt auf seine **Träume** achten; auch sie können Zukünftiges zeigen.
- Wenn man zu dieser Zeit **Karten** legt, kann man verborgene Dinge herausfinden.
- Ein junger, unverheirateter Mensch kann mehrere **Nüsse** mit den Namen seiner infrage kommenden Liebsten beschriften und diese ins Feuer rollen, um zu sehen, welche Nuss am hellsten

brennt. Ein verlobtes Paar kann die Zukunft seiner Beziehung erfahren, indem es zwei Nüsse ins Feuer legt und schaut, ob sie langsam und ruhig verbrennen oder laut explodieren.

- Mädchen werfen **Schuhe** über ihre Schultern, um herauszufinden, ob sie im nächsten Jahr heiraten werden. Zeigen die Schuhspitzen zur Tür, stehen die Zeichen auf Hochzeit gut.
- Man klappt die **Bibel** an einer beliebigen Stelle auf und liest einen Vers, der als Orakel gedeutet wird.

NEUJAHRSSPEISEN

Von dem Karpfen, der vielerorts, besonders im östlichen Europa, zur Festspeise des Neujahrsfeiertags gehört, haben wir eben erzählt.

Es gibt auch Süßes. Als besondere Neujahrsleckerbissen gelten heute überall die Berliner Krapfen oder einfach »Berliner« genannt. Es handelt sich um Hefeteigbällchen, die in Fett gebacken werden und eine Füllung aus roter Marmelade haben. Kräppel nennt man sie in Hessen und in Sachsen kannten wir sie als Berliner Pfannkuchen.

Jede Region hat ihr eigenes Neujahrsgebäck. Da gibt es Kränze, Zöpfe, Wecken, Brezel und Striezel. Oft sind sie mit Mohn und anderen Körnern gefüllt, was auf Überfluss im nächsten Jahr hindeuten soll. Gebildbrote gibt es selbstverständlich auch: In Ostfriesland wird ein springendes Pferd nachgebildet, im Rheinland häufig ein vierblättriges Kleeblatt. (Becker-Huberti 2001: 164)

NEUJAHRSGLÜCKSZEICHEN

Das Wort »Glück« – mittelhochdeutsch *Gelücke*, angelsächsisch *lukan*, altnordisch *luka* – bedeutet: »wie etwas abschließt, ausläuft oder endigt.« Es ist mit dem Wort »gelingen« verwandt. Glück ist also das Gelungene, das leicht Erreichte. Es ist das gute

Wie in allen Wendezeiten, glaubt man in der Silvesternacht einen Blick in die Zukunft werfen zu können, etwa durch Bleigießen.

Der Glücksklee, ein Vierblätterklee, ist eines der weltweit bekannten Glückssymbole für Neujahr.

Schicksal, der günstige Augenblick, den die Griechen *Kairós* nannten, im Gegensatz zu *Chronos*, das unbarmherzige, mühsame Mahlen der gewöhnlichen Zeit. Oft wurde das Glück in der Gestalt einer Göttin imaginiert, als die Schicksalsgöttin *Tyche* bei den alten Griechen, als *Fortuna*, die Göttin mit dem Schicksalsrad, bei den Römern, als die zur Wintersonnenwende hervortretende *Laima* bei den Balten und als *Lakshmi* bei den Indern. Glück ist, wie Goethe schrieb, »nicht nur Artigkeit und Brauch«, es ist »wie ein zarter Hauch vom verlorenen Paradies«.

Am Anfang des Jahres, ehe das Rad des Alltags wieder ins Rollen kommt, wenn die Dinge noch leicht und nicht schon schwer sind, beschwört man das Glück, wünscht es all denen, die man liebt, und vergegenwärtigt sich dessen mit allen möglichen Zeichen und Symbolen. Diese werden wir uns hier anschauen:

- Der **Schornsteinfeger** (Essenkehrer, Kaminfeger, Rauchfangkehrer), der schwarze Mann mit goldenen Knöpfen, ist ein beliebter Glücksbringer, nicht nur, weil – wie oft behauptet wird – er durch seine Arbeit vor möglicher Feuersbrunst schützt. Er reinigte den Geistereingang, sodass die guten Geister, wie etwa der Weihnachtsmann mit seinen Gaben, ins Haus kommen können. In einen verrußten, schmutzigen Schornstein mögen diese wohlwollenden Geister nicht einkehren.
- Das **Marzipanschweinchen** erinnert an den mächtigen, goldborstigen Eber Freyrs, der nach den zwölf Weihenächten das Jahresrad wieder anschiebt, damit das neue Jahr beginnen kann. Schon für die Kelten war das Schwein Symbol der Stärke, Fruchtbarkeit, Lebensfreude und – als Sparschwein – des Reichtums. Bei den Kelten hieß es, dass eine zufällige Begegnung mit einem Wildeber zur Wintersonnenwende ein Zeichen für Überfluss und Glück im neuen Jahr ist.
- Das **vierblättrige Kleeblatt,** ungesucht und unabsichtlich gefunden, bringt Glück. Davon waren die alten Kelten überzeugt. Der Klee *(Trifolium)* war ihnen überhaupt heilig, er symbolisierte die Dreifaltigkeit der göttlichen Erscheinungen und

spielte schon vor der Bekehrung zum Christentum durch den heiligen Patrick eine zentrale Rolle. Die walisischen Briten weihten ihn ihrer Sommergöttin Olwin. Das irische Zwergenvolk *(Leprechauns)* ist ebenfalls mit dem Klee verbunden. Der dreiblättrige Klee *(Shamrock)* ist das Nationalsymbol der grünen Insel.

- Wenn der Klee – meistens ist es der Weißklee *(Trifolium repens)* – vier Blätter hat, dann galt er für diese Volksgruppe als besonders glücksbringend. Er stellte die Kardinalpunkte des Jahres (die Sonnenwenden und Tagnachtgleichen) sowie die kardinalen Tageszeiten (Mittag und Mitternacht, Sonnenaufgang und Sonnenuntergang) dar. Nach der Christianisierung wurde der Klee mit dem Kreuz des Heils in Verbindung gebracht. Eva soll den vierblättrigen Klee als Erinnerung aus dem Paradies mitgebracht haben; seine vier Blätter bedeuteten Glaube, Hoffnung, Liebe und Glück. Er ist, wie Carl Gustav Jung sagte, ein Symbol der Ganzheit.
- Inzwischen gehört der vierblättrige Glücksklee zu den Glückszeichen des Neujahrsfestes. Da er aber äußerst selten und zur Winterzeit überhaupt nicht zu finden ist, hat man mit dem Glücksklee etwas gemogelt. Inzwischen gibt es ihn in jedem Supermarkt zu kaufen, aber es ist nicht der einheimische Klee, sondern eine exotische Art aus der Familie des Sauerklees: ein vierblättriger Sauerklee *(Oxalis tetraphylla)*, der zuerst im Jahr 1837 als Zierpflanze aus Mexiko nach England importiert wurde.
- Der kleine **Fliegenpilz aus Marzipan** mit seinem weiß getüpfelten roten Hut darf beim Neujahrsfest als »Glückspilz« keinesfalls fehlen. Wir haben ja schon darüber gesprochen (siehe Seite 112). Die auffallenden Farben Rot und Weiß sind wie das Tannengrün die Farben der Weihnacht und die der Großen Göttin.
- Auch der **Karpfen,** »das Schwein des Wassers«, als Silvester- oder Neujahrsspeise, bringt Glück. Im östlichen Deutschland heißt es: Wenn man die silbrigen Schuppen rund ums Haus streut oder in den Geldbeutel tut, geht einem über das Jahr das Geld nicht aus. Und die Karpfengräten wehren, an Fenster und Türen gelegt, die Hexen ab. In Schlesien war es Brauch, dass die Tochter des Hauses die Gräten unter die Obstbäume streute, damit sie im kommenden Jahr viele Früchte trugen.
- Die **Stechpalme,** auch Hülse (englisch *Holly*) genannt, schmückt in England zur Wintersonnenwende Kamine und Türen; und Father Christmas trägt meistens einen Holly-Kranz auf seiner Kapuze. In Westeuropa, in Frankreich und im Rheinland benutzten die Schornsteinfeger dieses sogenannte Schürrutenholz als Besen zum Reinigen der Kamine und Rauchabzüge, damit dem Einzug des Glücks nichts im Wege steht.
- *No Misteltoe, no Luck* (»Ohne **Mistel** kein Glück«) ist ein Sprichwort der Waliser, der keltisch-stämmigen Einwohner von Wales. Es heißt in England auch, wer sich weigert, unter dem im Türrahmen aufgehängten Mistelzweig jemanden zu küssen, wird kein Glück im kommenden Jahr haben.
- Das **Hufeisen** ist ein Glückszeichen. Nach einer mehr als 700 Jahre alten Überlieferung soll Papst Silvester einst auf dem Weg von Rom nach Trier durch das Dorf Hausen in der Eifel geritten sein, wo sein Pferd ein Hufeisen verlor. In Erinnerung

Willst du immer weiterschweifen?
Sieh, das Gute liegt so nah.
Lerne nur das Glück ergreifen,
denn das Glück ist immer da.

JOHANN WOLFGANG VON GOETHE

daran segnet der Pfarrer von Hausen alljährlich am 31. Dezember die vor der Kirche St. Silvester versammelten Reiter und ihre Pferde. Die Kirche vereinnahmte damit den Segen von Odins Schimmel, dessen Hufabdruck oder Hufeisen den Ackerboden mit Fruchtbarkeit segnet. Oder auch den Ritt des heiligen Stefan, der die Stelle Freyrs als Beschützer der Pferde einnahm.

- **Marienkäfer** aus Schokolade, eingepackt in bunter Aluminiumfolie, sind ebenfalls Glücksbringer für das neue Jahr. Der hübsche kleine Käfer war schon immer der Göttin geweiht; er ist der Muttergotteskäfer (englisch *ladybug*, französisch *bête de la Vierge*). Mit seinen sieben schwarzen Punkten, den roten Flügeln und dem weißen Schildchen ist er besonders heilig; wie der Schwan oder der Klapperstorch ist er in die Farben der Großen Göttin, der Frau Holle, gekleidet – Schwarz, Rot, Weiß. Er gilt als Himmelstier, als Sonnenkäfer, und wenn er sich auf die Hand oder das Kleid setzt, ist das ein Glückszeichen. Überall in Europa schickte man Krankheiten fort, indem man sie mit einem Spruch auf den Marienkäfer übertrug und ihn wegfliegen ließ. (Storl 2016: 153ff)
- Manchmal findet man im Maul eines Marzipanglücksschweinchens einen auf Hochglanz polierten, kupfernen Pfennig – oder heute eine 1-Cent-Münze. Das ist ein **Glückspfennig,** der, wenn man ihn im Portemonnaie trägt, sicherstellen soll, dass einem nie das Geld ausgehen wird. Eigentlich soll es ein zufällig gefundener Pfennig sein. Ursprünglich soll der Glückspfennig auf den Tauftaler zurückgehen. Der Glückspfennig erinnert uns, auch die kleinen Sachen wertzuschätzen, denn, wie das Sprichwort sagt: »Wer den Pfennig nicht ehrt, ist des Talers nicht wert.«

DREIKÖNIGSTAG, EPIPHANIE (6. JANUAR)

Mit dem 6. Januar gehen die zwölf heiligen Weihnachtstage, die Raunächte, zu Ende. Der arbeitsreiche Alltag ist im Begriff, wieder einzukehren. Man spürt, dass allmählich das Licht wieder zunimmt:

Weihnacht' um einen Muggenschritt,
Neujahr um einen Hahnentritt,
Dreikönig um einen Hirschensprung,
Lichtmess um eine ganze Stund.

An diesem letzten Feiertag sind die Sternsinger – Jugendliche, verkleidet als die drei Könige aus dem Morgenland – von Haus zu Haus unterwegs, um ein jedes mit einem Ständchen oder Spruch zu segnen und mit weißer Kreide die Buchstaben C+M+B, eingerahmt mit der Jahreszahl, über den Türbalken zu zeichnen. Offiziell, so die Kirche, sollen die Buchstaben für den lateinischen Segensspruch *Christus mansionem benedicat* (Christus segne dieses Haus) stehen, aber für die meisten Gläubigen benennen die Buchstaben die drei Weisen aus dem Morgenland, **C**aspar, **M**elchior und **B**althasar. Die drei Könige gehören inzwischen, neben Maria, dem heiligen Christophorus und Franz von

Ein Stern ging auf im Osten,
drei Könige sahen ihn.
Sie hatten treu gespähet,
bis endlich er erschien.
Sie sahen so hell noch keinen.
Und mussten freudig weinen.

STERNSINGERLIED

Am Vorabend des Dreikönigstags zeichnet man mit weißer Kreide einen Segensspruch auf die Haustüren.

Assisi, zu den beliebtesten Gestalten der Volksfrömmigkeit. Ihre Namen bekamen die drei orientalischen Könige erst im 8. Jahrhundert, vorher wusste niemand, wie sie eigentlich hießen. Auch die Bibel gibt nur spärliche Hinweise. Im Evangelium von Matthäus (2:1-2) lesen wir:

Als Jesus geboren war in Bethlehem in Judäa zur Zeit des Königs Herodes, siehe, da kamen Weise aus dem Morgenland nach Jerusalem und sprachen: »Wo ist der neugeborene König der Juden? Wir haben seinen Stern gesehen im Morgenland und sind gekommen, ihn anzubeten.«

Mit dem Morgenland war höchstwahrscheinlich das Reich der Perser gemeint, dessen Priester, die *Magoi* – daher unser Wort Magier –, den Lehren des Propheten Zarathustra[125] folgten und die als begabte Sterndeuter bekannt waren. (Storl 2012: 174ff) Diese zarathustrischen Weisen entdeckten einen Stern am Himmel, der auf die Geburt eines großen Königs hinwies. Sie sattelten ihre Kamele und folgten dem Stern nach Westen. Wie wir im Matthäus-Evangelium lesen, erreichten sie den Palast des jüdischen Königs Herodes und fragten nach dem neugeborenen Königskind. Herodes erschrak. Ein neuer König? Einer, der ihn vom Thron verdrängen würde! Er gab sich freundlich und sagte, wenn sie den König gefunden hätten, sollten sie nach Jerusalem zurückkehren und ihm davon berichten. Ja, versicherten sie dem Herodes, das würden sie tun. Sie zogen weiter, dem Stern folgend. Die himmlische Erscheinung hielt in der kleinen Stadt Bethlehem über einem ärmlichen Haus; dort fanden sie das gesuchte königliche Kind, dessen strahlendes Antlitz sie mit größter Freude erfüllte. Kniend huldigten sie dem Knaben und überreichten ihm kostbarste Gaben: Gold, Weihrauch und Myrrhe. Dann machten sie sich auf den Heimweg, ohne in Jerusalem anzuhalten, denn ein Engel hatte ihnen im Traum verkündet, dass sie das hohe Geheimnis nicht dem bösen König verraten sollten.

Wir lesen weiter im zweiten Kapitel des Matthäus-Evangeliums (Matthäus 2: 1-12):

»Als Herodes merkte, dass ihn die Sterndeuter getäuscht hatten, wurde er sehr zornig, und er sandte aus und ließ in Bethlehem und der ganzen Umgebung alle Knaben bis zum Alter von zwei Jahren töten, genau der Zeit entsprechend, die er von den Sterndeutern erfahren hatte.«

Der Kindermord sollte dazu dienen, die eigene Herrschaft zu sichern und unliebsame Konkurrenz aus der Welt zu schaffen. Dem Jesuskind aber geschah kein Leid, denn Josef wurde durch einen Traum gewarnt. Die heilige Familie konnte sich durch die Flucht nach Ägypten retten.

Im 5. Jahrhundert machten die Theologen aus den weisen morgenländischen Astrologen Könige. Es sollten nicht nur einfache Weise sein, sondern blaublütige, durchlauchte, gekrönte Häupter, denen es gebührt, dem »König der Könige« zu huldigen und ihm royale Geschenke zu überreichen. Gold sei das angemessene Geschenk für einen neugeborenen König; Weihrauch passt für den zukünftigen Hohepriester Israels (siehe Seite 180) und Myrrhe nimmt Bezug auf seinen zukünftigen Opfertod. Das braungelbe Gummiharz der Myrrhe *(Commiphora myrrha)*, einer Pflanze aus der Familie der Balsambaumgewächse *(Burseraceae)*, wurde im alten Ägypten zur Einbalsamierung der Toten verwendet. Als Jesus sterbend am Kreuz hing, wurde ihm ein betäubender, mit Myrrhe gemischter Wein angeboten, den er aber ablehnte.[126] Und im Johannes-Evangelium (19: 39) liest man, dass Nikodemus etwa hundert Pfund Myrrhe mit Aloe gemischt zu Jesu Begräbnis gebracht habe.

Weihrauch und Myrrhe sind und waren wertvolle Heilpflanzen, deswegen eigneten sie sich als Geschenk und Hinweis auf den göttlichen Heiler und Arzt, den Heiland, der Tote auferstehen lässt und uns von allem Leid erlösen wird. Die bitter schmeckende Myrrhe wirkt krampflösend, blut- und schmerzstillend, zusammenziehend und entzündungshemmend. Weihrauch wird inzwischen bei Multipler Sklerose, Autoimmunkrankheiten und entzündlichen Erkrankungen wie Osteo-Arthrose, rheumatoider Arthritis, Hauterkrankungen und Magen-Darm-Infektionen angewendet.

Die Verehrung der drei Könige setzte sich in Mitteleuropa erst im 13. Jahrhundert durch. Im Ostchristentum wurden sie schon länger verehrt. Es sei die heilige Kaiserin Helena gewesen (gestorben 330 n. u. Z.), die bei einer Wallfahrt nach Jerusalem nicht nur das wahre Kreuz, auf dem Jesus hingerichtet wurde, und den Rock und Schleier Marias gefunden haben soll, sondern auch die Gebeine der drei Könige. Sie brachte die wertvollen Reliquien nach Konstantinopel. Vor dort gelangten die Gebeine auf unbekannten Wegen nach Mailand. Nachdem Kaiser Friedrich Barbarossa[127] im Jahr 1162 das aufmüpfige oberitalienische Mailand, damals wohl die größte und reichste Stadt Europas, in Schutt und Asche gelegt hatte, brachte man die Knochen der Heiligen Drei Könige als Kriegsbeute nach Köln, das dadurch zu einem der bedeutendsten Wallfahrtsorte des mittelalterlichen Europas wurde. Mit dem Geld, welches die Kirche durch den lukrativen Pilgertourismus einnahm, konnte mit dem Bau des Kölner Doms begonnen werden. Ein goldener Schrein im Dom beherbergt dort noch immer die Reliquien der drei morgenländischen Regenten.

Die Kirchengelehrten spannen die Sage der drei Könige ständig weiter. Es hieß, sie würden die drei Lebensalter des Menschen vertreten: Caspar sei ein Greis gewesen, Balthasar ein Mann in den besten Jahren des Lebens und Melchior ein Jugendlicher. Auch stehen die drei heiligen Männer für die Bewohner der drei damals bekannten drei Erdteile: Afrika, Kleinasien und Europa. Sie seien die Nachkommen der drei Söhne Noahs. In Anbetracht dessen ist es selbstverständlich, dass einer der Könige ein »Mohr«, ein Schwarzafrikaner, sein musste. Meistens wird der Älteste, Caspar, als dieser Afrikaner identifiziert. Er galt als der älteste und weiseste der drei Könige. Manchmal wird aber auch Melchior als der »Mohr« angegeben. Da er Myrrhe brachte, galt er als kräuterkundig. Noch immer haben wir deswegen »Mohrenapotheken« – etwa in Italien *Farmacia ai Mori*, in Holland *Apotheek de Moriaan* oder in Polen *Apteka pod murzynem*. In jenen

Weihrauch und Myrrhe schenkten die Heiligen Drei Könige dem Jesuskind – teure, begehrte Harze, die in der Antike für Salböl und medizinische Zwecke verwendet wurden.

Zeiten hatte das Wort »Mohr« keine abschätzige Bedeutung. Im Gegenteil. Hochverehrt in der mittelalterlichen Kirche war der dunkelhäutige Sankt Maurus (Maurice, Moritz, Mauritius; vom lateinischen *maurus* = »dunkelhäutig«), der Anführer der Thebanischen Legion, die sich weigerte, Christen zu verfolgen. Seit dem 14. Jahrhundert wird dieser Maurus als Schutzherr der christlichen Heere verehrt. Im mittelalterlichen Heiligen Römischen Reich deutscher Nation gilt er als derjenige, der die Heilige Lanze und das Reichsschwert behütet. Sein Gedenktag fällt auf die Herbsttagundnachtgleiche am 22. September, wenn die Tage anfangen, kürzer als die Nächte zu werden. Er symbolisiert somit die zunehmende jahreszeitliche Dunkelheit.

Es war damals keineswegs problematisch, wenn sich einer der Sternsinger das Gesicht und die Hände mit Ruß schwarz färbte. Das hatte nichts mit dem heutzutage zu Recht verpönten *black facing* (»Gesichtsschwärzung«) zu tun. Der rassistische *Jim-Crow*-Stereotyp eines tanzenden, singenden, arbeitsscheuen, unehrlichen Schwarzen entstand erst durch die Sklaverei in den amerikanischen Südstaaten und insbesondere durch die im 19. und frühen 20. Jahrhundert populären *minstrel shows* (Bühnen-Shows) in Amerika. Es ist nicht richtig, diese neuzeitliche Problematik auf die Vergangenheit zu projizieren.

Das Sternsingen lässt sich im 16. Jahrhundert nachweisen, ist aber vermutlich älter. Oft waren es Schüler und Studenten, die da in weiße Hemden gekleidet, mit Kronen auf ihren Flachsperücken, ein Weihrauchgefäß schwenkend und mit einem auf einen Stab gesteckten Stern von Haus zu Haus zogen und Sternenlieder sangen oder Sprüche aufsagten, wie etwa diese beiden Vierzeiler:

Wir wünschen dem Herrn
einen goldenen Tisch,
an alle vier Ecken
an gebratenen Fisch.

Wir kommen daher aus dem Morgenland,
wir kommen geführt von Gottes Hand.
Wir wünschen euch ein fröhliches Jahr,
Kaspar, Melchior und Balthasar.

Auf diese Weise erbettelten die Burschen das Schulgeld, das sie benötigten. Es waren sogenannte Heischegänge. Der Brauch lebt bis heute, nur sind es, dem politisch korrekten Zeitgeist gemäß, nicht nur Jungen, die da umherziehen, sondern inzwischen auch Mädchen, und auf Gesichtsschwärzung, die als beleidigend für dunkelhäutige Mitmenschen gilt, wird inzwischen weitgehend verzichtet. Das gespendete Geld – es sollten immer Münzen sein anstatt Scheine – kommt dem Kindermissionswerk und der weltweiten karitativen Mission zugute. Der *Aktion Dreikönigssingen 2023* gelang es in dem Jahr, 45.454.900,71 Euro einzusammeln.

EPIPHANIE: DIE ERSCHEINUNG DES HERRN

Selbstverständlich kennt man den Tag der Heiligen Drei Könige oder der Weisen aus dem Morgenland in den protestantisch geprägten Ländern; aber offiziell heißt der sechste Tag im Januar in der evangelischen Kirche Epiphanie. Die Bezeichnung kommt vom griechischen *Epiphania* und bedeutet »Erscheinung«. Sie bezieht sich auf die Erscheinung oder Selbstoffenbarung Gottes in Gestalt des Christkindes. Am Heiligen Abend, bei seiner Geburt – so die Theologen – trat er in die physische Welt ein und erschien als sterblicher Mensch; erst bei der Taufe im Jordan offenbarte er seine Göttlichkeit.

Der 6. Januar wurde also lange, bis ins frühe Mittelalter, als Tauffest gefeiert, und im orthodoxen Christentum ist es immer noch so. Wegen dieser Taufe ist der Tag auch ein Fest des Wassers. Um Mitternacht – ebenso wie in der Osternacht – wird »Dreikönigswasser« aus einer lauteren Quelle geschöpft. Dieses Wasser verdirbt angeblich nicht und hat große Heilkraft. An diesem Tag wird vielerorts auch das Tauf- und Weihwasser geweiht.

In slawischen Ländern wie Serbien und Russland ist es segensreich, wenn man an dem Tag ins eiskalte Wasser eines Sees oder Flusses taucht. In Bulgarien wirft ein Priester ein goldenes Kreuz ins Wasser und junge Männer – auch einige mutige Frauen – tauchen danach. Nebenbei kann man sagen, der Segen liegt auch darin, dass das Eistauchen einen wohltuenden, somatischen Schock erzeugt, was die Abwehrkräfte stärkt.

An diesem Tag gedenkt die Kirche auch des ersten Wunders Jesu, nämlich der Verwandlung von Wasser in Wein bei der Hochzeit zu Kana (Johannes 2, 1-12). Auf diese Weise lässt der zum Heiland bestimmte Menschensohn seine Göttlichkeit sichtbar werden.

Bei dieser Geschichte erkennt man, dass Epiphanie viele Wurzeln in der heidnischen Antike hat. Denn auch der damals beliebte Gott des Weines, der ekstatischen Frauen (Mänaden), des Rausches, der orgiastischen Fruchtbarkeit, namentlich der wilde Dionysos, den die Römer Bacchus nannten, verwandelte Wasser in Wein. Ähnlich wie bei Jesus war seine Mutter eine Sterbliche, sein Vater der Gottvater Zeus. Er wurde von vielen, etwa den Orphikern, als Erlöser verehrt. Und der vergorene Rebensaft war sein Kultgetränk. Auch glaubten manche, er sei ebenfalls am 25. Dezember geboren. Der Dionysos-Kult war also ein ernst zu nehmender Rivale des frühen Christentums, deswegen scheute sich die Kirche nicht, dionysische Elemente in die eigene Doktrin zu übernehmen.

BOHNENKÖNIG

Das tolle Sauffest des Bohnenkönigs – englisch *bean king*, französisch *roi de la fève/le roi-boit* – wird ebenfalls am 6. Januar gefeiert, und zwar am Abend des Tages. Das Fest war in Nordeuropa, insbesondere in den Niederlanden, seit dem Mittelalter beliebt, geht aber eigentlich auf das römische Narrenfest, auf die Saturnalien zurück, auf die verkehrte Welt, in der Herren die Sklaven bedienten, Männer Frauenkleidung trugen und Frauen Männerkleidung und Narren den Herrschaftszepter führten. Fressen und Saufen war oberstes Gebot, man sang unanständige Spottlieder und beim Würfelspiel konnte man alles verlieren. Im alten Rom kam es vor, dass der Narrenkönig vor dem Saturn-Altar geopfert wurde, indem man ihm die Kehle durchschnitt. So weit ging es bei dem mittelalterlichen Fest selbstverständlich nicht. Es war einfach eine mittwinterliche Belustigung. Die menschenförmigen Gebäcke, wie etwa der Grittibänz, der Hefekerl, der Stutenkerl oder Klausemann, die an dem Tag gegessen wurden, scheinen die archaischen Menschenopfer ersetzt zu haben.

Wie kürt man aber den Bohnenkönig, den König der Narren? Es wird ein Kuchen gebacken – oder inzwischen auch beim Bäcker oder Konditor gekauft – in dessen Teig eine Bohne versteckt wurde. Traditionell ist es eine einheimische Saubohne *(Vinca faba)* – auch Puffbohne, Feldbohne, Schweinsbohne, Pferdebohne, Faberbohne, Fava-Bohne, Viehbohne oder Dicke Bohne genannt –, die seit 8000 Jahren in Europa angebaut wird, und nicht die aus Amerika stammenden *Phaseolus*-Arten, wie die Weißen Bohnen oder Limabohnen.

In Spanien und Lateinamerika wird der Tag der drei großen Könige – *El Día de los Reyes Magos* – ebenfalls mit einem sahnegefüllten Kuchen *(Roscón de Reyes)* gefeiert, in dem eine trockene Saubohne (oder eine Mandel) und eine winzige Figur eines Königs versteckt ist. Wer den König in seinem Kuchenstück findet, wird die Königin oder der König des Tages; wer die Bohne bekommt, muss im nächsten Jahr den Kuchen bezahlen.

BERCHTELISTAG

Ehe die heiligen zwölf Tage zu Ende gehen, kommt noch einmal – am zweiten, dritten oder sechsten Januar – die Urgöttin, die Percht oder Frau Holle zum Zuge. Mit ihr kommen wiederum die Seelen der Verstorbenen auf Besuch. Für diese legte man einst, etwa in Ostpreußen, extra Holz in den Ofen, damit sie nicht frieren; man setzte ihnen, wie heu-

Der spanische *Roscón de Reyes* enthält wie alle Dreikönigskuchen eine eingebackene Bohne, deren Finder für einen Tag zum Bohnenkönig erklärt wird.

te noch im Erzgebirge, ihre Lieblingsspeisen vor. Bei den Bauern schlief vielerorts die ganze Familie auf Stroh, das man auf dem Fußboden in der Stube ausgebreitet hatte, und überließ den Geistern oder Engeln die Betten (siehe Seite 196).

Die Frau Holle, die Percht, schaute auch, ob das Haus in den heiligen Tagen tadellos sauber und aufgeräumt war und ob während dieser geweihten Zeit die Arbeit ruhte und kein Rad sich drehte, weder das Spinnrad noch das Wagenrad. Nicht einmal das unnötige Rühren in Töpfen mochte sie dulden. Denn in den Zwölfernächten sollen die Menschen innehalten, ihren Geist in die Tiefe versenken und deren Geheimnisse ausloten. Nur in der Stille der Raunächte ist das möglich.

Danach fing die normale Arbeit wieder an. Für die Frauen war es vor allem das Spinnen, Garnhaspeln, Sticken und Stricken. Das ist die Arbeit, die in der dunklen Jahreshälfte, beim flackernden Licht des Kienspans, zwischen Michaelis (29. September) und Lichtmess (2. Februar) in den Spinnstuben (Rockenstuben, Kunkelkammern) getan werden musste. Dabei wurde erzählt – kein Geheimnis blieb unaufgedeckt –, es wurde gesungen, gescherzt und mit besuchenden Burschen geflirtet. Die Holle, die Frauengöttin, war oft mit dabei. Sie ist nämlich auch eine Spinnerin. Sie spinnt die Gedankenfäden der Menschen zu dem, was deren Schicksalsgewebe wird. Sie schaut auf die Spinnerinnen, auf die Hausfrau und das Gesinde, ob sie fleißig sind, und bestraft die faulen Spinnerinnen mit Unglück.

LA BEFANA

In Italien nimmt die Frau Holle oder Percht die Gestalt der hässlichen, alten, aber gutmütigen Hexe *Befana* an. Sie sieht wirklich abstoßend aus, ist mit Ruß bedeckt, da sie den Schornstein heruntersteigt, hat Warzen auf der Nase und einen Wackelzahn im Mund. Die Legende erzählt Folgendes von ihr: Nachdem die zufällig vorbeiziehenden Heiligen Drei Könige sie befragt hatten, wo das Christkind zu finden sei, machte sich die Alte selbst auf und flog von Haus zu Haus, um das süße *Bambinello* zu finden. Da die Kinder wissen, dass sie die Geschenke für das Christkind bringt, hängen sie ihre Schuhe und Socken auf, in der Hoffnung, dass sie diese in der Nacht zum Dreikönigstag mit Leckereien vollstopft: mit Datteln, Feigen, Schokolade und anderen Süßigkeiten für die guten Kinder; den Unartigen und Frechen steckt sie ein Stück schwarze Kohle in die Socken. Es ist, neben dem Nikolaustag, sozusagen eine zweite Bescherung für die Kinder in der Weihnachtszeit. Mit ihrem Besen – so die Legende – wollte sie für Maria den Stall säubern und auskehren. Im übertragenen Sinn fegt sie den Erwachsenen ihre Sorgen und negativen Gedanken weg. Der Name der Besenreiterin, Befana, ist eine Verballhornung des griechischen Wortes *Epiphania* (Erscheinung oder Selbstoffenbarung einer Gottheit).

Die Befana hat nach Ansicht einiger Kulturanthropologen alte Wurzeln. Sie scheint die Erbin einer römischen Göttin namens *Strenia* zu sein, die über die Neujahrsgeschenke *(Strenae)* herrschte. Diese Geschenke waren damals von der gleichen Art wie die der Befana – Feigen, Datteln und Honigkuchen.

Am 6. Januar, nachdem die alte Besenreiterin erfolglos von Haus zu Haus, von Land zu Land herumgeflattert ist, werden Weihnachtsschmuck und Krippen abgebaut, und man isst traditionell ein aus Blätterteig gebackenes Gebildbrot, ein Kamel *(Cammello)*, in Erinnerung an die Kamele der drei heiligen Könige.

OLD CHRISTMAS

Epiphanie wird auch Hochneujahr, Großes Neujahr, Großneujahr, Oberster oder Öberster genannt. In einigen Gegenden Englands, Schottlands und auch den Bergen der nordamerikanischen Appalachen bezeichnet man den 6. Januar noch als *Old Christmas* oder *Little Christmas* (gälisch: *Là Féill nan Rìgh*, »Fest der Könige«). Davon berichtet das uralte Lied vom blühenden Kirschbaum *(The Cherry Tree Carol)* (siehe Seite 200). Die Amischen, eine ale-

Die letzte Raunacht auf den Dreikönigstag gilt vielen als die bedrohlichste, in der man sich vor Hexen und gefährlichen Dämonen in Acht nehmen muss.

mannisch sprechende, bäuerliche Wiedertäufergemeinschaft in den USA, die sämtliche moderne Technologie ablehnt, wie auch einige der Mennoniten, halten am alten Julianischen Kalender fest, sodass sie den Weihnachtstag am 6. Januar feiern. Für die armenische Kirche ist ebenfalls der 6. Januar der Geburtstag des Heilands.

Was das Brauchtum an diesem besonderen Tag, diesem Großneujahr oder Hochneujahr, betrifft, gibt es eine enorme regionale Vielfalt. Auf jeden Fall sollte man in dieser Nacht so viel essen wie nur möglich. In Teilen Bayerns nannte man die Nacht deshalb auch die »feiste Rauhnacht«. Auch mit dem Trinken, dem Suff, sollte nicht gespart werden. Wie in der Christnacht soll auch das Vieh im Stall etwas besonders Gutes zu fressen bekommen. Den Schweinchen etwa gibt man etwas Milch oder Bier in den Trog. Im Vogtland bekommt jede Kuh ein Brötchen. Und der Bauer, der das nicht tut, sei gewarnt: Die Pertha (Percht) wird kommen, ihm den Bauch aufschlitzen und mit Kieselsteinen füllen.

Auch die orthodoxen Geistlichen haben an diesem Tag viel zu tun: Das Taufwasser wird geweiht, auch Salz und Kreide. Ein Stückchen geweihte Kreide im Viehfutter schützt die Tiere vor Ungemach und lässt sie immer ihren Weg in den Stall finden.

Die Stämme der Obstbäume werden mit Stroh eingebunden und man prostet ihnen zu.

Diese magische Zeit ist auch besonders dafür geeignet, eine Wünschelrute zu schneiden. Die Rute kann den drei Königen geweiht werden: Die dem Caspar geweihte wird Gold finden; wenn sie im Namen Balthasars geschnitten wurde, findet sie Silber und beim Melchior heilendes Wasser.

Es ist eine dermaßen heilige Zeit, dass am Dreikönigstag drei Wünsche in Erfüllung gehen können und Träume wahr werden.

Oft werden die Weihnachtsbäume an dem Tag entsorgt, die Krippe fürs nächste Jahr verstaut, ebenso wie einst, in bürgerlichen Stuben, die Dampfmaschine und die elektrische Eisenbahn der Jungen oder das Puppenhaus der Mädchen.

Pflanzen der Wintersonnenwende

Es wächst viel Brot in der Winternacht,
weil unter dem Schnee frisch grünet die Saat.
Erst wenn im Lenze die Sonne lacht,
spürst du, was Gutes der Winter tat.

FRIEDRICH WILHELM WEBER

DIE ZWÖLF TAGE der Wintersonnenwende werden auch die *Raunächte* oder in der älteren Schreibweise *Rauhnächte* genannt. In dieser Zeitspanne war es fast überall im christlichen Abendland Brauch, mit einer mit glimmender Kohle und schwelenden Räucherkräutern gefüllten Pfanne durch Haus und Hof zu gehen und alles mit dem heilsamen, balsamisch duftenden Qualm zu segnen. Meistens war es die Hausfrau oder der Hausherr, manchmal die ganze Familie, die in stiller Andacht oder Lieder singend den alten Brauch pflegten. Für das Räuchern kamen die Abende der Wintersonnenwende (Thomastag), der Heilige Abend, Silvester oder die Perchtennacht (Tag der Erscheinung des Herrn) infrage.

Es liegt auf der Hand, dass die Benennung der Raunächte auf den Begriff des Räucherns, auf das althochdeutsche Wort *rouhhen* (»beräuchern, opfern«) zurückgeht und dieses wiederum auf das protogermanische Wort **rauki* (»Rauch, Qualm aufsteigen lassen«).

Man liest immer wieder, dass diese besondere Zeit der zwölf Nächte auf die Differenz zwischen dem Mondkalender und dem Sonnenkalender zurückgeht. Die Zeitspanne, die der Mond braucht, um von Vollmond zu Vollmond zu wandern, dauert 29½ Tage.[128] Ein »Mondjahr« – so wie es auch im islamischen Mondkalender vorkommt – ist also 354 Tage lang. Das Sonnenjahr dagegen, von der Wintersonnenwende bis zur nächsten Wintersonnenwende, ist 365 Tage lang. Das ergibt eine Differenz von elf

Auch außerhalb der Raunächte räuchern wir häufig, um Krankheit und schlechte Stimmung zu vertreiben.

Tagen beziehungsweise zwölf Nächten.[129] Diese Tage stehen also außerhalb des normalen Laufs der Dinge, sie gehören nicht mehr zum alten Jahr und noch nicht zum neuen.

Für Esoteriker ist es eine geheimnisvolle, magische Zeit, eine Zeit, in der die Wesen der anderen Welt, die rauen Geister und Toten nahekommen und in der die Gesetze des Alltags außer Kraft gesetzt sind.

Deswegen glauben einige Sprachforscher, dass die Bezeichnung »Raunächte« weniger mit dem Räuchern zu tun hat, sondern aus dem althochdeutschen *rúh* (»rau, grob, haarig, zottig, pelzig, struppig«) kommt. Denn die Geister, die mit der Percht umherziehen, sind wild und tragen meistens raue Tierpelze.

Ein weiterer mögliche Ursprung des Wortes Raunächte könnte im Wort *Raunen*, von der althochdeutschen Wurzel *runa* (»Geheimnis«), liegen. Die zwölf magischen Tage sind eine Zeitspanne, in der die Tiefe des Seins den Menschen wunderbare Geheimnisse zuraunt.

RÄUCHERKRÄUTER FÜR DIE RAUNÄCHTE

Zu den Dürrkräutern, mit denen geräuchert wurde und noch wird, gehören folgende:

- Beifuß *(Artemisia vulgaris; Artemisia* spp.), das der alten Göttin geweihte Kraut des Übertritts
- Wacholder *(Juniperus communis)*, die Schutz vor Dämonen gebende Konifere
- Mariengras *(Hierochloe odorata)* und Ruchgras *(Anthoxantum odorata)*, deren Duft die Gegenwart der Göttin ankündigt
- Tannen-, Fichten- oder Kiefernharz, deren würziges Waldaroma beruhigt, den Geist klärt und ein Gefühl der Innigkeit aufkommen lässt

Diese wollen wir uns hier etwas näher anschauen. Viele Pflanzenbegeisterte räuchern heutzutage während der Raunächte mit allen möglichen getrockneten Duftpflanzen, etwa mit *Kyphi*, dem altägyptischen Opferweihrauch für die Götter, insbesondere dem Sonnengott *Re*. Kyphi besteht aus

Weihrauch, Myrrhe, Mastix, Adlerholz, Sandelholz, Rosinen, Kardamom und etlichen anderen exotischen Zutaten, die anderen Völkern, etwa unseren Bauern, völlig unbekannt waren.

Gerne wird heute auch mit Gartensalbei *(Salvia officinalis)* geräuchert. Dieser würzig duftende Lippenblütler war zwar für die Römer heilig und eine wichtige Heilpflanze, aber nördlich der Alpen kannte man ihn nicht; er ist biotopfremd; erst die Benediktinermönche brachten ihn in den Norden, und ehe sich das mediterrane Kraut an das kalte Klima anpasste, vergingen Jahrhunderte; man hegte es in den von Mauern geschützten Klostergärten. Der Gartensalbei gehörte also nicht zu den ursprünglichen Räucherkräutern. Noch weniger ursprünglich war etwa der stimmungsaufhellend und euphorisierend wirkende Weiße Salbei *(Salvia apiana)*, der aus der Wüste in Nordwestmexiko und Baja California stammt und von den dortigen Eingeborenen bei schamanischen Ritualen verwendet wurde. Selbst die Indianer in anderen Regionen Amerikas kannten diese Pflanze nicht.

Ein ebenfalls beliebtes Räucherharz ist Kopal (Nahuatl *copalli* = »Harz«) aus den Wäldern Mexikos. Der weiße, leicht zitronig riechende Rauch, den die Azteken und Maya bei ihren religiösen Zeremonien verwendeten, ist wohltuend und soll Hellsichtigkeit und Intuition fördern.

Selbstverständlich steht es jedem frei, während der Feiertage mit allen möglichen exotischen Duftpflanzen zu räuchern. Das kann interessant und bereichernd sein und passt auf jeden Fall zu der globalen Weltkultur, in der wir uns heute befinden, wo man innerhalb von 24 Stunden in praktisch jede Ecke der Erde düsen kann.

Unsere Vorfahren, die in unserer Seele weiterleben, kannten diese Substanzen jedenfalls nicht. Bei den Völkern der nördlichen geografischen Breiten, vom Atlantik über Sibirien bis nach Nordamerika, wurden nachweislich seit der Jüngeren Altsteinzeit – als es noch Mammuts gab und wir in Spitzzelten oder Grubenhäusern lebten – vor allem die in den offenen, durchlichteten Steppen wachsenden, endemischen Kräuter als sakrale Räucherstoffe verwendet: die *Artemisia*-Arten (Beifuß), die *Juniperus*-Arten (Wacholder) und die Süßgräser. Diese drei gehören zusammen – auch bei den Native Americans. Ein Lakota-Indianer erzählte mir: Der Beifuß öffnet einen sakralen Raum, der Wacholder schützt diesen Raum und das Mariengras zieht gute Geister in diesen Raum hinein. Schauen wir uns die einheimischen Räucherkräuter, die seit Jahrtausenden rituell genutzt wurden, genauer an:

Beifuß

Der Beifuß stand bei diesen paläolithischen Völkern als Duftkraut an erster Stelle. Schlafplätze und heilige Orte, wie etwa der Ritualplatz beim Sonnentanz der Prärieindianer, wurden mit dem würzigen grauen Kraut ausgelegt und es wurde überall damit bei Medizinritualen, in den Schwitzhütten und bei religiösen Zeremonien geräuchert. Beifuß öffnet die Seele. Jeder, der die ausgereiften Blüten zwischen den Fingern zerreibt und daran riecht, merkt, wie er den Kopf klärt und den Kontakt zur geistigen Welt erleichtert. Beifuß schafft einen Raum, in dem es leichter ist, das Spirituelle wahrzunehmen. Er leitet Unnützes hinaus, auch auf der physischen Ebene, wo er entgiftend wirkt und auch die verzögerte Mensis fördert.[130]

Wacholder

Der lichtliebende, immergrüne Wacholder, der einst ebenfalls in der eiszeitlichen Steppe wuchs, war, wie der Beifuß, eine heilige Pflanze der steinzeitlichen Großwildjäger. Wir wissen das, weil die Paläoindianer das Wissen darüber und die Räucherpraxis vor ungefähr fünfzehntausend Jahren mit über die Beringstraße aus Sibirien brachten und dieses Bäumchen aus der Familie der Zypressengewächse fast genauso verwenden wie die Sibirier. Der Wacholder hat viele Namen im deutschen Sprachraum: Die Bayern und Österreicher kennen ihn als Kranewitt, Krammet oder Kranichholz (aus dem althochdeutschen *chranih* = Kranich und *witu* = Holz). Quakelbaum oder Queckholder (althochdeutsch *quick*, »lebendig, munter, rege«) heißt der Busch gelegentlich in Nordwestdeutschland; als

Reckholder ist er im alemannischen Sprachraum bekannt, was wahrscheinlich auf »Rauch« zurückgeht; Preußen und Balten in Nordosteuropa nennen den anspruchslosen, immergrünen Strauch Kaddig oder Kadick; Räucherstrauch und Feuerbaum sind weitere Namen.

Kranewitt brennt im Haus,
treibt Doktor und Bader aus.

ALTES SPRICHWORT

Im Niederdeutschen ist es der *Machandelboom.* Wir kennen ihn aus dem von den Gebrüdern Grimm aufgezeichneten plattdeutschen Märchen mit demselben Titel. Es erzählt von einem Jungen, den die Stiefmutter schlachtete, zu Sülze kochte und dem Vater als Mittagessen vorsetzte, derweil seine Schwester Marleen alle seine Knochen sorgfältig sammelte und unter den Machandelbaum legte, unter dem auch seine Mutter begraben lag. Als sie das tat, schüttelte und rüttelte der Wacholder heftig, dichter Rauch stieg auf, aus dem sich dann die in einen Vogel verwandelte Seele des *lütten Jung* erhob und davonflog. (Storl 2014a) Die Motive des Märchens sind archaisch; sie beinhalten die Zerstückelung, die Teil einer schamanischen Einweihung ist, die Vorstellung der freien Seele als Vogel und auch, dass die Germanen in der Spätzeit ihre Toten vor allem auf Wacholderholzfeuer einäscherten. Der Wacholderqualm gibt der Seele, während sie den Körper verlässt, Schutz vor Energie saugenden Geistern. Noch lange beräucherte man Sterbende mit Wacholderzweigen und -beeren (und auch mit Beifuß). Denn, wie das Sprichwort sagt:

Eichenlaub und Kranewitt,
das mag der Teufel nit.

Nicht nur böse Geister schreckt der Wacholder ab, sondern auch die Motten im Kleiderschrank. Und wenn man Schinken und Würste mit Wacholderholz räuchert, schmecken diese nicht nur besser, sondern es hält die Teufel der Fäulnis fern. Der Rührstecken beim Buttern sollte ebenfalls aus Juniperus-Holz sein, dann kann keine Hexe die Butter verderben.

Dermaßen hoch verehrt war der Wacholder einst, dass es hieß: »Vor dem Holunder soll man den Hut ziehen, vor dem Reckholder die Knie beugen!«

Im Vogtland ist in den Weihnachtstagen das »Frischegrünepeitschen« Brauch. Am zweiten Weihnachtstag »schlagen« die Frauen die Männer mit Wacholderzweigen am Morgen aus dem Bett. Am dritten Weihnachtstag ist es umgekehrt, da werden die Frauen von den Männern mit Wacholderzweigen geweckt.

In den Ostalpen war es beim Abendläuten am Dreikönigstag Brauch, dass der Hausvater mit einer Pfanne glühender Kohle und Wacholderbeeren Haus und Hof ausräucherte. Meistens hatte man diese blauen Scheinbeeren schon am vorhergegangenen Sommersonnwendtag mittags Schlag zwölf von den Kranewittbäumchen geschüttelt.

Mariengras und Ruchgras

Es gibt zwei Gräser, die sich hervorragend zum Räuchern eignen. Das Duftende Mariengras, das im Englischen *sweet grass* heißt, wächst zirkumpolar und wurde seit der Altsteinzeit in verschiedenen Ritualen und als Heilmittel verwendet. Ich lernte das Gras bei den Cheyenne-Indianern kennen. Sie nennen es *vé'hó'ohtse,* »trockener Zopf«, da es, wie bei anderen Native Americans, zu Zöpfen geflochten bei allen heiligen Zeremonien, wie etwa beim Sonnentanz, bei Medizinritualen oder in den Schwitzhütten, zum Räuchern verwendet wird. Der Urschamane »Stehende Süßwurzel« *(Motsé'eonótse),* der bei den himmlischen Wölfen die heilige Medizin kennenlernte, hat es den Cheyenne in Urzeiten gebracht. Nach Ansicht der Indianer zieht der Rauch gute Geister an und das Einatmen dieses Rauchs stimmt harmonisch und beruhigend.

In der Alten Welt schätzte man das Gras ebenfalls. Bei den Germanen wurde es der Freya geweiht. Aus dem Freya-Gras wurde das Gras der

Das Ruchgras *(Anthoxanthum odoratum)* wächst häufig auf unseren Wiesen und verhilft dem Heu zu seinem typischen angenehmen Duft.

Jungfrau Maria, das Mariengras. Auch der wissenschaftlich-botanische Name *Hierochloe odorata* deutet den sakralen Status dieser Pflanze an: *hierós* heißt »heilig« und *chlóe* »Gras«; *odorata* bedeutet wiederum »duftend«. Das nach Waldmeister duftende Gras fand in Europa als Parfüm und zum Würzen von Getränken, Pfeifentabak und Speisen Verwendung. Aber auch im religiösen Kontext wurde es gebraucht: In Preußen etwa streute man das Gras an Festtagen vor die Kirchentür.

Wegen seines Dufts wird das Gras auch Vanillegras genannt. Der Name passt nicht ganz, denn es riecht wegen der darin enthaltenen Cumarine eher nach Waldmeister *(Galium odoratum)*. In Osteuropa nennt man es Büffelgras oder Wisent-Gras (polnisch *zubrówka*). *Zubr* ist der slawische Name für Büffel. Der beliebte hochprozentige polnische Zubrowka-Wodka ist danach benannt; in jeder Flasche steckt ein Grashalm, der diesem Wodka – übrigens ein schönes Weihnachtsgeschenk – seinen besonderen Geschmack gibt.[131]

Das eurosibirisch-nordamerikanische Süßgras wächst am liebsten auf den humusreichen Böden der feuchten Steppen, wie etwa in der östlichen Prärie in den USA, wo sich einst Hunderttausende Bisons tummelten. Das mehrjährig wachsende Mariengras ist in den Wiesen ziemlich schwer zu finden, denn es wird oft von anderen Gräsern verdrängt. Deswegen pflanze ich es mir für den Eigenbedarf lieber in große Töpfe. Im Spätsommer kann man es gut ernten, die langen Halme zu duftenden Zöpfen flechten und anschließend trocknen.

Leichter zu finden als das Mariengras ist das auf Naturwiesen in ganz Eurasien wachsende Ruchgras. Wie sein botanischer Name *Anthoxanthum* (»gelbe Blüte«) andeutet, hat es gelbliche Ähren. Sein an Waldmeister erinnerndes Aroma ist nicht ganz so stark wie beim Mariengras, aber es eignet sich ebenfalls gut zum Räuchern. Im Kräuterkissen wirkt es entspannend auf die Nerven. Meistens ist es das Ruchgras, das dem frischen Bergheu seinen wunderbaren Duft verleiht.

WEIHRAUCH

Das würzig duftende Gummiharz des Weihrauchstrauches (*Boswellia* spp.) ist der christlich-katholische Beitrag zu den Räucherkräutern. Die Pflanze wächst in der somalischen Wüste und dem südlichen Arabien. Weihrauch galt schon im pharaonischen Ägypten als heilig und wurde zu kultischen Räucherungen wie auch zur Mumifizierung der Verstorbenen verwendet. Es sei »der Schweiß der Götter«, hieß es. Die römischen Kaiser ließen sich mit dem Rauch als verkörperte Götter huldigen. Deswegen war Weihrauch (lat. *Olibanum*) von den Kirchenvätern zuerst verpönt. Erst mit der konstantinischen Wende, als im Jahr 312 n. u. Z. das Christentum im Römischen Reich legalisiert wurde, nahm man den Weihrauch an. Nun schwenkte man Lichter und schwelende Weihrauchgefäße nicht für den *Imperator*, sondern beim Einzug der Bischöfe. Man sagt, Gott lässt sich weder fassen noch hören noch sehen, aber im Duft des Weihrauchs gibt er ein Zeichen seiner Gegenwart. Es wird gemunkelt, dass der Weihrauch leicht berauschend und euphorisierend wirkt, ähnlich dem Cannabis, und dazu beiträgt, die Leute in die Kirche zu ziehen. Das mag sein, aber in dem Harz ist kein THC erhalten. Für Katholiken ist es der Duft des Heiligen an sich. (Rätsch 2020: 93)

FICHTE

Ursprünglich waren die Weihnachtsbäume, auch wenn man sie im Volksmund »Tannenbäume« nannte, fast immer Fichten *(Picea abies)*. »Richtige« Tannen sind dagegen die Weißtannen *(Abies alba)*. Nur Botaniker machten sich die Mühe, diese zwei Nadelbaumarten zu unterscheiden.[132] Beide dieser immergrünen Bäume bieten sich bestens für die Weihnachtszeit an. Allein schon der balsamische Duft des Weihnachtsbaums in der Stube oder

Auch das Harz unserer heimischen Fichte kann man vom Stamm absammeln und zum Räuchern verwenden.

wenn mit dem Harz geräuchert wird, ruft eine Weihestimmung hervor. Meine Großmutter, deren Wurzeln im verwunschenen Erzgebirge waren, legte in der Adventszeit gerne Harz auf die Herdplatte. Für mich gehört der Duft schlechthin zu dieser besonderen Jahreszeit, ebenso wie der von Kerzen und Stollen.

Wegen der Qualität des Holzes als Bau- und Werkholz wird die schnell wachsende Fichte, die auch als Rottanne bezeichnet wird, in Monokulturen angepflanzt. Wie uniformierte Soldaten stehen die Bäume da in Reih und Glied. Sie entwickeln keinen Charakter und sind langweilig. Kaum ein anderes Pflänzchen kann in ihrem Schatten und auf dem sauren Boden, den ihre abgeworfenen braunen Nadeln hinterlassen, gedeihen. Deswegen heißt es: »Bauer, willst du deinen Wald vernichten, dann pflanze nichts als Fichten.«

Der waldkundige, visionäre Drogist Renato Strassmann schreibt dazu: »Das sterile, am Leben verarmte und einseitige Bild von praktisch reinen Fichtenwäldern ist Ausdruck der sterilen und an Gefühlen verarmten Gesellschaft.« (Strassmann 2015: 178)

Wie anders dagegen die natürlich wachsenden, den Stürmen trotzenden, mächtigen alten Fichten! Wenn man unter ihnen sitzt oder in ihre dicken knorrigen Äste steigt und dabei die Seele öffnet, dann befindet man sich plötzlich in einem magischen Raum. Man hat den Eindruck, von wohltuender Wärme, Ruhe und Energie durchströmt zu werden. Man fühlt sich geborgen und geschützt. Das ist nicht nur ein subjektives Gefühl, denn jeder, der mit der Fichte meditiert, wird das erleben. Man kann es auch als weihnachtliches Gefühl beschreiben, als sitze man geborgen am Herd oder Kamin, wo ein Feuer wärmt und flackert, derweil es draußen kalt ist und schneit. In diesem Sinn passt die Fichte perfekt zur Weihnachtsstimmung.

Die Rottanne ist auch heilkräftig, ihre innere Wärme – der Bauernphilosoph Arthur Hermes spricht von »Saturnwärme« – tut gut bei Erkältungskrankheiten wie Husten und Verschleimung der Lungen. Ein Bad mit abgekochten Fichtentrieben, Fichtennadelsirup oder -tinktur desinfiziert, reinigt und hilft bei Rheuma, Hexenschuss, Muskelkater, fördert die Durchblutung und stärkt die Nerven. (Hirsch/Grünberger 2010: 177)

Der Brauch, Krankheiten auf Bäume zu übertragen, geht bis in vorchristliche Zeiten zurück. (Storl 2016: 146) Die Fichte kann, wie es hieß, die Gicht – ursprünglich althochdeutsch *Jiht* oder *Giht*, »eine angezauberte Krankheit« – aufnehmen. Dazu ging der Kranke »unbeschrien« (ohne dass ihn jemand gesehen hat) vor Sonnenaufgang zum Baum, legte drei Blutstropfen oder ein Haar in eine Spalte der Rinde und versiegelte diese mit Wachs. Dabei musste er den richtigen Spruch aufsagen, etwa:

Guten Morgen, liebe Fichte,
ich bringe dir die Gichte.
Ich hatte sie ein Jahr,
hab du sie immerdar.[133]

Der Baum hat auch für Schleckermäuler etwas zu bieten: Ganz lecker ist der »Fichtenhonig«, ein Sirup, für den die jungen hellgrünen, im Frühling austreibenden Fichtenspitzen (schweizerdeutsch *Tannenschössli*) mit Zucker und etwas Zitrone oder Limetten gekocht und eingedickt werden. Man kann die Spitzen auch roh essen, in den Salat als Würze mischen oder, zur Aufbewahrung, in Öl und Essig einmachen. Aber Achtung! Man darf die Jungtriebe auf keinen Fall mit denen der hochtoxischen Eibe verwechseln, das wäre fatal.

Mit der Fichte (oder Tanne) haben wir es offensichtlich mit einem seit alters verehrten heiligen Baum zu tun. Der römische Geschichtsschreiber und Senator Tacitus (58–120 n. u. Z.) berichtet von dem sogenannten *Tansana*-Fest, das die Germanen feierten und bei dem sie Tannenzweige in den Händen trugen. (Perger 1864: 340) Auch der Irminsul, die heilige Weltensäule der heidnischen Sachsen, soll angeblich aus einem mächtigen Fichtenstamm bestanden haben. Oft heißt es, dass »salige Frauen«, Göttinnen, in alten Fichten oder Tannen leben. Daraus wurden die vielen der Maria geweihten Tannen.

Der Maibaum, der seit der Jungsteinzeit – damals als Symbol der heiligen Hochzeit des Sonnengottes mit der Vegetationsgöttin – aufgestellt wurde, war in weiten Teilen Europas vor allem eine Birke; in den Alpenregionen war der Maibaum jedoch eine kerzengerade, geschälte Fichte.

Auch bei anderen Völkern war die Fichte hoch verehrt. Für die Irokesen (Haudénosaunee) ist die Fichte zum Beispiel das Zeichen des Friedens, unter dem das Kriegsbeil begraben ist.[134] Anstatt nach der bedingungslosen Kapitulation Japans eine Rede zu halten, zeichnete der japanische Kaiser Hirohito eine Fichte; damit sagte er ohne Worte: Wie dieser immergrüne Baum den Winter übersteht, so wird auch das japanische Volk das Kriegsdesaster und die kriegsbedingte Zerstörung überstehen.

Noch zu erwähnen wären die einmaligen, aus Fichtenholz hergestellten Violinen der italienischen Geigenbauer[135] des 17. und 18. Jahrhunderts. Das Holz ist gleichmäßig gefasert und eignet sich zur Herstellung von Resonanzböden. Solche Saiteninstrumente können heute nicht mehr hergestellt werden, denn damals, in der »kleinen Eiszeit«, war es kälter, und die Bäume machten viel kleinere, engere Jahresringe, als sie es heute tun. Die neuen Geigen haben deswegen nicht dieselbe Tonqualität.

STECHPALME ODER HÜLSEN

Einst glaubte man, der bitter schmeckende Tee aus den ledrigen Blättern der Stechpalme *(Ilex aquifolium)* könne den Leib von Ansammlungen üblen, kalt-feuchten Schleims befreien. Aber das ist lange her; als Heilpflanze hat man die Stechpalme praktisch vergessen. Viel wichtiger ist noch immer die spirituelle Bedeutung dieser Pflanze. Ohne sie wäre das britische und überhaupt das westeuropäische Weihnachten gar nicht denkbar. Für die vorkeltischen Bewohner Britanniens war das wintergrüne Bäumchen Symbol des Winterkönigs, des Gefährten der Großen Göttin, der das Lebensgrün durch die kalte Jahreszeit hindurchrettet. Im Jahreskreis stand ihm der Eichenkönig, der Sommerherrscher, als Nebenbuhler gegenüber. Im Mysterien-Drama wird dieser – wie wir schon sahen – zur Sommersonnenwende vom Stechpalmenkönig, dem *Holly-King*, mit einem Speer rituell getötet, dessen Schaft aus Stechpalmenholz besteht. Der Winterherrscher nimmt nun Ivy (Efeu), die Frau des Sommerkönigs, in Besitz und herrscht über das absteigende Jahr. Bis er dasselbe Schicksal erleidet und zur Wintersonnenwende vom wiederauferstandenen Sommerkönig, dem Eichenkönig, ums Leben gebracht wird (siehe Seite 38f.).

Dieses jahreszeitliche Götterdrama wurde von den nach Britannien eingewanderten Kelten übernommen und weitergeführt; es überlebte im Mittelalter als Teil der Legenden, die sich um die Tafelrunde des König Artus ranken, wie etwa in der Geschichte von Tristan und Isolde.[137] Da wird erzählt, dass der im Volk beliebte König Mark von Cornwall keine Erben hatte, deswegen sollte der junge Tristan als Brautwerber nach Irland reisen und der schönen Königstochter Isolde einen Heiratsantrag überbringen. Aus Versehen trinken er und Isolde den für Mark und seine Braut vorgesehenen »Liebestrunk«. Dadurch verlieben sich die beiden unsterblich ineinander. Nichts konnte sie bewegen,

The holly and the ivy,
when they are both full grown,
of all trees that are in the wood,
the holly bears the crown.[136]

BELIEBTES ENGLISCHES WEIHNACHTSLIED

Stechpalme, Stechhülsen oder Ilex heißt der Strauch, der für die vorkeltischen Bewohner Britanniens das Symbol des Winterkönigs war.

voneinander zu lassen. Die hehre Tafelrunde musste schließlich entscheiden, wann Isolde mit Mark, ihrem rechtmäßigen Gatten, und wann sie mit ihrem Liebhaber Tristan zusammen sein soll. Zur Wahl stand jeweils der Zeitraum, wenn das Laub im Wald grün ist, oder der Winter, wenn die Bäume entlaubt sind. Als König und gesetzlicher Ehemann durfte Mark zuerst wählen, und er entschied sich für den Winter, weil dann die Nächte, die er mit der schönen Frau verbringen würde, länger sind. Tristan wählte die Zeit, in der die Bäume Laub haben. Isolde frohlockte und sang:

Drei Bäume gibt es von edler Art,
die Stechpalme, den Efeu und die Eibe.
Solange sie leben, tragen sie Blätter.
Tristan gehöre ich, solange er lebt!

Auch in der mittelalterlich-keltischen Legende *Gawain und der Grüne Ritter* erscheint der grüne Stechpalmengeist. Der junge Gawain, ein Neffe von König Artus, ist ein Ritter der Tafelrunde.

Zu Silvester ritt ein fremder, wild wirkender Riese, der ebenso grün war wie sein Ross, in die Halle des Hofes und forderte die Tafelrunde spöttisch heraus: »Wenn ihr wirklich eures ruhmvollen Rufes würdig seid, dann soll einer von euch diese Axt nehmen und mir den Kopf abschlagen. Falls ich überlebe, werde ich zur Wintersonnenwende, genau in einem Jahr, demjenigen, der das tut, den Schlag erwidern.«

Keiner, außer der junge, unerfahrene Ritter Gawain, getraute sich diese Herausforderung anzunehmen. Gawain schlug zu und trennte dem grünen Riesen den Kopf vom Hals. Dieser aber hob den abgeschlagenen Kopf auf, setzte ihn wieder auf seinen Hals und ritt lachend auf seinem grünen Ross davon. Gawain musste Wort halten. Ein Jahr später, es war eisig und verschneit, machte er sich auf den Weg durch die Wildnis und fand das Schloss des unsterblichen grünen Ritters. Er glaubte nicht, dass er das Abenteuer überleben würde, aber dank seines tugendhaften Verhaltens konnte er unversehrt zur Tafelrunde zurückkehren.

Der Stechpalmengeist aus der keltischen Sage verwandelte sich in der Neuzeit in Father Christmas mit Julklotz auf dem Rücken und Stechpalmenkrone auf dem Haupt.

Der Stechpalmenkönig verschwand nicht aus der Erinnerung der Bewohner der britischen Inseln. Er verwandelte sich in die Gestalt des mit Holly-Zweigen geschmückten und einen grünen Mantel tragenden *Spirit of Christmas* (»Weihnachtsgeist«) oder *Father Christmas* (»Vater Weihnachten«). Mit dem amerikanischen Santa Claus, der einen roten Mantel trägt, können sich traditionsbewusste Engländer nicht anfreunden.

Die zum Christentum bekehrten Briten hielten an ihrer heiligen Pflanze fest. Sie verglichen das Bäumchen, das sie mundartlich *Holen, Hulst* oder *Holly* nennen, mit »Marias süßem Sohn«, der zur Wintersonnenwende, in der Weihnachtsnacht, geboren wurde. Der Holly-Busch hat Blüten, so rein und weiß wie die Seele dieses Kindleins, Beeren, so rot wie das Blut des Heilands, Stacheln, so scharf wie die Dornenkrone, eine Rinde, so gallebitter wie dessen Passion, und Blätter, immergrün wie das ewige Leben, das er den Gläubigen verspricht. Die beliebtesten englischen Weihnachtslieder – *»Deck the Halls with Boughs of Holly«, »Green Grow'th the Holly«*, oder *»The Holly and the Ivy«* – besingen den verehrten Baum.

Auch sonst bleibt der Hülsenbaum heilig. Die Teekanne ist für die Briten praktisch ein sakraler Gegenstand; da wundert es nicht, dass dessen Henkel unbedingt aus Stechpalmenholz gedrechselt sein muss. Und auch Harry Potters Zauberstab besteht ausdrücklich aus diesem Holz.[138] J. R. R. Tolkien, der uns die Erzählung *Herr der Ringe* schenkte, erzählt in seinem Buch von *Hollin*, dem Land der Holly-Bäume, aus dem die Zauberringe der Elben (Elfen) stammen. Für den britischen Arzt und Entdecker der Blütenessenzen, Eduard Bach, ist die *Holly*-Blüte die »Herzöffnerblüte«; sie erlaubt es uns, Gefühle anzunehmen und Großherzigkeit zu entwickeln.

Britische Einwanderer brachten die Holly-Weihnachtsbräuche mit nach Amerika. Um den Bedarf zu decken, pflanzte man die Stechpalme in Plantagen an: Inzwischen ist das Bäumchen zum gefürchteten Neophyten in Kalifornien, Oregon und British Columbia an der Westküste geworden.

Im kontinentalen Westeuropa ist der Hülsenbaum nicht minder heilig. Der altdeutsche Name Hülse oder Hulst wurde erst im 16. Jahrhundert zu Stechpalme geändert, denn ihre Zweige sollten, zusammen mit Buchs, die »Palmwedel« darstellen, mit denen Jesus beim Einzug in Jerusalem mit freudigen Hosianna-Rufen bejubelt wurde. Am Palmsonntag geweihte »Palmzweige« werden noch immer auf dem Lande an den Dachfirst gehängt, um Hexen und Schratten fernzuhalten. In bayerisch-österreichischen Dialekten ist es das »Schrattlkraut«, da es die unguten Geister verjagt.[139]

In der Aachener Mundart heißt der Baum *Schaschteenfägerkraut* (»Schornsteinfegerkraut«) und im Rheinland auch Schürrutenholz, denn mit den derben, kratzigen Laubzweigen lässt sich der Kamin gut scheuern und säubern. Der französische Name *Houx* (von *housser* = fegen, scheuern) deutet diese Anwendung ebenfalls an. Der Brauch entstand nicht nur aus praktischen Erwägungen. Wie wir schon erfahren haben, galt in alten Zeiten der Schornstein oder Rauchfang als Ein- und Ausgang der Geister und Ahnen. Durch den Schornstein kommt der Weihnachtsmann und bringt seine Gaben, der Storch bringt da die Kinderseelen und die weisen Frauen (Hexen) fliegen durch den Rauchfang in die Anderswelt. Um diese Pforte sauber zu halten und auch die bösen Geister, die im Dunklen am Ruß haften, zu vertreiben, bedarf es eines zauberkräftigen Besens.

Allein in Osteuropa, östlich der Elbe, gibt es kein Brauchtum, das den Hülsenbaum betrifft. Warum? Weil es zu kalt ist. Er braucht das mildere atlantische Klima und kann nicht gedeihen, wo die winterliche Durchschnittstemperatur unter 0 °C liegt. Die Grenze seines Areals ist die 0-°C-Januar-Isotherme.

SCHNEEBALL ODER SCHWELKE

Der im Wald wild wachsende Schneeballbusch *(Viburnum opulus)*, einst auch Schwelke genannt, wird in West- und Mitteleuropa wenig geschätzt. Die schneeweißen Blüten sind zwar attraktiv; sie sehen wie fein gehäkelte, runde Spitzendeckchen aus und haben im 17. Jahrhundert niederländische Gärtner dazu verführt, aus ihnen gefüllte kugelige Kunstformen zu züchten. *Guelder rose* (Rose aus dem Gelderland) nennen die Engländer den Busch, *Boule de neige* (Schneekugel) die Franzosen, und die Amerikaner kennen ihn als *high bush cranberry* (hochwachsende Preiselbeere) oder, da die Rinde krampflösend wirkt, als *cramp bark*.[140] Aus den Blüten gehen dann im Herbst glasig glänzende, rote Beeren hervor, deren roter Kern deutlich herzförmig ist. Im südlichen Alpenraum nennt man die Pflanze deswegen Herzbeere. Glasbeere und Batzlbeere sind weitere Namen. Diese Beeren gelten als giftig. Auf jeden Fall schmecken sie nicht

O ich ging hinab ins Tal,
wo der Schneeball blüht.
Ich pflückte die Blüten,
flocht sie zu einem Kranz:
da kam Vaniusha aus dem Hain zu mir.

»SOLOVEY«

LIED DER UKRAINE BEIM EUROVISION CONTEST,
ROTTERDAM 2020

Die hübschen roten Beeren des Schneeballs hängen – oft von einer Schneehaube gekrönt – den ganzen Winter am Strauch, weil die Vögel sie verschmähen.

gut, und wenn man zu viele roh isst, dann folgen Durchfall, Bauchgrimmen und Erbrechen. Hundskirsche, Teufelsbeeren, Scheißbeeren und dergleichen nennt man sie deswegen. Nicht einmal die Vögel scheinen diese Beeren zu mögen; sie werden kaum gefressen, sondern hängen bis tief in den Winter hinein an den Zweigen. Als Heilpflanze ist der Schneeball in Westeuropa kaum bekannt.

Ganz anders sieht man den Schneeball in den slawischen Ländern, dort nimmt er die Stelle ein, die die Stechpalme in Westeuropa zur Wintersonnenwende hat. *Kalina* oder – liebevoll in Verkleinerungsform oder als Kosenamen – *Kalinka* nennt man sie. Vor allem in Russland und in der Ukraine gilt der Busch seit heidnischen Zeiten als eine der heiligsten Pflanzen. Sie ist die Nationalpflanze der Ukraine. Im altslawischen Fest der Wintersonnenwende *(Koliada)* spielte sie eine zentrale Rolle. Die in der weißen Winterlandschaft korallenrot leuchtenden Beeren – manchmal tragen sie ein Hütchen aus Schnee – symbolisieren die Gegensätze Feuer und Eis und genauso das weibliche Blut und den männlichen Samen, deren Spannungsverhältnis neues Leben ermöglicht. So erstaunt es nicht, dass in der slawischen Mythologie diese Pflanze im Zusammenhang mit der neugeborenen Sonne gesehen wird. Folglich ordnete man den Strauch aus der Familie der Moschuskrautgewächse der heil- und lebensspendenden Sonnengottheit *Dasbog (Dazbhog)*, auch *Svarožic̆* genannt, zu. Dasbog[141] – er konnte ursprünglich auch als Sonnengöttin erscheinen – ist das Kind des Schöpfers des Lebens *Swarog*, des Gottes des Himmels und des Lichts. Dasbog ist nicht nur Gott der Sonne, sondern auch des Feuers. Ähnlich wie bei Freyr sind ihm das Pferd und der Eber heilig. Mit seinem Pferdewagen zieht er über den Himmel von Ost nach West; nachts führen ihn eine Schar Gänse unter der Erde wieder nach Osten, wo er in Sonnengestalt aufsteigt. Im Frühling ist er jung und stark, aber im Herbst wird er alt und aufgedunsen. Zur Wintersonnenwende wird er dann neu geboren.

Noch heute wird der Kalina-Strauch mit innigen und gefühlvollen Liedern besungen und in Gedichten gepriesen. Wer kennt nicht das beliebte russische Volkslied *Kalinka Kalinka, Kalinka Moya* (»Kleine rote Beere mein«), gesungen von Ivan Rebroff oder Karel Gott. (Storl 2023a: 203) Die rote Beere wird in Beziehung zur geliebten Heimat gebracht, zum Blut, zu Familienbanden und der Liebe einer jungen Frau.

Eine dermaßen heilige Pflanze muss – so die Sichtweise der Osteuropäer – auch voller Heilkräfte sein. Tatsächlich werden Rinde und Beeren vielfältig volksmedizinisch verwendet. Der Anwendungsbereich erstreckt sich von Lungen- und Atemwegserkrankungen bis hin zu Beschwerden im Verdauungsbereich. Bei Erkältungen und Bronchitis werden aus den Blüten Tees gemacht oder man lässt die rohen Beeren in heißem Wasser ziehen und trinkt sie mit Honig gesüßt. Und im Gegensatz zu Westeuropa kocht man im Osten gerne Kompotte, Marmeladen und Saft aus den Beeren – eine leckere Delikatesse: Ich weiß es, ich habe sie probiert.

BRENNNESSEL

Die Wintersonnenwende ist für die slawischen Völker, wie es auch für die Balten und die Germanen war, ein Fest des Feuers. Die Brennnessel ist Feuer in pflanzlicher Form. Wenn man sie isst, gibt sie innere Wärme. So hieß es vielerorts, man solle am ersten Januar einen Brennnesselkuchen essen, dann werde das Jahr gut.

Bei den südslawischen Bauern ging an Heiligabend *(Badnjak)* ein nacktes Mädchen nachts in den Stall und berührte mit Brennnesselzweigen jedes Tier; besonders die Milchkühe wurde von ihm umschritten. Dabei sagte das Mädchen: »Besser die Nessel. Als jene (die Milchhexe, Anm. des Verfassers), die da kommen könnte, dir die Milch wegzunehmen.« (Bächtold-Stäubli, Bd. VI, 1987: 330)

MISTEL

Die Mistel, dieses immergrüne, kugelrunde Gebilde, das wie ein gelandetes Ufo hoch oben in den Bäumen sitzt und den Erdboden meidet, hat nichts von einer normalen Pflanze an sich. Ihre Samen können nicht auf dem Erdboden keimen; die schleimigen, glasig-weißen Beeren müssen erst den Darm von Misteldrosseln oder Seidenschwänzen passieren, um dann, in Kot verpackt, auf einem Ast ausgeschieden zu werden. Nur so können sie keimen und ihre Saugwurzeln ins lebende Holzgewebe treiben. Deswegen heißt sie *Mistel*, da sie aus dem Vogel*mist* herauswächst. Die Engländer kennen das außergewöhnliche Gewächs als *mistletoe*, welches nichts anderes als »Mist-Zweig« (*toe*, altenglisch »Zweig«) bedeutet. Ungewöhnlich sind auch die Jahreszeiten, in denen dieses Riemenblumengewächs *(Loranthaceae)* blüht und fruchtet. Als gehe sie der solare Jahreszyklus gar nichts an, hat sie sich vom normalen Jahresrhythmus emanzipiert. Die zweihäusigen, reduzierten, gelbgrünen Blüten erscheinen im Spätwinter (Februar, März), die weißen Beeren reifen im Dezember. Die wintergrünen, ledrigen, paarig angeordneten Blätter sind einfach und undifferenziert, sie behalten den Habitus von Keimblättern bei.

Die Tanne duftet,
die Stechpalme glänzt,
und vom Balkonknauf,
weißbeerig sie,
lauscht die Mistel nieder,
die Schelmin, die!

FERDINAND FREILIGRATH

Das Pflänzchen, das da auf den Ästen verschiedener Bäume lebt, ist ein Halbschmarotzer. Es entnimmt seinen Wirten nur Wasser und gelöste Mineralstoffe; es ist ja selbst völlig grün und kann seine eigenen Nährstoffe, vor allem Zucker, durch Fotosynthese herstellen.[142]

Den Menschen kam die Mistel oft unheimlich vor. Das erkennt man schon an ihren Benennungen. Hexennest, Hexenbesen oder Hexenbuschen nennt man sie in einigen Mundarten. Sie ist ein Teufelsnest, ein Teufelsbesen, ein Trudennest[143], eine Alp-Ranke[144] oder, in Schleswig- Holstein, eine Mahrtake (Mahr = Totengeist, Take = Zweig). In Frankreich nannte man sie *ramon d'sorcièle* (Hexenzweig) oder *rameau de spectres* (Geisterzweig), in Flandern *Düwelsnest.* Das heißt aber nicht unbedingt, dass man die Mistel fürchtete – im Gegenteil: Man glaubte, sie könne Teufel und astrale Unholde abwehren. Besonders in keltischen Ländern vermutete man ungewöhnliche Heilkräfte in dieser ungewöhnlichen Pflanze. »Heil-aller-Schaden« (altkeltisch *oljo-liagi*) hieß sie hier und da oder »Fallkraut«, da sie gegen Fallsucht (Epilepsie), die von dem Einfluss böser Geister oder vom Mond herrühre, wirksam sei. (Höfler 1911: 33)

Die Mistel ist ein absolutes Zwischenwesen. Sie ist weder Baum noch Kraut, sie befindet sich zwischen Himmel und Erde. Sie symbolisiert den Übergang von einer Dimension zur anderen, das Grenzgebiet, das Weder-Noch, wo alles im Fluss, nichts fixiert, aber alles möglich ist. Auf solche Zwischenräume achteten besonders die Kelten, denn hier, in einem solchen Zwischenraum, ist Magie möglich. Der Raum, den die Mistel einnimmt, ist wie die Zeit der Dämmerung, zwischen Tag und Nacht, zwischen Wachen und Träumen; es ist das eindimensionale Reich der Hexen, der reisenden Astralkörper, die sich zwischen dem Holz und der Borke eines Baumes oder zwischen dem Wasser und der Blase verstecken können. Auf diese Weise ähnelt die Mistel dem Morgentau, der weder als Regen von oben noch als Fluss oder Quelle von unten aus der Erde kommt. Ein solches magisches Gewächs passt also bestens zu einer Zeit des Übergangs, wie etwa der zwölftägigen Weihnachtszeit und der dazugehörigen Jahreswende zum Neujahr. Auch zur Sommersonnenwende passt sie und ebenso zum Mythos des unsterblichen und dennoch getöteten Sonnenhelden Baldur.[145]

Die am Türrahmen über der Türschwelle aufgehängte Weihnachtsmistel – sie muss unbedingt weiße Beeren haben – ist Ausdruck dieses magischen Zwischenraums. Ein Mensch, der sich da, zwischen dem Drinnen und Draußen, unter einer solchen Mistel aufhält, ist frei von allen gesellschaftlichen Konventionen. Wenn man unter dieser Mistel einer anderen Person begegnet, einer, die man heimlich liebt oder begehrt, dann kann man diese – sei es die Magd, der Nachbar, der Milchmann oder wer auch immer – ohne negative Sanktionierung küssen und liebkosen.[146] Man befindet sich dabei ja nicht in der alltäglichen Welt, sondern in der magischen Zwischenwelt, in der das Unmögliche möglich werden kann.[147] Nur in dem Zusammenhang wird es möglich, dass ein unsterblicher, göttlicher Held mit einem Mistelzweig getötet werden kann.

Im südlichen Frankreich ist die Mistel *(le gui)* die Pflanze, die den Übergang ins neue Jahr markiert. Am Neujahrstag laufen die Kinder mit einem Mistelzweig durch die Straßen und rufen: *»Au gui l'an neuf!«* (Mit der Mistel kommt das neue Jahr!) Dieser Tag gilt übrigens auch als beste Sammelzeit für diese Zauberpflanze.

Die Mistel (lateinisch *viscum*; griechisch *ixos*) galt schon in der Antike als Pfortenpflanze. Sie ist der magische Strauch, der goldene Zweig *(virga aurea)*, mit dem man die Pforten der Unterwelt öffnen kann. Für Hermes, den Grenzgänger und Totenführer, war es möglich, die Tore der Totenwelt mit einem gegabelten Mistelzweig zu öffnen; auch der trojanische Held Aeneas betrat mit dem Mistelzweig die Unterwelt und grüßte die von Hades entführte Vegetationsgöttin Persephone.

Die Mistel wird in der populären Imagination vor allem mit den keltischen Druiden in Zusammenhang gebracht. Was wir über die Anwendung der Mistel und die dazugehörigen Rituale bei den

Die Mistel wird seit Tausenden von Jahren als Heil- und Zauberpflanze geschätzt und bis heute gehört sie in vielen Ländern zur begehrten Zier des weihnachtlichen Hauses.

Kelten wissen, verdanken wir dem römischen Naturhistoriker Plinius dem Älteren (23–79 n. u. Z.). In seiner *Naturalis Historia* (XVI:249-251) schreibt er, dass die Druiden die Eiche *(robur)* als das Höchste betrachteten und alles, was auf ihr wächst, als Himmelsgabe. Dieser Baum, in dem sich der blitztragende Götterkönig offenbart, gilt in fast allen indoeuropäischen Kulturen als der Weltenbaum an sich, als die Stütze des Himmels, als der König des Sommers und der Sommersonnenwende. Aber wie Kenner der keltisch-druidischen Kultur, etwa Jean Markale (1928–2008), hervorheben, wächst die Mistel äußerst selten, ja, fast nie, auf einer Eiche.[148] Er zitiert Plinius: »Die Druiden kennen nichts Heiligeres als die Mistel und den Baum, auf dem sie wächst; sie glauben, dass es sich dabei um eine Eiche handelt.« (Markale 1985: 137) Häufiger, aber auch selten, findet man die verwandte Riemenblume *(Loranthus europaeus)* auf Steineichen *(Quercus ilex)* in Südeuropa.

»Die Mistel, die ›Alles Heilende‹, wurde am sechsten Tag nach dem Neumond, am Beginn einer 30-jährigen Periode, geholt. Nachdem sie unter dem Baum die gehörigen Opfer und Mahlzeiten veranstaltet haben, führen die Druiden zwei weiße Stiere herbei, deren Hörner noch nie gebunden waren und dann zunächst bekränzt werden. Ein Priester, mit weißem Kleide angetan, besteigt den Baum und schneidet mit goldener Sichel die Mistel ab. In einem weißen Tuch wird sie aufgefangen. Dann schlachten sie die Opfertiere mit dem Gebet, die Gottheit möge ihre Gabe denen günstig werden lassen, welche sie damit beschert haben. Die Mistel in den Trank getan, solle alle unfruchtbaren Tiere fruchtbar machen und ein Heilmittel gegen alle Gifte sein«, schreibt Plinius. (Frazer 1991: 957)

Die goldene Sichel bestand sicherlich nicht aus purem Gold, das Metall ist zu weich. Möglicherweise war es eine vergoldete Eisensichel oder eine hochpolierte Bronzesichel, die wie Gold leuchtete. Die dazugehörige Symbolik ist kosmisch: Gold ist das Metall der Sonne und die Sichelform deutet auf den Mond. Unbedingt musste die Mistel mit einem weißen (Leinen-)Tuch aufgefangen werden, denn die Berührung mit der Erde würde ihre Zaubermacht und Potenz neutralisieren. Deswegen war es in Europa Brauch, die Spitzen der Standarten und Fahnen der besiegten Feinde durch Erdung unwirksam zu machen.[149]

Was für ein aufwendiges Ritual! Keine Kräuterfrau, kein Wurzelsepp würde ein Stieropfer veranstalten, um die Mistel mit einer goldenen Sichel zu ernten. Der aus einer Ritterfamilie stammende Plinius würde sich auch kaum für das Kräutersammeln der groben Bauern *(rustici)* und des gemeinen Volks interessieren. Keltologen weisen darauf hin, dass die Opferung weißer Stiere allgemein Bestandteil von Thronbesteigungs- oder Königswahlzeremonien ist. (Le Roux/Guyonvarc'h 1996: 1975) Die dreißigjährige Abfolge der Zeremonie deutet auf eine Generationsfolge hin. Stiere symbolisieren sexuelle Potenz, Vitalität und Befruchtungskraft, die der neue Thronfolger benötigt, denn – davon waren die Kelten überzeugt – der König war nicht nur mit der Königin und Nebenköniginnen vermählt, sondern mit der göttlichen Herrin des Landes. Er war zuständig für die Fruchtbarkeit der Herden und der Felder. Die schleimigen weißen Mistelbeeren, die über den Winter reifen, galten als die Spermatropfen des kosmischen Stiers, der rituell kastriert wurde und dessen Potenz auf den jungen König übertragen wurde.[150]

Dieser Aspekt, das Fruchtbarmachen von Mensch und Tier, war – und ist noch heute in der Volksmedizin – eine der Hauptanwendungen der Mistel. Die Kräuterfrau Maria Treben (1907–1991) schreibt, dass der Saft der frischen Mistel – 25 Tropfen in etwas Wasser, nüchtern eine halbe Stunde vor dem Frühstück und abends vor dem Schlafengehen – die Unfruchtbarkeit einer Frau beheben kann. (Treben 2002: 38) Anderswo schreibt sie, dass die Tropfen aus der Apotheke ebenfalls wirken, man solle sie in Schafgarbentee träufeln.

In einem alten Rezept heißt es: »Drei Mistelzweige in einem halben Liter altem Weißwein drei Minuten gesotten und acht Tage vor dem Eintritt der Periode der Frau getrunken, bewirkt unfehlbar die Schwangerschaft.« (Bächtold-Stäubli 1987, Bd. VI: 391)

Neben der Förderung der Fruchtbarkeit gibt Maria Treben folgende Anwendungen an: Der Misteltee hat eine amphotere (beiderseitige) Wirkung auf den Blutdruck, das heißt, er hilft bei zu hohem wie auch bei zu niedrigem Druck. Ein Tee aus den Blättern – zwei Tassen pro Tag, morgens und abends getrunken – sei gut für die Bauchspeicheldrüse, helfe bei Arteriosklerose, bei Atemnot während der Wechseljahre, Gebärmutterentzündung, Hormonstörung, als Kur bei Krebsleiden, bei Kreislaufstörungen, Ohrensausen, Schwindel und vielem mehr. (Treben 2008: 97ff)

Das druidische Mistelritual – Stieropfer und das Ernten der Mistel von einer Eiche – wie auch der ungewöhnliche Tod Baldurs sind in der Sichtweise vieler Kulturanthropologen nicht ursprünglich keltisch oder schon gar nicht nordgermanisch, sondern gehen auf einen älteren neolithischen und bronzezeitlichen Opferkultus beziehungsweise auf ein rituelles Königsopfer zurück. Damit sollte die Erde, die Große Mutter, für den Tod ihrer Kinder, für das Ernten des Korns und anderer Speisepflanzen entschädigt werden. Die Eiche galt als der Baum des Königs, unter dem er bei Ratsversammlungen seinen Sitz einnahm. Zu Mittsommer wurde dieser bronzezeitliche Souverän hingerichtet, geopfert. Wie die Opferzeremonie aussah, glaubt der britische Literat und Wissenschaftler Robert Graves (1895–1985)[151] aus der Analyse mediterraner und vorderasiatischer Legenden, volkstümlicher Bräuche und megalithischer Monumente rekonstruieren zu können. Er schreibt in seinem Buch *Die Weiße Göttin* (Ranke-Graves 1985:143):

»Zu Mittsommer, am Ende einer halbjährigen Herrschaftsperiode, wird Herakles (der Sakralkönig. Anm. d. Autors) mit Met betrunken gemacht und in die Mitte eines Kreises von zwölf Steinen geführt, diese stehen um eine Eiche ... An diese Eiche wird er mit Weidenruten gefesselt ...; seine Gefährten schlagen ihn bewusstlos, und dann wird er gehäutet, geblendet, kastriert, mit einem Mistelast gepfählt und zuletzt auf dem Altarstein in Stücke geschnitten. Sein Blut wird in einem Becken aufgefangen und dann über die Stammesgemeinschaft gespritzt. ... Zwölf berauschte Männer rasen im Achtertanz um die Zwillingsfeuer, singen ekstatisch und zerreißen mit den Zähnen das Fleisch. Die blutigen Reste werden im Feuer verbrannt – außer den Genitalien und dem Kopf.«

»Mit einem *Mistelast* gepfählt« ist eine Unmöglichkeit, denn die Mistel bringt keine festen, hölzernen Äste hervor. Überhaupt fragt man sich, ob diese und die weiteren gruseligen Schilderungen in dem Werk von Ranke-Graves der Wirklichkeit entsprechen. Könnte es sein, dass diesem eher exzentrischen Oxford-Scholaren einfach die Fantasie durchgegangen ist? Auf jeden Fall wurden die Opferrituale zu Ehren der Göttin im Lauf der Weiterentwicklung der bäuerlichen Kultur milder. Der renommierte Mythenforscher Joseph Campbell (1904–1987) hebt hervor, dass der rituell getötete Stier zum Vertreter des Königs wurde. (Campbell 1992: 74f) Das Abschneiden der Mistel vom Wipfel der Eiche symbolisiert die Entmannung des Sakralkönigs (oder des kosmischen Stiers) und die Aneignung dessen Potenz. Einen Mistelzweig im Türrahmen aufzuhängen, macht symbolisch Sinn, denn traditionell wurden Türschwellen und -rahmen aus Eichenholz hergestellt.

Inzwischen wird vielerorts in Mitteleuropa zwecks erotischer Spielchen zur Sonnwendzeit ein Mistelbüschel über die Türschwelle gehängt. Sogar in den Rocky Mountains, wo die Mistel weit und breit nicht vorkommt, will man auf den westeuropäischen Brauch keinesfalls verzichten. Da hängt man ein Sträußchen des silbrigen Steppenbeifußes *(Artemisia ludoviciana)* über die Türschwelle und nennt es *Wyoming Mistletoe.*

HASELNÜSSE UND HASELRUTE

Vor ungefähr 10 000 Jahren zogen sich die Gletscher zurück, es wurde rapide wärmer. Die eiszeitliche Steppe wurde zunehmend von Wald überwuchert. Das Großwild, die Mammuts, Rentiere, Woll-

Den Druiden war die Mistel die heiligste Pflanze, die in einem feierlichen Ritual mit einer goldenen Sichel vom Baum geschnitten wurde.

Eine außerordentlich wichtige Nahrungsquelle war schon unseren steinzeitlichen Vorfahren die Haselnuss, die deshalb viele Spuren in Brauchtum und Aberglauben hinterlassen hat.

nashörner und Büffelherden verschwanden, die Menschen in Europa lebten nun von kleinerem Waldwild, vom Fischfang und dem Sammeln von Wildpflanzen. Eine äußerst wichtige Nahrungsquelle wurden die Nüsse der Haselnussstaude *(Corylus avellana)*. Urgeschichtler fanden ganze Halden von Haselnussschalen in den Abfällen mesolithischer Siedlungen. Man schlief auf dicken Schichten solcher Schalen, was vor der Bodenkälte schützte. Wir haben also eine lange Beziehung zur Hasel und entsprechend viel Brauchtum und Aberglauben bezüglich dieses Strauches. (Storl 2019f: 88; Storl 2020a: 193ff)

Vor allem spielt die Hasel beim Fruchtbarkeitszauber eine Rolle: »In die Haseln gehen« bedeutet, den Liebesakt in freier Natur vollziehen; die Redewendung »Nüsse knacken« bedeutete im Mittelalter so viel wie »Entjungferung«; von einem unehelichen Kind munkelt man, es sei wohl »aus der Haselstaude gesprungen«, und wer kennt nicht den Spruch: »Viele Haselnüsse im Herbst, viele Kinder im nächsten Sommer.«

Auch die Haselrute, die der Weihnachtsmann in seiner linken Hand trägt, hat mit Fruchtbarkeit zu tun. Denn mit einem zu einer günstigen Zeit – etwa in der Sommer- oder Wintersonnenwende – geschnittenen, gegabelten Zweig kann man seine Energien wie einen Laser bündeln und damit in unsichtbare Dimensionen hineinspüren. Man kann verborgene Wasserquellen, Erzadern, Schätze oder Diebesgut finden oder durch Fernwirkung Feinde schädigen oder Hexen, die heimlich die Kühe melken und die Milch stehlen, verprügeln. Auch Wetterzauber lässt sich mit dem Haselstock bewirken. Davon waren die Inquisitoren der Kirche überzeugt. In Prozessakten, wie in dieser aus der Schweiz, lesen wir: »Ein Teufel überreichte einer Hexe einen Haselstab und hieß sie damit in den Bach zu schlagen, worauf ein Platzregen erfolgte.« Der Hintergrund für diesen Glauben ist, dass Schamanen schon seit dem Mesolithikum Haselgerten benutzten, um das Wetter zu beeinflussen.

Der Haselstecken ist – neben dem der Eberesche *(Sorbus aucuparia)* – der von Zauberern meistverwendete Stab. Auch Hermes, der griechische Schamanengott, der Herr der Händler, Gauner und Ärzte, der leichtfüßig alle Grenzen überschreitet – auch die Anstandsgrenzen und die Grenze zur Jenseitswelt –, trägt als Zauberstab den *Caduceus*, einen von ein oder zwei Schlangen umwundenen Haselstecken. Dieses Schamanenzepter wurde als Äskulapstab zum Symbol der Ärzteschaft und der Pharmazeuten. Auch das Dollarzeichen ($) als Symbol des grenzüberschreitenden Handels geht darauf zurück.

Man kann mit diesem Zauberstab tief ins Unsichtbare hineintasten, sogar bis ins verborgene Totenreich. Die Toten, die Ahnengeister, können sich wiederum über die Hasel mit der Welt der Lebenden verbinden. Wenn der Weihnachtsmann also in der Heiligen Nacht, dieser »Zeit außerhalb der Zeit«, die jungen, gebärfähigen Frauen mit dem Haselrutenbesen berührt oder ihnen einen sanften Schlag gibt, dann wird es für die Ahnenseelen möglich, in die Frauen hinüberzuspringen; auf diese Weise vermögen sie sich als Enkel in der Sippe wiederzuverkörpern. Das Wort Enkel kommt ja ursprünglich aus dem althochdeutschen *eniklīn* und bedeutet »kleiner Ahne, kleiner Vorfahre«.

Dass die Hasel eine Brücke zu den verstorbenen Vorfahren ist, lesen wir auch in dem alten Märchen vom Aschenputtel. Das verwaiste Mädchen pflanzt einen Haselstecken auf das Grab seiner Mutter. Über die Hasel kann Aschenputtel den mütterlichen Segen empfangen, sie muss nur dreimal den Spruch aufsagen: *»Bäumchen, rüttle dich und schüttle dich, wirf Gold und Silber über mich.«* Auch die drei Täubchen, die in dieser Haselstaude sitzen, sind Helfer aus der Ahnenwelt; sie warnen den Königssohn, der die junge Frau liebt: *»Rucke di guck, rucke di guck, Blut ist im Schuck; der Schuck ist zu klein, die rechte Braut sitzt noch daheim.«*

Die Assoziierung von Hasel und Sexualität war der Kirche nicht ganz geheuer. Die Menschen sollten sich auf die wahren spirituellen Werte, auf die Erlösung von Sünden richten und sich nicht von vorübergehenden sinnlichen Gelüsten verführen lassen. Richtigen Frieden mit dem heidnischen Zaubergehölz machte die Kirche eigentlich nie. Bei der Benediktineräbtissin Hildegard von Bingen hieß es noch: »Der Haselbaum ist ein Sinnbild der Wollust, zu Heilzwecken taugt er kaum.« Und in der Waldverordnung der Speyerer Bischöfe (1482) gilt der Haselstrauch als wertloses »Unholz«.

Botanisch gehört die Hasel zur Familie der Birkengewächse. Sie ist ein Vorfrühlingsanzeiger. Jeder kennt die »Kätzchen«, die männlichen Blüten, die zum Leidwesen vieler Allergiker ganze Pollenstaubwolken in die Luft entlassen, zugleich aber eine wichtige Nahrungsquelle für die Bienen sind. Die winzigen roten, sternförmigen, weiblichen Blüten kennt kaum jemand, es sei denn, er schaut ganz genau hin. Die Blütenkätzchen sind heilkräftig. Sie wirken schweißtreibend und kommen bei Erkältungen mit in den Schwitztee. Die Nüsse geben Energie, sie erhöhen den Blutdruck und sollen der männlichen Potenz helfen.

DER APFELBAUM UND SEINE FRUCHT

Der Apfelbaum war für die indigenen Völker Europas schon seit frühesten Zeiten ein heiliger Baum. Archäologen fanden in einer Siedlung der ersten

Kommt, von allerreifsten Früchten
mit Geschmack und Lust zu speisen!
Über Rosen soll man dichten,
in die Äpfel muss man beißen.

JOHANN WOLFGANG VON GOETHE, FAUST II

Bauern (Bandkeramiker) in der Nähe von Heilbronn verkohlte, 6 000 Jahre alte Reste von Äpfeln. Auch die neolithischen Pfahlbauern, die vor über 4 000 Jahren am Bodensee lebten, aßen die Früchte dieses zur Familie der Rosengewächse gehörenden Obstbaumes. Lange glaubten Botaniker, erst die Römer hätten die Äpfel zu den nördlichen Völkern gebracht und dass diese Eingeborenen nur kleine, saure, schlecht bekömmliche Holzäpfel *(Malus sylvestris)* kannten. Inzwischen wissen wir, dass sie Äpfel anpflanzten und züchteten. Die Römer führten lediglich bessere Kultursorten ein, die sie, wie auch das Pfropfen, von den Persern übernommen hatten. Äpfel gewährleisteten – neben Hafer, Roggen und Haselnüssen – das Überleben der Menschen in der Winterzeit. Das Apfelobst hält sich lange und wurde zu Dörräpfeln (Apfelschnitzen, Apfelringen), Mus, Most und Essig verarbeitet.

Der Geist des Winters, den wir heute als Weihnachtsmann kennen und den die Christen in der Gestalt des heiligen Nikolaus weiterhin verehren, trägt traditionell einen Sack mit Äpfeln, Haselnüssen und süßem Backwerk auf dem Rücken. Apfel und Haselnuss sind auch Totenspeisen, die in den geweihten Nächten den Verstorbenen geopfert wurden. Äpfel wachsen auch in der »anderen« Welt, im Paradies, das die Kelten Apfelland *(Avalon)* nannten. Äpfel schenken neues Leben und ermöglichen die Wiedergeburt. Wie wir schon hörten, legte man deswegen dem am Spieß gebratenen Spanferkel oder dem Eberkopf, der in den heiligen Nächten der Wintersonnenwende verspeist wurde, einen roten Apfel ins Maul, damit das Tier wiedergeboren werden kann.

Selbst die Götter brauchen ihren täglichen Apfel, um jugendlich und schön zu bleiben. In der nordischen Mythologie ist es die holde Göttin Iduna, die den Göttern jeden Tag goldene Äpfel bringt. Als der Feuergott Loki eines Tages von einem bösen Riesen geraubt wurde, wollte dieser ihn nur freilassen, wenn er ihm Iduna und ihre Äpfel ausliefere. Als er das tat, begannen die Götter zu altern, ihre Haare wurden grau, ihre Haut runzelig, die Zähne wackelten und die Kraft verließ ihre

Apfel, Nuss und Mandelkern sind nicht umsonst die sprichwörtlichen Mitbringsel der Weihnachtszeit – sicherten sie unseren Vorfahren doch das Überleben im Winter.

Glieder. Loki gelang es jedoch, Iduna zu befreien. Er schlüpfte in Freyas Falkengewand, verwandelte die Gefangene in eine Nuss und flog mit ihr nach Asgard zurück. Der Riese verfolgte die Flüchtenden in der Gestalt eines Adlers: Sie entkamen nur mit Mühe. Als die Asengötter das sahen, entzündeten sie ein mächtiges Feuer, die Flügel des Adlers verbrannten und der Unhold stürzte in den Tod.[152]

Was für die Götter gilt, gilt in gewissem Maße auch für die Menschen; das englische Sprichwort besagt: *»An apple a day keeps the doctor away!«* (Ein Apfel am Tag hält den Arzt fern!) Schwangere, so hieß es, sollten viele Äpfel essen, damit das Kind gesund werde und rote Backen bekäme. Der Apfel war also für unsere Vorfahren das Sinnbild der Unsterblichkeit und Reinheit; die zartweißen, rosa angehauchten, lieblich duftenden Blüten galten als Ausdruck der holden Frühlingsgöttin, der Maibraut, und als Zeichen der Liebe.

Der Apfelbaum gehörte zu den sieben heiligsten Bäumen der Druiden, neben Eiche, Birke, Erle, Weide, Stechpalme und der Haselnussstaude – auch, weil er eine bevorzugte Wirtspflanze der zauberkräftigen Mistel ist. Seit alters war es Brauch, in den geweihten Wintertagen in den Obstgarten zu gehen und den Apfelbäumen zuzutrinken: »Je mehr man ihnen zutrinkt, desto mehr Ertrag bringen sie.«

Man kann sich vorstellen, wie schwer es den christlichen Glaubensverkündern fiel, die frisch Bekehrten davon zu überzeugen, dass alles Böse *(Malum)* vom Apfel *(Malus)* stammt.[153] Indem Eva den Einflüsterungen der Schlange erlag und von der verbotenen Frucht des Baumes der Erkenntnis aß, traten der Tod, die Sünde und das Leid ins Leben der Menschen. Adam und Eva wurden aus dem Paradies vertrieben. Vorsichtig, wie sie war, gab die verführte Frau ihrem Mann die Frucht, damit er als Erster hineinbeißen sollte. Das tat er und dabei blieb ein Stück in seinem Hals stecken. Deswegen haben Männer ausgeprägtere Kehlköpfe, die man noch immer als »Adamsapfel« bezeichnet.

Tatsache ist, dass der Apfelbaum *(Malus)* im heißen, trockenen Klima des Nahen Ostens nicht besonders gut wächst. Was als »Apfel« in der Bibel erwähnt wird, meint eher den dort endemischen Granatapfel *(Punica granatum)*, der einst der Großen Göttin, der Gegenspielerin des Gottes der Bibel, geweiht war.

Ebenso wie die Eingeborenenvölker im nördlichen Europa sich das Schwein nicht nehmen ließen, indem sie es unter die Obhut des heiligen Antonius stellten, so ließen sie sich den Apfel nicht verteufeln. Nicht nur bringt der heilige Nikolaus Äpfel, sondern oft schmückt man den Weihnachtsbaum mit roten Äpfeln. In gewissem Sinne ist somit die (verbotene) Frucht wieder zum Paradiesbaum zurückgekehrt. Schließlich kommt am Heiligen Abend, wenn die Engel jubilieren und das Gotteskindlein geboren wird, das Paradies vorübergehend wieder zu den Menschen.

Mit der Entwicklung der Glasbläserindustrie wurden die Äpfel, die man an den Weihnachtsbaum hängte, durch gläserne Christbaumkugeln ersetzt. Der Legende nach konnten es sich die Glasbläser in Thüringen nicht mehr leisten, den Baum mit echten Äpfeln zu schmücken. So kamen sie auf die Idee, diese aus Glas nachzuformen.

CHRISTKLOTZ ODER JULBLOCK

Ehe die Christen kamen, war es in fast ganz Europa Brauch, zur Wintersonnenwende einen Baum zu fällen, den Stamm zu schmücken, mit Wein oder Bier zu begießen und ihn feierlich ins Haus zu schleifen. Das eine Ende dieses sogenannten Julklotzes wurde auf die brennende Feuerstelle gelegt und bei Bedarf immer wieder nachgeschoben. Die ganzen zwölf Tage der Sonnenwende sollte der Stamm brennen. Nach den Feiertagen wurde die Asche aufs Feld oder in den Garten gestreut, das sollte für Fruchtbarkeit sorgen. Auch den Tieren im Stall gab man etwas von der Asche ins Futter. Der glimmende Holzklotz, der Julblock, gab der Sonne Unterstützung für ihren neuen Jahreslauf.

Meistens bestand der Julblock aus einem Eichenstamm, denn die Eiche war, wie schon erwähnt, der Weltenbaum der Indoeuropäer.[154] Unter ihm fanden einst die Ratsversammlungen (Thing) der Stämme statt. Denn ein Baum, in den der Blitz häufiger einschlägt als in alle anderen Bäume, wird den Räten wohl auch den Blitz des erleuchteten Denkens und der Einsicht vermitteln können. Der Wintersonnwendklotz konnte aber auch aus Birken- oder Eschenholz bestehen.

In der Zeit der Missionierung versuchten verschiedene Bischöfe, diesen heidnischen Brauch auszumerzen. Einer der Ersten war der heilige Martin von Braga (6. Jh.), der »Apostel der germanischen Sueben«, die sich während der Völkerwanderung im spanischen Galicien angesiedelt hatten. Der heilige Mann untersagte ihnen strengstens »das Opfern von Feldfrüchten und Wein über einen Holzblock in der Feuerstelle«. Der Brauch war diesen Völkern jedoch zu wichtig, als dass sie davon lassen wollten. Und da er sich nicht verbieten ließ, wurde der glimmende Holzklotz bald zum Christblock, Christklotz, Weihnachtsklotz oder, wie man in Altbayern sagt, zum Mettenstock.

Bei den Südslawen wird diese Tradition bis heute fortgesetzt: Am Heiligen Abend *(Badnjak)* fällt die Dorfgemeinde eine Eiche und verbrennt ihren Stamm feierlich im Freien. Die Feiernden nehmen Zweige – an diesen haftet noch, wie bei Eichen üblich, das trockene, gelbbraune Laub – mit ins Haus, wo sie zusammen mit dem Weihnachtsstroh geweiht werden. Auf dem Stumpf des gefällten Baumes wird Wein oder Branntwein, Brot oder Getreide geopfert. An diesem Feuer, sagt man, soll sich das frierende Christkindlein wärmen. Wie anderswo wird auch im Balkan die fruchtbarkeitsfördernde Asche auf Felder und Gartenbeete gestreut. Das Badnjak-Feuer brennt den ganzen Weihnachtstag. Moderne Städter, die keine eigene Feuerstelle haben, schauen dem Verbrennen des Klotzes gerne im Fernsehen zu.

In Skandinavien spielt der Julklotz während der zwölf Tage ebenfalls eine wichtige Rolle. Während dieser Zeit ist das Haus offen für Gäste, die sich an dem Feuer wärmen und an der Weihnachtstafel *(Julbrod)* laben können.

In England brachte Father Christmas traditionell den Eichenklotz *(Yule log)*, den die Menschen in der dunklen Jahreszeit verbrannten, um – wie es heißt – böse Geister zu vertreiben. Heutzutage ist der Klotz zu einem mit Schokolade überzogenen Weihnachtskuchen geworden, der die Form eines Baumstammes hat. Die Borke wird durch eine gerillte Cremeschicht nachgeahmt und das Ganze mit Blättern, Beeren und Marzipanpilzen verziert. Auch in Frankreich ist das Verbrennen eines Christklotzes selten geworden, auch hier ist aus dem Holzstamm eine Biskuitrolle, die *Bûche de Noël,* geworden (Bächtold-Stäubli, Bd. IX: 898); ebenso in Belgien, wo der Kuchen *Kerststronk* heißt.

In Lettland wird zur Wintersonnenwende *(Ziemassvētki)* am »Balkenabend« *(Bluka vakars)* ein Eichenbalken oder -stamm mit Seilen aus dem Wald geholt und lärmend von vermummten Teilnehmern von Haus zu Haus, von Hof zu Hof durch das Dorf gezogen. Beim letzten Hof wird er zu Ehren der Sonne verbrannt. Es heißt, der Stamm nimmt alle schlechten Energien auf, alle Verfehlungen und bösen Gedanken aus dem vergangenen Jahr, mit dem Wunsch, Feldern, Wäldern und Tieren gutes Gedeihen und Glück zu bringen. Vor allem aber soll der Brauch der Sonne Kraft geben, wieder auf den Himmelsberg hinaufzusteigen.

WEIHNACHTSSTROH

Im ländlichen Skandinavien legte man sich in der Heiligen Nacht nicht in die Betten zum Schlafen, sondern man streute das Jul-Stroh auf den Boden und schlief darauf. Denn auch das Christkind musste in der Nacht seiner Geburt auf dem Stroh in der Krippe schlafen. In den Betten, in denen man sonst schlief, konnten dann die selig Verstorbenen oder auch die Engel schlafen. Auch in Teilen Österreichs beachtete man bis zur zweiten Hälfte des 19. Jahrhunderts diese Sitte. Weihnachtsstroh hatte in dieser Nacht segnende Kraft. Es wurde während der zwölf Tage – wie wir sahen (siehe Seite 150) – um die Stämme der Obstbäume gewunden und auf den Acker gestreut, wo es Frucht-

Der Julklotz hat in Form eines feinen Kuchens bis heute überlebt: In Frankreich gehört die *Bûche de Noël* zum Weihnachtsfest.

barkeit im folgenden Jahr bewirken sollte. In vielen Ländern, auch in Deutschland, wurde Stroh unter den Esstisch gestreut, darauf legte man kleine Happen des Weihnachtsmahles, als Gabe für die Geister. Den Hühnern machte man mit dem Weihnachtsstroh Nester, damit sie gut legen und ihre Eier nicht (an eine falsche Stelle) verlegen sollten.

Wir können uns heute kaum mehr vorstellen, welche zentrale Bedeutung Stroh einst für die Menschen hatte. In der Jungsteinzeit, als die Menschen sesshaft wurden, entwickelte sich Getreide zum Hauptnahrungsmittel, zuerst als Brei und Mus und bald als Brot; auch das Bier, das »flüssige Brot«, wurde wichtig. Auf Stroh schliefen die neolithischen Bauern, sie streuten ihre Tiere damit ein und oft deckten sie ihre Dächer damit. Für sie war es der Geist der Sonne, der sich im Korn und im Stroh verkörpert. Er hatte sich für die Menschen und ihre Tiere geopfert, um deren Lebensträger zu werden. Mit dem goldblonden Stroh stand man zur Zeit der Sonnenwende mit dem Sonnengeist, mit den Kräften des Lebens, in Verbindung. Wie Lichtspeere schießen die grünen Halme im Frühjahr nach oben und nach der Sommersonnenwende reifen die Körner wie goldene Nuggets heran.

Im Zuge der Modernisierung der Landwirtschaft schwand dieses Brauchtum immer mehr. Wegen der mit dem Stroh verbundenen Feuergefahr wurde es teilweise verboten, die Brandversicherungen zahlten (ab 1850) keinen Schadensersatz. Und mit dem Aufkommen der Mähdrescher[155] hatte man nicht mehr so langes und feines Stroh zur Verfügung. (Bächtold-Stäubli 1987 Bd. IX: 950) Bei neuen Getreidezüchtungen sind die Halme auch kürzer, damit sie die schwereren Ähren tragen können.

DIE ROTE ROSE

Eine Rose, die in der Nacht, mitten im Winter, der kalten Erde entspringt, gibt es in der wirklichen Welt nicht, und wenn, dann würde sie gleich erfrieren. Ein schönes altes Weihnachtslied aus dem Speyerer Gesangbuch von 1599 spricht aber tatsächlich von einer solchen Rose.

Es ist ein Ros entsprungen
aus einer Wurzel zart.
Wie uns die Alten sungen,
von Jesse kam die Art.
Und hat ein Blümlein bracht
mitten im kalten Winter
wohl zu der halben Nacht.

Was in dem beliebten Weihnachtslied angedeutet wird, ist die irdische Geburt Gottes in der Gestalt eines Menschenkindes, in der dunkelsten Winternacht. Das Kindlein ist die Rose und Maria der Rosenstock. So etwas hat nichts mit dem natürlichen Lauf der Dinge zu tun; es ist ein wahres Wunder, ein einmaliges, übernatürliches Geschehen.

Nicht nur in dem Lied, sondern auch sonst ist der menschgewordene Gott mit der roten Rose verbunden. Die fünf Wunden des Gekreuzigten werden poetisch als die fünf roten Blütenblätter dieser Blume umschrieben. In der mittelalterlichen Ikonografie ist der »Rosengarten« ein Sinnbild für das Schlachtfeld. Die Rosen bedeuten die Wunden, die uns das Leben schlägt. Man glaubte, wenn Märtyrer sterben, wachsen da, wo ihr Blut vergossen wurde, rote Rosen. Als weitere Illustration dieses Gedankens können wir den aus Basel stammenden Ritter Burghard Münch zitieren, der den Habsburgern und den Franzosen half, gegen die freien Schweizer zu kämpfen. Vor der Schlacht im Alten Zürichkrieg (1444) soll er gesagt haben: »Nun baden wir in Rosen!« Und als er die vielen gefallenen Eidgenossen sah, kommentierte er: »Ich blicke in einen Rosengarten, den meine Vorfahren vor hundert Jahren gepflanzt haben.«

In der christlichen Symbolik gehört die rote Rose zum Dasein, zur verkörperten Seele, die durch das Jammertal der materiellen Welt gehen muss; die weiße Lilie dagegen symbolisiert die Leidlosigkeit der nichtinkarnierten Seele, die sich in der spirituellen Dimension befindet. Der Erzen-

Die Schneerose oder Schwarze Nieswurz hat auch den Namen Christrose bekommen, weil sie ihre Blüten zur Weihnachtszeit öffnet.

Ich sah des Sommers letzte Rose stehn,
sie war, als ob sie bluten könne, rot;
da sprach ich schauernd im Vorübergehn:
So weit im Leben ist zu nah am Tod.

FRIEDRICH HEBBEL

gel Gabriel trug eine weiße Lilie – ein Zeichen des noch nicht geborenen, reinen, schuldlosen, himmlischen Kindes –, um der unbefleckten Maria zu verkünden, dass sie guter Hoffnung war.

Glaubt man den Esoterikern, dann ist das irdische Leiden nicht sinnlos: Der Schmerz der Wunden öffnet die Bewusstseinszentren *(Chakras)* und lässt die Blüten der Erkenntnis aufblühen.

Die Rose, im Orient als Königin der Blumen gefeiert, gehörte einst der Göttin der Liebe und Leidenschaft, der Venus oder Aphrodite. Jede Rose hat ihre Dornen, und Leidenschaft bedeutet oft just das: Leiden.

Gelegentlich wird der Weihnachtsbaum zu Ehren des inkarnierten Heilands mit roten Rosen geschmückt. Rudolf Steiner etwa pflegte das zu tun.

CHRISTROSE ODER NIESWURZ

Die Schwarze Nieswurz *(Helleborus niger)*, auch Schneerose genannt, ist in den östlichen Kalkalpen zu Hause. In Bayern und Österreich findet man sie wild wachsend, aber die meisten von uns kennen sie lediglich als Garten- oder Topfpflanze, die man in Supermärkten als »Christrose« oder »Weihnachtsrose« kaufen kann. Das Hahnenfußgewächs lebt konträr zur übrigen Vegetation. Im Spätherbst, wenn die Bäume ihr Laub fallen lassen und die normalen Blumen welken und Samen bilden, beginnt sie Blütenknospen zu entwickeln. Zur Wintersonnenwende schließlich, wenn die Sonne an ihrem Tiefpunkt angelangt ist, öffnet sie ihre Blüten – deswegen wird sie Christrose genannt. Sie blüht bis Anfang März. Mit ihren hübschen, rosa angehauchten, grünlich weißen Blütenblättern und Honigduft lockt sie die letzten frierenden Insekten. Und wenn diese ausbleiben, bestäubt sie sich selbst. Ein Poet oder Mystiker könnte fragen: Setzt die Natur in dieser »Schneerose« ein Zeichen, dass trotz der saturnisch düsteren, kalten Jahreszeit im Verborgenen die Wiedergeburt des Lichts stattfindet? Will sie das in tiefster Nacht geborene Christkind, diese »innere Sonne«, mit ihren Blüten begrüßen?

Es ist oft so, dass Gewächse, die sich gegen den natürlichen Rhythmus der Sonne auflehnen, stark toxisch wirken. Die Schwarze Nieswurz enthält tatsächlich verschiedene Gifte: etwa das nieren- und schleimhautreizende Protoanemonin, welches im frischen Zustand das Nervensystem stören und Ganglienblockern ähneln kann. Auch ein Herzglykosid ist in den schwarzen Wurzeln vorhanden, das auf den Rhythmus und auf die Schlagkraft des Herzens, also auf die »mikrokosmische Sonne«, einwirkt. Hinzu kommen Saponine, die stark schleimhautreizend, brechreizerregend und drastisch abführend wirken und bei Überdosierung zum Tod führen können. Aber gerade diese Giftwirkung ist es, die in der Antike die Christrose zur wichtigen Heilpflanze machte. Ob eine Pflanze Heilmittel oder Gift ist, kommt ja, wie Paracelsus lehrte, vor allem auf die Dosierung an. Man sah in ihr ein wertvolles Mittel zum Purgieren, das heißt, zum Erbrechen, Abführen und Herausschwitzen einer Krankheit. Diese Maßnahme ist eine der ältesten und universellsten Therapien.

Die alten Ärzte waren bemüht, Krankheiten und Heilmittel im kosmischen Zusammenhang zu verstehen. Ein Leiden, das durch den ungünstigen Einfluss eines Planeten bewirkt wird, wurde mit einem Heilkraut behandelt, das ebenfalls die Signatur des Planeten trägt. Bei der Nieswurz war es eindeutig: Sie gehört dem Saturn, dem langsamsten der sichtbaren Wandelsterne, dem Greis unter den Planeten. Im Jahreslauf manifestiert er sich im dunklen, grauen, kalten Jahresende – gerade, wenn diese Pflanze blüht. Im Menschenleben regiert Saturn das hohe Alter: im positiven Aspekt als Weisheit, Nüchternheit und Abgeklärtheit – Eigenschaften des Weihnachtsmannes; im negativen Aspekt als Melancholie, Altersstarre, Verkalkung sowie schwerste Gebrechen. Als Melancholie (griechisch *melas* = »schwarz« und *chole* = »Galle«) bezeichnete man die Depression, die Niedergeschlagenheit, die Schwermütigkeit oder das »Schwarzsehen«, das sich einstellt, wenn – nach alter Meinung – ein Überschuss an schwarzer Galle vorhanden ist. In dem Fall muss die schwarze Galle, die das Herz verdunkelt, purgiert, also ausgeleitet, werden. Dafür ist, in der richtigen Dosierung, die Schneerose gut. Alte Männer trugen einst die schwarze Wurzel mit sich in der Hosentasche und verzehrten jeden Tag ein Krümelchen davon.

Das getrocknete Wurzelpulver wurde auch geschnupft: Das darauffolgende explosive Niesen zwang die dämonischen, bösartigen Entitäten, die sich im Körper eingenistet hatten, diesen zu verlassen. Man gab es auch den Besessenen, Wahnsinnigen und Fallsüchtigen. Sogar in den Rauchfang – das ist, wie schon erwähnt, nach alter Vorstellung der Eingang, den Geistwesen benutzen, um ins Haus zu gelangen – streute man es, um unliebsame Andersweltliche fernzuhalten.

Selbstverständlich grub man die Saturnpflanze am Saturntag (Samstag) aus, und zwar zur Saturnstunde, zu einer Zeit, in der sich der Planet im eigenen Haus (im Steinbock) befindet oder sonst gut aspektiert ist. Wegen ihrer Giftigkeit geriet die Nieswurz allmählich in Verruf. Zu Beginn der Neuzeit entdeckte Paracelsus die Pflanze neu. Ganz Feuer und Flamme schrieb er in seinem *Herbarius*: »Mehr Tugend und mehr Kraft ist in diesem Kraut, als alle Schriftsteller, die auf den Hohen Schulen gelesen werden, jemals in Bezug auf das lange Leben geschrieben haben.« (Pörksen 1988: 27)

KIRSCHBAUM

Über den wundersam blühenden Weißdorn von Glastonbury (siehe Seite 86f.) haben wir schon etwas erzählt.

Eine ähnliche Geschichte weiß ein englisches Weihnachtslied aus dem 13. Jahrhundert, *The Cherry Tree Carol*, zu erzählen: Als Josef und Maria mitten im Winter auf dem Weg nach Bethlehem waren, um dem Gebot des römischen Kaisers nachzukommen, sich zählen zu lassen, kamen sie an einem Kirschbaum vorbei, der plötzlich aufblühte und sofort reife Kirschen hervorbrachte. Maria bat ihren Mann Josef, er solle ihr doch einige pflücken, da sie schwanger sei. Josef wurde ungehalten, denn er hatte die ihm Anvertraute nie berührt, wie sollte er sie da geschwängert haben?

»Lass doch den Vater des Kindes die Kirschen pflücken! Außerdem hängen sie zu hoch«, sagte er barsch.

Da sprach das Christkind aus dem Bauch seiner Mutter: »Biege dich herab hoher Baum, dass meine Mutter die Kirschen essen möge!« Und der Baum bog sich bis zu den Händen Marias herab.

Da nahm Josef Maria auf den Schoß, bat um Verzeihung und fragte das Kindlein, wann der Tag der Geburt stattfinden würde.[156] Es antwortete: »Am sechsten Januar wird mein Geburtstag sein, wenn Sterne und Elemente vor Freude beben werden.«[157]

Das Lied geriet weitgehend in Vergessenheit, wurde aber von Bewohnern abgelegener Täler des Appalachen-Gebirges beibehalten. Auch den Brauch, Zweige der winterruhenden Vegetation ins Haus zu bringen und sie bis zum Weihnachtstag zum Blühen zu bringen, pflegten diese Bergbewohner weiterhin. Infrage dafür kommen Holunder, Baumzweige und vor allem Kirschzweige. Da diese protestantischen, schottisch-irischen *(Scots-Irish)* Siedler auch das alte Weihnachtsdatum beibehalten haben, erwarten sie, dass die Zweige nicht am 25. Dezember, sondern am 6. Januar, am *Old Christmas Day*, blühen.

Vor einigen Jahren wurde diese sehr alte englische Ballade des blühenden Kirschbaums wiederentdeckt. Populäre Sänger wie Joan Baez, José Feliciano und Judy Collins haben sie auf Tonträger aufgenommen.

Möglicherweise brachten die Kreuzritter diese Ballade aus dem Heiligen Land mit, denn die syrischen Christen kannten ein ähnliches Lied. Auch das apokryphe Evangelium des Pseudo-Matthäus erzählt, wie Josef und Maria auf der Flucht nach Ägypten an einer Dattelpalme mit reifen Früchten rasteten. Maria hätte gerne davon gekostet, aber Josef entgegnete: »Sie hängen zu hoch, da kommt man nicht hin. Außerdem wäre es besser, Wasser zu suchen, denn unser Vieh hat Durst.«

Da sagte das Jesuskind, das mit fröhlicher Miene auf dem Schoß seiner Mutter saß, zu der Palme: »Neige dich, Baum, und erfrische meine Mutter mit deinen Früchten!« Dann befahl er einer unterirdischen Wasserader, zum Baum zu fließen und den Baum zu tränken. Das Wasser trat an die Oberfläche, sodass die Heilige Familie und ihre Tiere ebenfalls trinken konnten.

WEISSDORN ODER HAGEDORN

Da der Weißdorn (*Crataegus monogyna* oder *C. laevigata*, syn. *C. oxyacantha*) – auch Hagedorn, Heckendorn und Rosendorn genannt – in der Sonnwendzeit eine wichtige Rolle als Barbarazweig spielt, wollen wir ihn hier nochmals erwähnen. Eigentlich gehört der im Mai so hübsch blühende Weißdorn zum Maifest (keltisch *Beltaine*). Für die Kelten war das Bäumchen besonders heilig, da zu der Zeit der junge Sonnengott Hochzeit mit der Pflanzengöttin feiert. Bei dem Fest trugen die Mädchen Kränze aus blühendem Weißdorn.

Bei den Germanen gehörte der Weißdorn der Frau Holle. Der weißblühende Strauch, der auch eine rotblühende Spielart (*Crataegus laevigata* var. *splendens*) hervorbringt, erscheint im Märchen von Schneeweißchen und Rosenrot.

Überall wo er wächst, gilt der Weißdorn als Schutz gegen böse Geister, Hexenmachenschaften, Krankheiten und gegen Vampire.

Wie um den Weißdorn (rechts), so ranken sich auch um den Kirschbaum Sagen von wundersamerweise zur Winterzeit blühenden und fruchtenden Bäumen.

Nachwort: Der neue Animismus

Tradition ist nicht das Bewahren der Asche, sondern das Schüren der Flamme.

JEAN JAURÈS

Als ich Anfang der 1960er-Jahre als junger Mensch an der Ohio State University voller Begeisterung *Anthropology* studierte, war der rassistische, kolonialistische, vom Darwinismus inspirierte Denkansatz des tonangebenden britischen Doyens der Anthropologie, Sir Edward B. Tylor (1832–1917), längst überwunden. Dieser Stubengelehrte postulierte eine kulturelle Evolution in drei Stufen. Da gab es auf der untersten Stufe die primitiven (dunkelhäutigen) Wilden *(Savages)*; diese waren *Animisten*, das heißt, sie glaubten, alles in der Welt sei beseelt. Diesen kindlichen Irrglauben bezeichnete Tylor als *Animismus* (lat. *anima/animus* = »Seele«). Auf einer höheren Entwicklungsstufe befänden sich die barbarischen (farbigen) Völker, die polytheistisch sind, also an eine Vielzahl von Göttern (Götzen) glauben. Die zivilisierten Völker europäischen Ursprungs stünden an der Spitze der menschlichen Entwicklungsgeschichte, wobei auch diese dreifach gegliedert seien, mit den Briten und anderen Westeuropäern ganz oben an der Spitze und den Süd- und Osteuropäern etwas darunter. Auf jeden Fall seien die Zivilisierten monogam, gesittet und, was die Religion betrifft, Monotheisten, die den Befehl des einzigen Gottes wahrnahmen: »Macht euch die Erde untertan!« Diese Zivilisierten hatten das primitive, kindliche Wunschdenken, die irrationale magische Geisteshaltung, hinter sich gelassen und es vermocht, durch Analyse und rationelles Denken die Natur zu beherrschen.

Zwar seien auch die eigenen Vorfahren durch diese Stufen der kulturellen Evolution gegangen, auch sie waren einst Animisten und später Polytheisten gewesen. Aber das sei längst überwundene, alte Geschichte. Nur bei Hinterwäldlern und Bauern, also im ländlichen Brauchtum, befänden sich im Aberglauben und den jahreszeitlichen Festen noch rudimentäre Überbleibsel *(survivals)* der primitiveren Glaubensvorstellungen. Solche alten Bräuche und die dazugehörigen animistischen Glaubensinhalte seien mit den Rudimentärorganen *(vestigial organs)*, jenen nutz- und funktionslosen Überbleibseln aus früheren Stadien der biologischen Evolution (Phylogenese) – wie etwa Blinddarm, Weisheitszähne, Steißbein oder Körperbehaarung –, zu vergleichen. Diese können eine Belastung sein und es ließe sich besser ohne sie leben.

Der inhärente Rassismus dieser viktorianischen Anthropologie war – als ich studierte – Gott sei

Dank längst abgelegt worden. Nach dem Ersten Weltkrieg versuchten Anthropologen die »kulturellen Survivals« nach ihrer Funktionalität innerhalb des jeweiligen gegenwärtigen gesellschaftlichen Kontextes zu verstehen. Erfüllen die Survivals möglicherweise doch einen (noch nicht erkannten) Zweck?

Die Kulturwissenschaftler kamen schließlich zu dem Schluss, dass eventuell alles innerhalb des jeweiligen sozialen und kulturellen Kontextes Sinn macht. Dennoch galt der Gedanke einer beseelten Natur, wie man ihn bei vielen nativen Völkern noch antraf, als irrational. Man versuchte dieser Irrationalität, diesen abstrusen Bräuchen und vernunftwidrigen Vorstellungen der Eingeborenen – auch denen der eigenen Vorfahren – auf den Grund zu kommen. Was steckte dahinter? Wie sonst sollte man den ganzen Aberglauben, in denen es von zahllosen Göttern, Geistern und Dämonen nur so wimmelt, verstehen können? Man musste das aus einer objektiven, wissenschaftlichen Warte kritisch hinterfragen. Mittels psychologischer, psychoanalytischer, marxistischer, ökonomischer und auch soziologischer Analyse ging man die Sache an. Ernst nahm man die Aussagen der Eingeborenen – etwa, dass man mit Tieren und Pflanzen reden kann oder dass es Zwerge gibt – nicht. Man erforschte die Natives, so wie Entomologen Insekten erforschen, durch Anwendung der empirischen, objektiven, naturwissenschaftlichen Methode. Das heißt, man machte sie zu Gegenständen, die man unbefangen und nüchtern von außen observiert und analysiert. Eine Herangehensweise, die das genaue Gegenteil von dem ist, wie traditionelle Schamanen und Wissende der Eingeborenengesellschaften vorgehen. Letztere versuchen, völlig in Resonanz zu gehen mit dem, was sie erfahren wollen; sie »verzaubern sich« sozusagen in das Phänomen hinein und werden eins mit ihm. Es ist wie ein intimer Liebesakt, in dem man mit dem Partner verschmilzt und ihn nicht zuerst distanziert und ohne Emotionen beobachtet und analysiert. Die wahren Schamanen gehen in die Tiefenmeditation, Trance oder Versenkung, und verbinden sich mit dem Phänomen. Was sie dabei erkennen, kann nur in Bildern gefasst werden, in bunten, märchenhaften Bildern. Deswegen gelten Schamanen auch als »Märchenerzähler«. Was sie dann erzählen, ist nicht subjektive Fantasie, nichts Erdachtes, keine Halluzination; es ist die Wahrheit, die metaphysische Wahrheit.

Hiermit soll keineswegs gesagt werden, dass die objektive, quantifizierende Wissenschaft keinen Wert hat. Sie tut uns wertvolle Dienste und hilft uns, das Leben zu meistern. Sie brachte uns Strom, Kraftfahrzeuge, Flugzeuge, Kernkraft, Kunststoff, moderne Medizin, Internet und vieles mehr, ohne das wir heute nicht mehr leben könnten.

Aber sie hat einen Haken. Sie vermag nur das Äußere, das Materielle zu erkennen; sie ist reduktionistisch, das heißt, einseitig beschränkt. Sie hat keinen Zugang zu den geistigen und seelischen Dimensionen. Sie ist gefühlskalt. Und da sie sich nicht liebevoll mit der Natur und der Seelenwelt verbindet, erwies sie sich im Laufe der Zeit als teilweise dekonstruktiv. Sie hinterließ eine entseelte, entzauberte, ernüchterte Welt – ein *Wasteland*, wie es der amerikanische Dichter T. S. Eliot formulierte –, eine Welt der Gegenstände, die uns gegenüberstehen und in der die Natur letzten Endes lediglich aus Ressourcen besteht, die rücksichtslos ausgebeutet werden können.

Als Gegenbewegung entstand im 19. Jahrhundert die Romantik und in jüngster Zeit – in den 60er- und 70er-Jahren des 20. Jahrhunderts – die New-Age-Bewegung. Ernst nahm der Mainstream diese kaum, sie war etwas für Traumtänzer, Drogen-Freaks und sonstige Spinner. Parallel dazu interessierte man sich jedoch in der akademischen Anthropologie zunehmend für Phänomene wie den Schamanismus, die Anwendung von Entheogenen (psychedelischen Substanzen), außergewöhnliche Bewusstseinszustände wie Besessenheit, dissoziative Geisteszustände, Träume und Trance bei den verschiedenen Ethnien. Für junge Ethnologen wurden Carlos Castañeda und sein Lehrmeister, der Zauberer *(brujo)* vom Stamm der Yaqui, Don Juan Matus, Kult.

Inzwischen gibt es in der Ethnologie und der Kulturanthropologie einen völlig neuen Ansatz: Im Zuge der ökologischen Probleme, der Ausbeutung immer knapper werdender Ressourcen – Abholzen der Wälder, Überfischung und Vermüllung der Meere, dem massiven Schürfen von Mineralien und seltenen Erden – fängt man an, den indigenen Völkern, die seit eh und je im Einklang mit ihrer natürlichen Umwelt leben, zuzuhören. Auch im Zuge der Entkolonialisierung versucht eine Handvoll Kulturwissenschaftler, endlich die Weltvorstellungen der indigenen Völker ernst zu nehmen und dabei die Völkerkunde selbst zu entkolonialisieren. In diesem Zusammenhang spricht die Kulturanthropologie von *New Animism* (Neuer Animismus). Vielleicht könnte die Sichtweise der meisten nichtwestlichen, naturnahen Völker wie auch die unserer heidnischen Vorfahren eine Richtigkeit haben, wenn es bei ihnen heißt, alles in der Welt ist beseelt; Pflanzen, Tiere, Steine, Flüsse, Seen und Berge haben ihre Rechte und müssen respektiert werden; sie sind »Personen«, mit denen man kommunizieren kann und fair umzugehen hat.

Könnte es nicht sein, dass die Vielfalt von Bräuchen und Überlieferungen aus präkolonialistischen, vorkapitalistischen Zeiten, die in weiten Teilen Europas noch gepflegt werden, ebenfalls Ausdruck eines inhärenten Verständnisses der Beseeltheit der Natur sind? Vielleicht ist es doch so: Diese Bräuche sind nicht längst überholt und tot; sie können uns mit den Tiefen unserer eigenen Natur verbinden, sie tun uns gut; sie geben der »äußeren« Natur eine Stimme und befreien uns von dem nihilistischen Seelenzustand der Entfremdung. Man muss sie nur verstehen.

Max Lüthi, der Schweizer Märchenforscher sagte einmal: »Im Märchen sublimiert sich die Welt.« Man kann hinzufügen, auch in Mythos und Brauchtum. »Man darf sagen, da es alles Innere in Äußeres übersetze, alles im dunklen Raum der Seele Verborgene in Sichtbares verwandle. Die Erdenschwere fällt ab, die Dinge werden durchscheinend, leicht und hell ... Anstelle von Zeit und Raum tritt Wesentlichkeit.« (Biedermann 1990: 7)

Ältestes bewahrt mit Treue,
freundlich aufgefasstes Neue,
heiteren Sinn und reine Zwecke:
Nun man kommt wohl eine Strecke!

JOHANN WOLFGANG VON GOETHE
GEDICHTE, 1827

Anmerkungen

1. Dieses späte Datum im Jahr wurde zuerst auf den letzten Donnerstag im November gesetzlich festgelegt, da dann alle Kongressabgeordneten wieder von Washington an ihre Heimatorte zurückgekehrt sind. Die Händlervereinigung wehrte sich gegen das späte Datum, da es mit dem Weihnachtsgeschäft konkurrierte. Deswegen wurde es 1941 ein kleines bisschen früher, nämlich auf den 4. Donnerstag im November festgelegt.
2. https://www.tagesspiegel.de/wissen/sind-pflanzen-intelligent-3758149.html
3. Das trifft selbstverständlich nicht in den Tropen und am Äquator zu, wo die jahreszeitlichen Schwankungen nicht stattfinden, sondern nur in den nördlicheren (und südlicheren) geografischen Breiten.
4. Im Weltbild der hinduistischen Shaivas, der Anhänger Shivas, wird der Gott der Götter als »weiß wie die Jasminblüte« und als unendliche, heiß glühende Feuersäule beschrieben; seine Gefährtin ist die kühle, feuchte, dunkle Parvati, die Göttin des Universums. Sie sind in inniger Liebe verbunden und werden als Linga und Yoni verehrt.
5. Johannes trat an die Stelle des beliebten Baldur, der zu Mittsommer getötet wurde. Der rote Saft des Johanniskrauts, das um die Sommersonnenwende blüht, galt als Blut des Heiligen.
6. Der neuheidnische Schriftsteller Géza von Neményi kommentiert dazu: »Das Heidentum wird vereinzelt zu Unrecht immer noch mit dem Nationalsozialismus in Verbindung gebracht. Der Nationalsozialismus bediente sich tatsächlich auch einiger heidnischer Elemente, die er u. a. aus der Lebensreform, der Arbeiter- und der Jugendbewegung übernahm (z. B. Sonnwendfeiern, Maifeste oder einzelne Runenzeichen), seine eigentliche Ideologie aber fand ihre Vorbilder im christlichen Römischen Reich (z. B. die Reichsidee und das Führerprinzip, der Missionierungskrieg gegen den Osten, der Antisemitismus). Das NS-Parteiprogramm bekannte sich von Anfang an zum Christentum, während damalige heidnische Gruppen und ihre Vertreter verfolgt wurden.« (Neményi 2004: 9)
7. Dieses Zeitalter bezieht sich auf den Durchzug des Frühlingspunktes (Frühjahrs-Tagundnachtgleiche) durch den Himmelssektor der Fische (Pisces). Davor, vor 2000 Jahren, befand sich der Frühlingspunkt im Sternbild Widder (Aries) und nun stehen wir an der Grenze zum Wassermannzeitalter (Aquarius). Diese Zeitalter gelten als Monate im platonischen Jahr, das 28000 Jahre dauert und von dem Durchgang des Frühlingspunktes durch alle Sternbilder des Tierkreises bestimmt wird.
8. Lysergsäurediethylamid ist eine von dem Schweizer Chemiker Albert Hofmann (1906–2008) entdeckte psychedelische (psyché = Seele; délos = offenbarend) Substanz, die im Mikrogrammbereich bewusstseinserweiternd und ego-entgrenzend wirkt.
9. Der am Getreide schmarotzende Schlauchpilz heißt Mutterkorn, da die alten Hebammen ihn wohldosiert als wehenförderndes, kontrahierendes, blutstillendes Mittel bei Geburten einsetzten. Albert Hofmann entdeckte bei der chemischen Analyse dieses Pilzes das heute noch in der Gynäkologie verwendete Methylergometrin und nebenbei das LSD.
10. https://kulturspalte.de/die-himmelsscheibe-von-nebra/
11. Der Name des Gottes Tonatiuh aus der Nahuatl-Sprache bedeutet: »Er geht hin, um zu wärmen und zu leuchten.«
12. Das englische Wort für entzünden ist to kindle. Es kommt aus dem Mittelenglischen kindel (= »gebären«) und ist etymologisch mit dem deutschen Wort Kind verwandt.
13. Deswegen trage ich gerne ein Gundermannzweiglein hinter dem Ohr, wenn ich in die elektronisch überfrachtete Atmosphäre eines Fernsehauftritts eingeladen bin.
14. Die lettischen Dainas sind vierzeilige Gesänge, die trotz der Verbote verschiedener Fremdherrschaften die spirituelle Vision, die überlieferte Kultur der Ahnen und den vorchristlichen Glauben über die Jahrhunderte am Leben hielten.
15. Volkskundler sprechen von dem »Vegetationsdämon«.
16. Bei den Kelten kann der Korngeist in der Gestalt der Chailleach, der »Verhüllten«, der »alten Frau«, erscheinen; bei den Russen als Polevik, den Ukrainern als Zitna, den Tschechen als Zithola. Dieser Geist kann auch als Sichelweib erscheinen und den Menschen gefährlich werden, besonders den Kindern, die im Kornfeld spielen.
17. Wichtelzotteln wurden die verfilzten Haare genannt, weil man glaubte, Schabernack treibende Wichtel würden nachts, wenn diese schlafen, die Haare der Menschen oder auch die Mähnen der Pferde verzwirbeln.
18. Zum Thema Bilwis siehe herman de vries, »heilige bäume, bilsenkraut und bildzeitung« (Anmerkung des Verfassers: Kleinschreibung im Original) in: Franz-Theo Gottwald und Christian Rätsch (Hrsg.), Rituale des Heilens. Aarau: AT-Verlag 1993, Seite 41 ff; und Wolf-Dieter Storl, Götterpflanze Bilsenkraut. Solothurn: Nachtschatten-Verlag 2014d, Seite 28f.
19. Nicht zu verwechseln mit der Zitronenverbene (Aloysia citrodora), die man als Tee kaufen kann. Sie kam als Neophyt aus Südamerika und wurde erstmals 1781 in Madrid im Botanischen Garten angepflanzt.
20. Hochwachsende Flachspflanzen ergeben längere Fasern als kürzere, sie lassen sich besser spinnen und werden deswegen bevorzugt. Das moderne Getreide hat schwerere Ähren, und die Halme sind kürzer, als es früher der Fall war; es wurde so gezüchtet, damit es unter der Last nicht so leicht umkippt. In früheren Zeiten wollte man jedoch mehr Stroh, das man als Streu für den Stall benötigte.
21. Der Iwan-Kupala-Tag oder Noc Świętojańska wird in Polen nach dem gregorianischen Kalender am 23./24. Juni gefeiert, bei den christlich-orthodoxen Ostslawen nach dem alten julianischen Kalender am 6./7. Juli.
22. Nach dem alten julianischen Kalender galt der Tag des Vitus als Sommeranfang.
23. Obwohl er den besessenen Sohn des römischen Kaisers Diokletian heilte – so die Legende –, ließ dieser ihn foltern, unter anderem, indem er ihn in einem Kessel mit siedendem Öl kochen ließ. Ein Engel rettete ihn, er starb aber bald darauf im Jahr 304 n. u. Z. als Märtyrer.
24. Auch im Elsass und in Süddeutschland genießt der Heilige besondere Verehrung. Er gilt als der Schutzpatron Sachsens.

25. Eines der Hauptkultzentren des Svantewit (Swantowit) war Kap Arkona auf Rügen.
26. Gemeint sind nicht synthetische Substanzen aus dem Labor, wie synthetische Opioide, sondern natürliche Drogen, wie Hanf oder einige Pilze, obwohl auch diese für labile Menschen gefährlich sein können.
27. Grutbiere sind Kräuterbiere, ohne den Hopfen, der erst von den Benediktinermönchen eingeführt wurde. Grutbiere wurden vor allem mit Gagelstrauch (Myrica gale), Sumpfporst (Ledum palustre), Gundermann und eventuell Eschenblättern gewürzt.
28. https://www.weihenstephaner.de/neuigkeiten/der-heilige-veit-lat-vitus-der-lebendige
29. In traditionellen Kulturen heißt es, wer vom Blitz getroffen wird und überlebt, wird Schamane.
30. Eine Sati beschreibt in der traditionellen indischen Kultur eine treue Ehefrau, die sich nach dem Tod ihres Gatten freiwillig mit auf dem Scheiterhaufen verbrennt, um auch in der anderen Welt an seiner Seite zu bleiben.
31. Es gibt auch andere Kulturen, in denen die Sonne als weiblich gedeutet wird – etwa die japanische Sonnengöttin Amaterasu, die irisch/keltische Göttin Grian oder die hethitische Sonnengöttin von Arinna.
32. Wie schon erwähnt, trat Johannes an die Stelle des Eichenkönigs oder des Baldur, dessen Tod man mit dem Mittsommerfest verband, sodass auch Johannes im Volksaberglauben mit dem Sommersonnwendopfer, dem einsetzenden Niedergang der Sonne, verbunden ist. Die christliche Kirche legte allerdings die Feier der Geburt des Johannes auf den 24. Juni fest und das Gedenken seiner Enthauptung auf den 29. August.
33. Die Idee, dass Johannes Heuschrecken aß, beruht auf einem Übersetzungsfehler. Wovon er sich ernährte, waren die Schoten des Johannisbrotbaums (Karobbaum, Ceratonia siliqua). Im Hebräischen heißt Heuschrecke Hagavim, der Johannisbrotbaum haruvim.
34. Außer bei den Anabaptisten, den Täufern, wo Erwachsene sich bewusst zu Christus bekennen, indem sie unter Wasser getaucht werden, taufen die konventionellen Kirchen, die evangelische wie auch die katholische, die Kinder im Säuglingsalter, indem sie ihnen geweihtes Wasser auf das Köpfchen sprengen. Diese Art Taufe ist ein Zugeständnis an die keltisch/germanische Tradition der Wasserweihe der Kinder. Durch diesen von einem Priester (Goden) ausgeübten Ritus soll das neugeborene Kind mit dem Geist des Lebens verbunden werden.
35. Im Englischen ist es der glow worm (Glühwurm), im Westen der USA die fire fly (Feuerfliege) und im Osten des Landes der lightning bug (Blitzkäfer).
36. Eine Diskussion zum Thema »Berufung« und Berufskräuter findet der Leser in meinem Buch "Die 'Unkräuter' in meinem Garten". München: Gräfe und Unzer 2018
37. Johann Wolfgang von Goethe, Der Zauberlehrling, 1798.
38. Lichtkeimer: Die Samen brauchen Licht, um zu keimen.
39. Ob das Wulvesgelegena der Hildegard wirklich die Arnika war, wird von einigen Ethnobotanikern wie Heinrich Marzell angezweifelt. Möglicherweise deutet der Name nicht auf die Arnika – sie wuchs damals nicht im Rheinland –, sondern auf den giftigen Sturmhut oder Eisenhut (Aconitum napellus), der auch Wolfswurz genannt wurde.
40. Leider habe ich die Quelle für diese Anekdote nicht mehr finden können. Es könnte sich um eine Fehlinformation handeln. Der Universalgelehrte ist – so die offizielle Biografie – an der Pest gestorben.
41. Wirksam gegen die Freis, jene bösen Wesen, die die fallende Sucht kleiner Kinder bewirken.
42. Una, die anagrammatische Umkehrung von Anu, der Ahnin, der Urgöttin, der Holle, der die Pflanze geweiht war.
43. Mehr zur Brennnessel als Wildgemüse, etwa in der leckeren Brennnessel-Lasagne, findet der Leser in dem Buch von Christine und Ingo Storl, »Die Rezepte unseres Lebens«. München: Gräfe und Unzer 2023
44. Nachgedichtet von dem Dichter Paul Zech, 1930.
45. Ganz falsch ist das nicht, denn Holunderblütentee ist ein wirksames, klinisch geprüftes Heilmittel bei fiebrigen Erkältungen.
46. Im Niederdeutschen heißt der Holunder allgemein Flieder, ein Name, der im 17. Jahrhundert auf den türkischen Flieder (Syringa vulgaris) übertragen wurde. Wenn es also in alten Kräuterbüchern heißt, man solle einen »Fliedertee« bei Erkältung trinken, dann ist immer der Holunderblütentee damit gemeint.
47. Ethnologen sprechen diesbezüglich von mystischer Teilnahme (participation mystique) der Menschen an den mittsommerlichen Wachstumskräften der Natur.
48. Die »Zwölf« ist eine magische Zahl. Die zwölf Sonnwendtage müssen nicht unbedingt zwölf Kalendertage sein, sondern mehrere Festtage. Vielerorts fangen die Tage zu Sankt Veit (15. Juni), dem Sommersonnwendtag nach dem alten julianischen Kalender, an und erstrecken sich – je nach Region und lokalem Brauchtum – bis zu Peter und Paul (29. Juni) oder gar bis zu Sankt Theobald am 30. Juni. In Thann (Elsass) wird an diesem Tag ein spätes Sonnwendfeuer gefeiert, wobei auf dem Dorfplatz drei Tannen zeremoniell verbrannt werden. (Beitl 1974: 413; Bächtold-Stäubli VIII 1987: 88)
49. Die Sage erzählt, dass die Hermännchen oder Hermännle verwunschene Soldaten oder auch Zwerge seien, aber es handelt sich um eine Eindeutschung des tschechischen Namens Hermánek (Kamille).
50. Grannus, ein altkeltischer Sonnengott (altirisch Grian = Sonne), der männlich oder auch weiblich erscheinen kann, ist Herr/Herrin der heißen Heilquellen. Er heizt sie bei seiner nächtlichen Wanderung unter der Erde auf. Die Thermalbäder in Aachen (etymologisch Aqua granni) waren ein Heiligtum dieser Gottheit.
51. In den französischsprachigen Ländern heißt es: »Elle m'aime un peu, beaucoup, par fantaisie, par jalousie, pas du tout.«
52. In England fragten die Mädchen ähnlich: »Rich man, poor man, beggar man, thief; doctor, lawyer, Indian chief.«
53. Bezeichnungen aus anderen Kulturkreisen, wie Prana, Pneuma, Ruach, Ch'i oder Od, decken sich nicht unbedingt mit diesem chemischen Begriff O2, aber sie benennen den Lebensatem.
54. Im nördlichen Deutschland kennt man die Holle als Frau Harke, Berta oder Frau Gode.
55. Freya gehört zum Göttergeschlecht der Wanen (altnordisch Vanir, »die Glänzenden«). Im Gegensatz zu den eher kriegerischen Asen sind sie friedlich. Sie sind vor allem Vegetationsgötter, des Zauberns mächtig, für Sonnenschein, Regen und Fruchtbarkeit zuständig. Freya, Göttin der Liebe, Freyr, ihr Zwillingsbruder, und Nerthus (Herda), die Erdgöttin, gehören zu den Wanen.
56. Der Kelch – so die Legende – sei aus dem Kristall gemacht worden, der aus der Krone des abtrünnigen Engels

Luzifer gefallen war, als dieser vom Himmel herabstürzte.

57. Der Chalice-Well hat, wie ich erfahren durfte, tatsächlich eine sehr starke (geo-energetische) Ausstrahlung. Ich sah, wie die Aura der Menschen, die das Wasser tranken oder sich damit wuschen, sich energetisierte und verjüngte.
58. Phipps, J.B.; O'Kennon, R.J.; Lance, R.W. 2003. Hawthorns and medlars. Royal Horticultural Society, Cambridge, U.K.
59. Bekannt als eines der »Weltwunder der Antike« ist der Artemistempel des antiken Ephesos (heute die anatolische Stadt Selçuk). Schon im Neuen Testament wird von den Schwierigkeiten erzählt, die der heilige Paulus im Kampf gegen den Diana-Kult in Ephesus erleiden musste (Apostelgeschichte 19:27-40).
60. 1999 hat die damalige Landesbischöfin der Ev.-luth. Landeskirche von Hannover, Margot Käßmann, in der Kirchengemeinde Nikolausberg, Göttingen, drei Kinder namens Philipp (10 Jahre), Marlen (8 Jahre) und Elin (9 Jahre) als erste Nikolausberger Kinderbischöfe und -bischöfinnen in ihr Amt eingeführt.
61. Das Christentum ist eine synkretistische Religion. Die Mitra sowie der Krummstab wurden von der pharaonischen Religion übernommen, beide gehörten dem gestorbenen und wiederauferstandenen Gott Osiris.
62. Hier und da wird ein solches Männlein auch am Martinstag oder am Dreikönigstag gegessen.
63. Die Transsubstantiation (Wesensverwandlung) findet durch die vom Priester gesprochenen biblischen Wandlungsworte statt, mit welchen der Heiland beim letzten Abendmahl seinen Jüngern verkündete: »Dies (das Brot) ist mein Leib; dies (der Wein) ist mein Blut.« Für Luther fand keine Transsubstantiation statt, sondern eine Konsubstantiation; das heißt, Brot bleibt Brot und Wein bleibt Wein, aber der verklärte Christus sei in ihnen anwesend. Für viele protestantische Denominationen dient das Abendmahl lediglich der Erinnerung an das göttliche Opfer.
64. Bevor es zur billigen Wegwerfware wurde, war das Schuhwerk, das uns durch das Leben trägt, etwas ganz Besonderes. Es wurde vom Schuster sorgfältig für jeden Einzelnen geschustert; man fettete seine Schuhe jeden Tag ein und polierte sie, damit sie lange hielten.
65. Hochdeutsche Übersetzung: »Nikolaus, der große Mann, klopft an alle Türen an. Kleinen Kindern gibt er was, große Kinder steckt er in den Sack. Halli, halli, hallo, so geht das in Bremen zu.«
66. Auch die hinduistische Göttin der Zerstörung, die schwarze Kali, verkörpert die Zeit (Sanskrit Kālā = »Zeit«; Kalá = »schwarz«).
67. Auch Luzia geschrieben
68. Wegen Feuergefahr werden die brennenden Kerzen heutzutage durch elektrische Lichter ersetzt.
69. Der Jünger Thomas wird der »Zweifler« genannt, weil er zuerst die Auferstehung Christi und dann die leibliche Himmelfahrt Marias gezweifelt hatte. Später soll der Apostel das Christentum nach Indien (Malabarküste) gebracht haben (Thomaschristen). Er starb am 21. Dezember im Jahr 72 n. u. Z. in der Nähe von Madras, dem heutigen Chennai, in Indien.
70. Was den Schnaps betrifft, da nahm (oder nimmt) der Bärwurzschnaps eine besondere Rolle ein. Die Bärwurz (Meum athamanticum), ein würzig aromatischer Doldenblütler, der nur auf Urgestein auf über 700 Metern wächst, ist im Schwarzwald eine sakrale Pflanze. Die Flasche mit dem Brand wurde im Herrgottswinkel, in der Nordostecke der Stube aufbewahrt und dort für längere Zeit unter das Bild der Muttergottes oder eines Heiligen gestellt, wie etwa des Hirschheiligen Hubertus. So glaubte man die Kraft der Bärwurz noch zu erhöhen. Wegen der Bärwurz, welche das Vieh gerne frisst, sei die Milch der Schwarzwälder Kühe auch besonders gut.
71. Der Besen muss aus Birkenruten sein, denn schon bei den Kelten, übrigens auch bei den Römern, war dieser der Weißen Göttin geweihte Baum ein Symbol der Reinheit und des Neuanfangs.
72. Leider hat es in den letzten Jahren terroristische Anschläge auf Weihnachtsmärkte gegeben und während der Covid-Pandemie wurden sie geschlossen, aber die wunderbaren Märkte sind nicht unterzukriegen und es wird sie noch weiterhin geben. Um die religiösen Gefühle Andersgläubiger nicht zu verletzen, sollte man die Weihnachts- oder Christkindlmärkte mit dem neutraleren Begriff »Wintermärkte« bezeichnen.
73. Es gibt noch einen weiteren Bezugspunkt zum Geburtstag des Christkindes. Am 25. Dezember 274 n. u. Z. offenbarte der römische Kaiser Aurelius seine Göttlichkeit als stellvertretender Sonnengott, als »unbesiegbare Sonne«. Den Kaiser als Sol Invictus zu verehren, wurde Staatsdoktrin und von den Christen abgelehnt.
74. Einen Mithras-Tempel (Mithräum) mit einem großen Relief des Gottes entdeckten Archäologen im Jahr 2023 in Trier.
75. Ihre Vorfahren, die Angelsachsen und Wikinger im heidnischen England, machten das genauso: Sie legten zur Wintersonnenwende Futter für Odins Ross aus.
76. »Old Santeclaus with much Delight« Clement Clark Moore, 1821.
    Old Santeclaus with much delight
    His reindeer drives this frosty night,
    O'r chimney tops, and tracts of snow,
    To bring his yearly gifts to you.
77. Rudolph, the Red-Nosed Reindeer wurde 1949 von dem Schlagerkomponisten John Marks vertont.
78. Auch in Europa und Lateinamerika kam das Rudolf-Lied an.
79. In den Sommermonaten lebten diese Großwildjäger in Zelten, die sich gut transportieren ließen; im Winter lebten sie in überdeckten Grubenhäusern.
80. Das Wort Agni ist verwandt mit dem lateinischen Ignis »Feuer«, dem altkirchenslawischen ogni, dem litauischen ugnis und dem englischen Wort ignite »anzünden«. Die Protoindoeuropäische Wurzel (PIE) ist *egni- «Feuer«. Ognebog ist der altslawische Feuergott und Ogneyna die Göttin des himmlischen Feuers.
81. Neben den Rothirschgeweihmasken aus Star Carr gibt es mitteleuropäische Fundorte in Berlin-Biesdorf, Bedburg-Königshoven und Hohen Viecheln mit Masken, die im rituell-religiösen Kontext verwendet wurden.
82. Diese Zusammenhänge zwischen Schamanentum und Hirschen hat der Kulturanthropologe Hans Peter Dürr ausgiebig und sorgfältig dokumentiert (Duerr, 2015:391ff).
83. Hirsche, glaubte man, können sich ihrerseits in Menschenmänner verwandeln; sie gelten als höchst potent und gut aussehend und für Frauen äußerst verführerisch. Auch die Cheyenne sind davon überzeugt. Elkshoulder, einer ihrer wichtigsten Medizinmänner, galt als Hirsch-(Elk)Schamane. Zu der Zeit als ich ihm begegnete hatte er über 70 Enkelkinder.

84. Deutsch: »Sehr intelligent, aber doof.«
85. Thomas Hervey, The Book of Christmas (1836), illustriert von Robert Seymour.
86. Gylfaginning, Kap. 21. Snorri Edda, 12./13. Jahrhundert.
87. Die Überlieferung kennt nicht nur Kornböcke, die die Wachstumsenergie des Getreides verkörpern, sondern auch Haferböcke, Roggenböcke, Erbsenböcke und dergleichen.
88. Verwandt ist das keltische gabro, welches dem indogermanischen kapro und dem lateinischen caper (Ziege) entspricht. (Maier 2003: 124)
89. Auch die Feige war Juno heilig, denn wie die Ziege enthält dieser Baum Milch(saft).
90. Als Bhaga werden in der Rigveda Indra, der Träger des Blitzzepters, sowie der Feuergott Agni angerufen. Agni selber hat vier Hörner auf dem Kopf und sein Reittier ist ein Ziegenbock oder ein Widder.
91. Wir kennen zum Beispiel die bulgarische Sekte der Bogomilen (von Bog »Gott« und milost »Liebe«).
92. Ebenfalls verwandt mit dem slawischen Bog ist das englische Wort bogy oder boogy-man, ein Schreckgeist, Gespenst oder Butzemann.
93. Beim Ashvamedha wurde ein Hengst ein Jahr freigelassen und durfte frei laufen, wohin er wollte. Sobald das Tier ein anderes Königreich betrat, musste der Herrscher dieses Reiches entweder kämpfen oder die Oberherrschaft des Pferdebesitzers anerkennen.
94. In den kirchlichen Anweisungen für Missionare, dem Indiculus Superstitionum et Paganiarum, wird im 13. Abschnitt das Wahrsagen aus dem Verhalten der Schimmel verboten.
95. Als gespenstisch und furchterregend erscheint der Schimmel in der berühmten Geschichte »Der Schimmelreiter« von Theodor Storm. Die Hauptfigur lebt weiter als Spukgestalt in Schleswig-Holstein.
96. https://en.wikipedia.org/wiki/Father_Christmas
97. Als Tengrismus wird die uralte Weltsicht der Turkvölker und Mongolen beschrieben, bestehend aus einem dreigliedrigen Universum, mit dem ewig blauen Himmel (Tengre) oben, der Mutter Erde unten und der Natur – die Menschen, Tiere und Pflanzen – in der Mitte. Schamanismus, Ahnen- und Naturverehrung sind im Tengrismus zentral.
98. Der Houseker soll angeblich nach einem der Kléppelmänner benannt sein, jenen Bauernrebellen, die sich im Jahr 1798 im Dorf Hosingen (Housen in Lëtzebuergescher-Sprache) versammelten, aber dann eine Niederlage erfuhren.
99. Das Windauge (altskandinavisch vindaugu, schottisch windae, slawisch Okno), heute oft Eulenloch genannt, war die Bezeichnung für die Luke am Ende der Dachgiebel, die als Luft- und Rauchabzug diente, ehe es die durch die Römer eingeführten Glasfenster (lat. fenestra) gab. Die Häuser der Germanen waren dunkel; die Stroh- oder Rietdächer reichten fast bis zum Erdboden, das Feuer gab das wenige Licht. Das Windauge diente auch den Geistern – auch Odin, dem Herrn der Winde –, die sich oft als Windhauch kundtun. Dieses Geisterloch wurde mit aus Holz geschnitzten, gekreuzten Pferdeköpfen (Hengist und Horsa) geziert. Das war Brauch von den Niederlanden bis ins Baltikum, von Niederösterreich über Südböhmen und Tirol bis ins Engadin. Volkskundler vermuten, dass der Brauch ursprünglich auf echte Pferdeopfer zurückgeht. Seltener waren es gekreuzte Schwanenhälse (Altes Land) oder Schlangen (Spreewald). In Dänemark schützen Basiliskenköpfe und bei den Wikingern Drachenköpfe den Eingang (das Windauge) gegen unwillkommene Geister.
100. Das Bärenhäutertum war ursprünglich eine Zeit der Initiation für junge Männer. Dass sie mit bewusstseinsverändernden Mitteln, wie etwa dem Fliegenpilz, unter Aufsicht der »Priester« psychische Erfahrungen sammelten, ist wahrscheinlich.
101. Auch die Russisch-Orthodoxe Kirche sah im sibirischen Schamanismus eine Gefahr für die Seelen; wenn die Menschen sich berauschen wollten, dann sollten sie Wodka trinken. Die atheistischen Sowjets sahen Schamanen als reaktionäre Betrüger und Psychopathen und steckten sie gleich in den Gulag oder richteten sie hin.
102. In Großvaters Zeiten wurde Silberlametta viel verwendet und sorgfältig über die Zweige gehängt. Nach den Festtagen wurde es ebenso sorgfältig wieder abgenommen und für das nächste Jahr aufbewahrt.
103. Weihnachtslied von Nikolaus Herman, Lobt Gott, ihr Christen alle gleich. (Leipzig, 1554)
104. Weihnachtslied von Friedrich Spee (Würzburg, 1622)
105. Die Theorie der morphischen oder der morphogenetischen Felder wurde von dem englischen Biologen Rupert Sheldrake entwickelt und postuliert gestaltgebende, kollektive »Erinnerungen«, die biologischen wie auch kulturellen Systemen zugrunde liegen.
106. Der Weltenbaum ist nicht auf eine spezifische Baumart beschränkt. Jeder Baum kann der Weltenbaum sein. Bei den indoeuropäischen Völkern war es vor allem die Eiche, die diese Rolle innehatte. Der Weltenbaum kann aber auch die Birke sein – in Europa als Maibaum oder in Sibirien als Schamanenbaum. Oder die Fichte. In Südasien ist es vor allem die heilige Pappelfeige (Ficus religiosa), der Bodhi-Baum; bei den Maya in Mittelamerika ist es der bis zu 75 Meter hoch wachsende Wollbaum oder Kapok (Ceiba pentandron), im pharaonischen Ägypten war es die Sykomore (Ficus sycomorus), und bei den heidnischen Sachsen war es die Irminsul, die aus einem mächtigen Fichtenstamm bestanden haben soll und die Karl der Große im Jahr 772 n. u. Z. zerstören ließ, was einen dreißig Jahre dauernden Krieg auslöste.
107. Zur untersten Hierarchie gehören die Engel, etwa die Schutzengel, die Erzengel (die Hüter der Tierarten) und die Archai (die Urbeginner). Zur zweiten Hierarchie gehören die Kyriotetes, Dynameis und Exusiai, wo die Geister der Pflanzen zu Hause sind. Die Throne, Cherubim und Seraphim gehören zur obersten Hierarchie, sie sind der Trinität am nächsten und jenseits des menschlichen Fassungsvermögens. (Storl 2014b: 98)
108. Herakles: Alles fließt, wandelt und verwandelt sich in sein Gegenteil: »Aus warm wird kalt, aus Tag Nacht, aus Sommer Winter und aus Leben Tod.«
109. Dass die verschiedenen keltischen Stämme eine Art Baumkalender besaßen, ist erwiesen. Der irische Edelmann, Philosoph und Mythenforscher Roderick O'Flaherty (1629 – 1718) hat in seinem Werk Ogygia (1687) die langen mündlichen Überlieferungen zum Baumkalender aufgezeichnet. Darauf basiert das – eher spekulative – Werk von Robert Graves. Inzwischen gibt es viele sogenannte keltische Baumkalender und -horoskope, die eher auf Fantasien beruhen als auf echten geschichtlichen Überlieferungen. (Storl 2020b: 175ff)

110. Einst holten sich Frauen, die gerne schwanger werden wollten, ihre Kinder, indem sie im Titisee im Schwarzwald badeten, wo sich viele ungeborene Kinderseelen aufhalten.
111. In: Capitularia Regum Francorum I, Kap. 23, Satz 26.
112. Der Aderlass war seit der Antike ein medizinisches Verfahren, bei dem Tier oder Mensch größere Mengen (»böses«) venöses Blut entnommen wurde.
113. So war es lange Brauch, dass die Hebamme dem Neugeborenen eine Haarlocke abschnitt und den Geistern gab, damit diese nicht das ganze Kind wieder zurück in die andere Welt nehmen.
114. Es gibt örtliche Besonderheiten. So enthält der Leipziger Stollen viele Rosinen, der Dresdner Stollen vorwiegend Mandeln. (Bergmann 2012: 314) Selbstverständlich sind Konservierungsstoffe, künstliche Aromen und Margarine als Zutaten ein absolutes No-Go, für das Gebäck. Das Stollenrezept meiner Familie, typisch für Crimmitschau (Sachsen), findet man in dem Buch Die Rezepte unseres Lebens. (Storl/Storl 2023: 155)
115. In Indien ist es Gott (Vishnu) selbst, der die Gestalt eines Ebers (Varáha) annimmt, um die Welt, die Erdgöttin, die in schlammigen Tiefen versank, mit seinen Hauern emporzuheben und zu retten.
116. Es handelt sich dabei wahrscheinlich um eine uralte indoeuropäische Sitte. So schreibt Homer (Il. XLX, 251, 254): Agamemnons Diener »führten den Eber hervor und blieben nahe dem Fürsten. ... gleich er den Erstlingsborsten des Ebers abschnitt, seine Hände hebend an Zeus und schwur ... (Ström 1975: 144)
117. Eine andere Theorie besagt, dass Neujahrsvorsätze zur Zeit des römischen Reichs entstanden. Es waren Versprechen, die man den römischen Gott Janus, dem zweigesichtigen Gott, machte, der auf das vergangene Jahr zurück- und auf das neue Jahr vorausblickte.
118. Deutsche Übersetzung: »Die alte Gänsemutter (Frau Holle), wenn sie reisen wollte, flog sie durch die Luft, auf einem guten Gänserich.«
119. In Frankreich sind es Gänsestopfleber und andere Schlemmereien, wie Truthahn und Maronen, die beim Réveillon, dem traditionellen Mahl am Heiligen Abend, verspeist werden, ehe man zur Mitternachtsmesse geht.
120. Bei den Kelten, aber insbesondere bei den Germanen, spielten die Frauen eine wichtige Rolle als Seherinnen, Wahrsagerinnen und Reisende in die jenseitigen Welten (Schamaninnen). Tacitus, der aus der patriarchalisch geprägten römischen Gesellschaft kam, war darüber erstaunt. In seinem Werk Germania schreibt er: Sie (die Germanen) glauben, dass den Frauen so etwas wie Heiligkeit innewohnt, sowie Sehergabe; daher beachten sie ihre Ratschläge und richten sich nach ihren Weissagungen.
121. Diese Flüge waren keine hedonistischen Drogentrips, wie man es heute kennt; die Flüge und die Begegnungen mit den Geistern dienten der Gemeinschaft und Sippe, sie waren auch nicht ungefährlich. Es bedurfte einer reifen Persönlichkeit, sie durchzuführen.
122. Das Fastengebot zur Adventszeit wurde im 20. Jahrhundert von der Kirche aufgehoben.
123. Auf einem Markt in China konnte ich erleben, wie eine alte Marktfrau einen Karpfen der Länge nach halbierte und dessen Herz noch mindestens eine halbe Stunde schlug.
124. Offiziell war das Datum nicht immer. Erst Papst Innozenz XII. legte Neujahr im Jahr 1691 definitiv auf den 1. Januar fest.
125. Die Lehre des Zarathustra – der ewige Kampf Satans gegen den wahren Gott, die Hoffnung auf einen Messias, das Gericht am Ende der Zeit, das Wirken der Engel und so weiter – steht an der Wiege des westlichen Religionsverständnisses. Judentum, Christentum und Islam sind seine Kinder. Es kommt nicht von ungefähr, dass bei der Geburt des Jesus von Nazareth drei Magier, die sogenannten Weisen aus dem Morgenland, an der Krippe Pate standen.
126. »Christus« kommt übrigens vom altgriechischen Christos und bedeutet »der Gesalbte«, wie auch das hebräische Maschiach (Messias); das heilige Salböl bestand aus Olivenöl mit verschiedenen Gewürzen, darunter auch Myrrhe.
127. Es ist dieser Barbarossa, der »Rotbärtige«, von dem die Sage erzählt, er schlafe im Berg Kyffhäuser, sein Bart wachse durch den Tisch, und er werde erst erwachen, wenn die Raben den Berg nicht mehr umkreisen; dann werde das alte Reich wieder erneuert werden. Ein im Berg entrückter schlafender Kaiser ist ein altes indoeuropäisches Sagenmotiv. Auch Kaiser Karl sei bergentrückt und schlafe im salzburgischen Untersberg; der böhmische König Wenzel schläft im Berg Blanik, der slowenische König Corvinus im Berg Petzen und so weiter.
128. Das ist der sogenannte synodische Mond, der knapp 30 Tage braucht. Der siderische Mond dagegen bezeichnet die Zeitspanne, in welcher der Mond die zwölf Tierkreiszeichen durchläuft, diese dauert knapp 28 Tage.
129. Diese Differenz ergibt sich aus dem Kalender, aber nicht das allein erklärt die Bedeutung der zwölf Tage oder Nächte. Denn die Zahl ist eine magische Zahl, wie wir schon sahen; auch der Mittsommer erstreckt sich über zwölf Tage. Die Zwölf ist an sich die Zahl der Vollkommenheit; die 13 sprengt den archetypischen Zwölferkreis.
130. Aus diesem Grund sollten Schwangere den Beifuß, auch den Rauch dieses Korbblütlers, vermeiden, denn er kann abortiv wirken!
131. Der lieblich schmeckende Zubrowka-Vodka wurde wegen seines Cumarin-Inhalts, ebenso wie der Waldmeister, in den USA verboten, da man durch Tierexperimente Hinweise darauf hatte, dass Cumarin lebertoxisch wirkt. Neuere Forschungsergebnisse zeigen, dass Cumarin weniger toxisch ist als angenommen; man braucht also weder auf Mariengras noch auf die Waldmeisterbowle zu verzichten.
132. Unterschied zwischen Tanne und Fichte: Bei der Tanne sind die Nadeln flach und nicht spitz; bei der Fichte sind die Nadeln rund und spitz am Ende. Der Merkspruch dazu lautet: Die Fichte sticht, die Tanne nicht! Bei der Tanne stehen die Zapfen senkrecht auf dem Zweig; bei der Fichte hängen sie nach unten.
133. Auch übertrug man die Krankheit auf Vögel mithilfe der Fichte:
    Guten Morgen, liebe Fichte,
    ich bring dir (Name des Kranken) seine Gichte,
    und alle Vögel, die darüber fliechen,
    sollen die Gichter mit sich ziechen.
134. Der Prophet Deganawida, der die Irokesenstämme einigte, sah in der Vision eine Fichte, deren Spitze durch den Himmel in das Reich des allmächtigen Herrn des Lebens reicht.
135. Die berühmtesten Geigenbauer sind Andrea Amati (1505-

1577), Antonio Stradivari (1644-1737) und Carlo Bergonzi (1683-1747).

136. Wörtliche Übersetzung: »Die Stechpalme und der Efeu, wenn sie ausgewachsen sind, von allen Bäumen im Wald die Stechpalme trägt die Krone.«
137. Die bekannteste Überlieferung stammt von Gottfried von Straßburg im 12. Jahrhundert.
138. Auch Goethes Spazierstock bestand aus Stechpalmenholz.
139. Der angelsächsische Name, holig, holen, der mittelenglische holi oder holly hat nichts mit holy (heilig) zu tun, auch wenn das oft behauptet wird. Er hat eher mit »Hülse« und im erweiterten Sinn mit der (Frau) Holle, der »Verhüllten« zu tun. Hollywood, die Werkstatt manchen Zauberblendwerks, bedeutet übersetzt: Stechpalmenwald oder -holz. Der niederländische Name der Pflanze ist Hulsenbohm, plattdeutsch Hülsboom; altkeltisch Kelin, gallisch Cuillionne. In Schweden und Schleswig ist die Stechpalme der Christdorn, in Frankreich regional Epine de Christ und in Italien, Spina Christi. Der Aberglaube besagt, die Pflanze habe ihre Stacheln bekommen, nachdem Jesus gefoltert wurde.
140. Der Schneeball wächst auch in Nordamerika. Die amerikanischen Ureinwohner kochten aus der Innenrinde des Busches ein Dekokt, das bei Magenkrämpfen, Krampfhusten oder Regelkrämpfen krampflösend und beruhigend auf die glatte Muskulatur wirkt.
141. Die Ostseeslawen, deren Kultheiligtum sich auf Rügen befand, kannten den Sonnengott unter dem Namen Radegast.
142. Vollschmarotzer wie Fichtenspargel, Sommerwurz-Arten oder Schuppenwurz haben kein Chlorophyll.
143. Trude oder Drude ist ein Nachtgeist, der Albdrücken verursachen kann.
144. Auch der Alb, Alf oder Alp ist ein böser, elfischer Geist. Wo er sich auf einem Baum niedergelassen hat, entsteht ein Mistelstrauch.
145. Die Imagination des getöteten unsterblichen Helden ist eine indoeuropäische. Die Sagen von Siegfried oder Achilles gehören dazu.
146. Der Brauch, einander unter der aufgehängten Mistel zu küssen, kommt aus England und war in Mittel- und Osteuropa bis vor Kurzem unbekannt.
147. Eine ähnliche Rolle spielt die Mistel bei dem in Niederösterreich üblichen »Silvesterschlagen«: »Man versammelt sich dazu im Wirtshaus, wo die Gaststube an den Wänden und Fenstern mit grünen Tannenzweigen verziert ist. In der Mitte der Stube hängt ein Kranz von demselben Grün oben an einem Balken an der Decke, und in der »Hölle«, zwischen Ofen und Mauer, steht eine alte, hässliche, verlarvte, flachsbärtige Gestalt, die auf dem Kopf einen Kranz von Mistelzweigen trägt und Sylvester genannt wird. Kommt nun ein Bursche oder ein Mädchen durch Zufall unter den Kranz an der Decke, so springt Sylvester sogleich aus seinem Versteck hervor und gibt ihm einen derben Kuss.« (Seligmann 1996: 217)
148. Im gesamten Deutschen Reich wurden in einer Untersuchung (Monographie der Mistel, von Tubeuf, 1923) nur zwei Eichen mit Misteln gefunden, und zwar in Stuhm in Westpreußen und in Neef an der Mosel. (Marzell 2002:83)
149. Das Ritual wurde zum Beispiel auch nach der Kapitulation der Wehrmacht im Mai 1945 durch die Rote Armee durchgeführt.
150. Der Büffelstier, Auerochse und andere hörnertragende Tiere galten seit der Altsteinzeit als Begatter der Großen Göttin. In neolithischen Kulturen war es oft ein weißer Stier, der die Rolle als Potenzträger einnahm. Zeus begattet die Prinzessin Europa in Gestalt eines weißen Stiers; Dionysos, Gott der Ekstase und des Rauschs, reitet auf einem weißen Stier, wie auch Shiva, dessen Reittier Nandi ein weißer Bulle ist. Der spanische Stierkampf, der der Mutter Gottes geweiht, ist ein Ritual, das sich bis in archaische, spätneolithische Zeiten zurückführen lässt.
151. In seinen ins Deutsche übersetzen Werken nennt sich Robert Graves Robert von Ranke-Graves, da seine Mutter die Großnichte des berühmten deutschen Historikers Leopold von Ranke war. Sein Werk Die weiße Göttin war besonders bei der Hippie-Generation und der Frauenbewegung populär.
152. Die Griechen kannten eine ähnliche Sage von Nymphen, den Hesperiden, die zusammen mit dem mehrköpfigen Drachen Ladon auf einer Insel im westlichen Ozean einen Baum mit goldenen Äpfeln hüten, dessen Früchte den Göttern ewige Jugend verleihen.
153. Omne malum ex malo! (Alles Übel kommt vom Apfel)
154. Oft liest man, dass die Esche der Weltenbaum der Germanen war. Diese Behauptung geht auf den isländischen Gelehrten Snorri Sturluson (1179-1241) zurück, der als Christ versuchte, den Glauben seiner heidnischen Vorfahren aufzuzeichnen und vor dem Vergessen zu bewahren. Die Esche war jedoch ein Initiationsbaum für die Anhänger Odins und wurde Yggdrasil genannt, was »Reittier des schrecklichen Yggr« (Odin) bedeutet. Da in Island außer der Eberesche keine Bäume wachsen, konnte Sturluson nur vom Hörensagen berichten.
155. Der moderne Mähdrescher – er kostet bis zu einer halben Million Euro – vereint das Mähen und das Ausdreschen der Körner, und er zerkleinert und verteilt Strohhäcksel über die Flächen oder legt das Stroh als Schwand ab, um es später mit der Ballenpresse zu pressen. Wo früher ganze Dorfgemeinschaften tagelang mit der Kornernte beschäftigt waren, kann ein Bauer heutzutage, in der Maschine sitzend, innerhalb von 2 Stunden einen Hektar abernten.
156. Es gibt viele Fassungen dieses alten Liedes, einige davon geben das Datum als den 6. Januar an. Das war nämlich das Weihnachtsdatum vor der gregorianischen Kalenderreform.
157. Im Original:
Then Joseph took Mary
All on his right knee,
«Pray tell me, little baby,
When your birthday shall be?".
«On the sixth day of January
My birthday shall be,
When the stars and the elements
Shall tremble with glee.«

Register

M

N

O

P/Q

R

S

T

U/V/W

Y/Z

Literaturverzeichnis

Bächtold-Stäubli et al. **Handwörterbuch des deutschen Aberglaubens. Band I bis X.** Berlin/New York: Walter de Gruyter 1987 (Nachdruck der Ausgabe 1927-1942)

Becker-Huberti, Manfred. **Feiern, Feste, Jahreszeiten.** Freiburg/Basel/Wien: Herder 2001

Bergmann, Gunter (Hrsg). **Sächsisches Wörterbuch.** Leipzig: Lehmstedt Verlag 2012

Bertholet, Alfred. **Lexikon der Religionen.** Zürich: Ex Libris 1977

Biedermann, Hans. **Sagaheim.** München: Knaur 1990

Botheroyd, Sylvia und Paul. **Lexikon der keltischen Mythologie.** München: Diederichs 1995

Beitl, Richard und Oswald A. Erich. **Wörterbuch der deutschen Volkskunde.** Stuttgart: Alfred Kröner Verlag 1974

Brown Jr., Frank A. **»The Rhythmic Nature of Animals and Plants«.** In American Scientist. Ithica, NY: Sigma Xi June 1959

Campbell, Joseph. **Mythologie des Westens: Die Masken Gottes.** Bd. 3. Basel: Sphinx Verlag 1992

ders. **The Masks of God: primitive Mythology.** Hamondsworth, Middlesex: Penguin Arkana 1991

ders. **The Flight of the Wild Gander.** Chicago: Regnery Gateway Inc. 1969

Darwin, Charles. **Origin of Species.** London: John Murray 1859

Duerr, Hans Peter. **Die dunkle Nacht der Seele – Nahtod-Erfahrungen und Jenseitsreisen.** Berlin: Insel 2015

Frazer, James George. **Der Goldene Zweig.** Reinbek bei Hamburg: Rowohlt 1989

Giebel, Marion. **Das Geheimnis der Mysterien.** München: Dtv 1993

Gifford, Jane. **The Celtic Wisdom of Trees.** London: Godsfieldpress 2006

Graves, Robert. **The White Goddess.** London/Boston: Faber and Faber 1961 (deutsch: Robert von Ranke-Graves. Die Weiße Göttin. Reinbek bei Hamburg: Rowohlt Taschenbuch 1985)

Haën, Nayoma de. **Das Mysterium der Raunächte.** Burgrain: KOHA-Verlag 2012

Haerkötter, Gerd und Marlene. **Das Geheimnis der Bäume.** Augsburg: Weltbild Verlag 1996

Harvey, Graham. Animism: **Respecting the Living World.** New York: Columbia University Press 2005

Hirsch, Siegrid und Felix Grünberger. **Die Kräuter in meinem Garten.** Linz: Freya Verlag 2010

Hoffmann, David. **Herbal Intelligence.** Rochester, Vermont: Healing Arts Press 2024

Höfler, Max. »**Volksmedizinische Botanik der Kelten**«, **in Archiv für Geschichte der Medizin,** Bd. V, 1911

ders. **Volksmedizinische Botanik der Germanen.** Berlin: VWB – Verlag für Wissenschaft und Bildung. Reihe Ethnomedizin und Bewußtseinsforschung. 1990

Klein, Diethard H. **Wetterregeln, Bauernweisheiten und alte Bräuche.** Augsburg: Weltbild Verlag 1998

Koechlin, Florianne (Hg). **Jenseits der Blattränder.** Basel: Lenos Verlag 2014

Lengyel, Lancelot. **Das geheime Wissen der Kelten.** Freiburg i. Br.: Hermann Bauer Verlag 1985

Le Roux, Francoise und Christian-J. Guyonvarc'h. **Die Druiden.** Engerda: Arun Verlag 1996

Madejsky, Margret und Olaf Rippe. **Heilmittel der Sonne.** München: Verlag Peter Erd 1997

Maier, Bernhard. **Kleines Lexikon der Namen und Wörter keltischen Ursprungs.** München: Verlag C. H. Beck 2003

Mannhardt, Wilhelm. **Wald- und Feldkulte.** Hildesheim/Zürich/New York: Georg Olms Verlag, 2002 (Nachdruck der Ausgabe Berlin 1875)

Markale, Jean. **Die Druiden.** München: Dianus-Trikont 1985

Marzell, Heinrich. **Wörterbuch der deutschen Pflanzennamen.** Bände I bis V. Leipzig/Stuttgart/Wiesbaden: Hirzel, 1937–1979.

ders. **Geschichte und Volkskunde der deutschen Heilpflanzen.** Stuttgart: Hippokrates Verlag, 1938. Nachdruck bei Reichel Verlag, St. Goar 2002

ders. »**Die deutschen Bäume in der Volkskunde**«, **in Mitteilung der Deutschen Dendrologischen Gesellschaft.** Nr. 35; 1925. Reprint, Bad Windsheim: Wurzelverlag (Hrsg. Erwin Bauereiß) (ohne Datum)

Meller, Harald und Kai Michel. **Das Rätsel der Schamanin.** Hamburg: Rowohlt Verlag 2022

Müller-Ebeling, Claudia, Christian Rätsch und Wolf-Dieter Storl. **Hexenmedizin: Die Wiederentdeckung einer verbotenen Heilkunst – schamanische Traditionen in Europa.** Aarau, Schweiz: AT-Verlag 2021

Neményi, Géza von. **Götter, Mythen, Jahresfeste.** Holdenstedt: Sigrid Kersken-Canbaz Verlag 2004

Perger, Ritter von. **Deutsche Pflanzensagen.** Stuttgart/Oehringen: Verlag v. August Schaber 1864

Pelikan, Wilhelm. **Heilpflanzenkunde, Bd. II.** Dornach: Philosophisch-Anthroposophischer Verlag, Goetheanum 1975

Pörksen, Gunhild. Paracelsus: **Vom eigenen Vermögen der Natur.** Frankfurt am Main: Fischer Taschenbuch 1988

Rätsch, Christian. **Enzyklopädie der psychoaktiven Pflanzen.** Aarau, Schweiz: AT-Verlag 2020

Rätsch, Christian und Claudia Müller-Ebeling. **Heidnische Weihnachten.** Aarau und München: AT-Verlag 2003

Riethe, Peter. **Hildegard von Bingen – Das Buch von den Pflanzen.** Salzburg: Otto Müller Verlag, 2007

Rosenbohm, Alexandra. **»Vom großen Raben und göttlichen Speichel: Der Fliegenpilz in Sibirien«,** in Wolfgang Bauer. Der Fliegenpilz. Roßdorf: Rauschkunde Verlag, 2024

Sjörensen, K. Magleby, in **Hjemmet,** Oslo. Heft 51, 1936

Schmidt, Holger Klaus. **Frau Holle, die Herrin der Disen.** Norderstedt: Verlag Twentysix 2017

Schönfelder, Ingrid und Peter. **Das neue Handbuch der Heilpflanzen.** Stuttgart: Kosmos 2004

Seligmann, Siegfried. **Die magischen Heil- und Schutzmittel aus der belebten Natur.** Berlin: Reimer 1996

Spitz, Jörg, Prof. Dr. und William B. Grant. **Krebszellen mögen keine Sonne: Vitamin D – der Schutzschild gegen Krebs, Diabetes und Herzerkrankungen.** Murnau am Staffelsee: Mankau-Verlag 2010

Storl, Christine und Ingo Storl. **Die Rezepte unseres Lebens – Das Kochbuch der Familie Storl.** München: Gräfe und Unzer 2023

Storl, Wolf-Dieter. **Meine Kräuter des Waldes.** München: Gräfe und Unzer 2023a

ders. **Der Weise vom Mont Aubert.** Aarau: AT-Verlag 2023b

ders. **Das Herz und seine heilenden Pflanzen.** Aarau: AT-Verlag 2022

ders. **Heilkräuter und Zauberpflanzen zwischen Haustür und Gartentor.** Aarau: AT-Verlag, 2021a

ders. **Ich bin ein Teil des Waldes.** Stuttgart: Nymphenburger 2021b

ders. **Pflanzen der Kelten.** Aarau: AT-Verlag 2020a

ders. **Unsere fünf heiligen Bäume.** München: Knaur 2020b

ders. **Wir sind Geschöpfe des Waldes.** München: Gräfe und Unzer 2019

ders. **Unkräuter in meinem Garten.** München: Gräfe und Unzer 2018a

ders. **Mit Pflanzen verbunden.** Stuttgart: Nymphenburger 2018b ders. **Ur-Medizin.** Aarau/München: AT-Verlag 2016

ders. **Die alte Göttin und ihre Pflanzen.** München: Kailash-Verlag 2014a

ders. **Pflanzendevas.** Aarau: AT-Verlag 2014b

ders. **Streifzüge am Rande Midgards.** Burgrain: KOHA-Verlag 2014c

ders. **Götterpflanze Bilsenkraut.** Solothurn: Nachtschattenverlag 2014d

ders. **Shiva, der wilde gütige Gott.** Burgrain: KOHA-Verlag 2012

Strassmann, Renato. **Baumheilkunde.** Linz: Freya Verlag 2015

Ström, Ake V. und Haralds Biezais. **Germanische und Baltische Religion.** Stuttgart/Berlin/Köln/Mainz: W. Kohlhammer 1975

A. Treichel. **Schriften der Naturforschenden Gesellschaft Danzig.** Danzig 1884

Treben, Maria. **Gesundheit aus der Apotheke Gottes.** Steyr: Ennsthaler Verlag 2002

dies. **Meine Heilpflanzen.** Steyr: Ennsthaler Verlag. 2008

Tylor, Edward B. **Primitive Culture.** London: John Murray 1871

Urbanovski, Claudia. **Der Garten der Druiden.** Berlin: Allegria/Ullstein 2008

Vána, Zdenek. **Mythologie und Götterwelt der slawischen Völker.** Stuttgart: Urachhaus 1992

Vardiman, E. E. **Die große Zeitwende.** München: Wilhelm Heyne 1981

vries, herman de. **»heilige bäume, bilsenkraut und bildzeitung«,** in Rituale des Heilens. (Franz-Theo Gottwald und Christian Rätsch, Hrsg.) Aarau: AT-Verlag 1993

Wagner, Gerhard. **Da kräht kein Hahn nach!** Daun: Regonalia Verlag 2023

Walker, Barbara G. **Das geheime Wissen der Frauen.** Engerda: Arun-Verlag, 2003

Wlislocki, Heinrich von. **Volksglaube und Volksbrauch der Siebenbürger Sachsen.** Berlin: Verlag von Emil Felber 1893

Wood, Matthew. **Die Weisheit der Pflanzen.** Aarau/München: AT-Verlag 2012

Young, Chester Raymond. **The Observance of Old Christmas in Southern Appalachia.** Ithica, NY: Appalachian University 1977

Zerling, Clemens. **Lexikon der Pflanzensymbolik.** Baden und München: AT-Verlag 2007

Über den Autor

Dr. phil. Wolf-Dieter Storl, geboren 1942, ist Kulturanthropologe und Ethnobotaniker. In Bern promovierte er zum Doktor der Ethnologie. Es folgten Lehraufträge an internationalen Universitäten, unter anderem in Wien und Oregon. Er unternahm zahlreiche Studienreisen, ethnografische und ethnobotanische Feldforschungen, die sein Denken prägten und ihm die Bräuche und Pflanzen anderer Kulturen näherbrachten. Außerdem veröffentlichte er zahlreiche Artikel und Bücher, darunter mehrere Bestseller.

Seit 1988 lebt er mit seiner Familie auf einem Einödhof im Allgäu, wo er sich dem Gärtnern widmet und den Geheimnissen der Heilkräuter und Wildpflanzen nachgeht.

Die unberührte Natur ist für Wolf-Dieter Storl seit jeher eine Quelle der Inspiration und hat seine Lebensphilosophie tief beeinflusst. Er sieht Pflanzen nicht nur in ihrer biologischen Funktion, sondern insbesondere in ihrer Wechselwirkung zum Menschen mit ihrer kulturellen, heilkundlichen und mythologischen Bedeutung.

GARTENLUST PUR.

ISBN 978-3-8338-7784-1

ISBN 978-3-8338-8777-2

ISBN 978-3-8338-6871-9

ISBN 978-3-8338-6669-2

Alle hier vorgestellten Bücher sind auch als eBook erhältlich.

ISBN 978-3-8338-6349-3

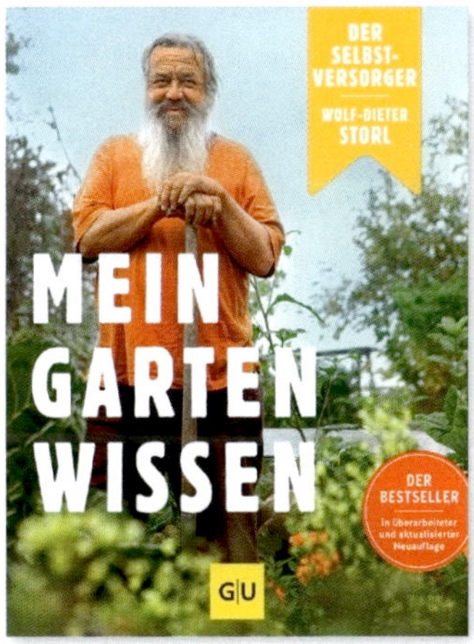

ISBN 978-3-8338-5894-9

Mehr von GU auf **gu.de** | **gu.verlag** | **gu.verlag**

QUALITÄTS G|U GARANTIE

LIEBE LESERINNEN UND LESER,

wir wollen Ihnen mit diesem Buch Informationen und Anregungen geben, um Ihnen das Leben zu erleichtern oder Sie zu inspirieren, Neues auszuprobieren. Wir achten bei der Erstellung unserer Bücher auf Aktualität und stellen höchste Ansprüche an Inhalt und Gestaltung. Alle Anleitungen und Rezepte werden von unseren Autoren, jeweils Experten auf ihren Gebieten, gewissenhaft erstellt und von unseren Redakteur*innen mit größter Sorgfalt ausgewählt und geprüft.

Haben wir Ihre Erwartungen erfüllt? Sind Sie mit diesem Buch und seinen Inhalten zufrieden? Wir freuen uns auf Ihre Rückmeldung. Und wir freuen uns, wenn Sie diesen Titel weiterempfehlen, in Ihrem Freundeskreis oder bei Ihrem Online-Kauf.

Sollten wir Ihre Erwartungen so gar nicht erfüllt haben, tauschen wir Ihnen Ihr Buch jederzeit gegen ein gleichwertiges zum gleichen oder ähnlichen Thema um.

KONTAKT ZUM LESERSERVICE

GRÄFE UND UNZER VERLAG
Grillparzerstraße 12
81675 München
www.gu.de

IMPRESSUM

GU ist eine eingetragene Marke der GRÄFE UND UNZER VERLAG GmbH, www.gu.de

ISBN 978-3-8338-9499-2
5. Auflage 2025

Projektleitung: Julia Herko
Lektorat: Dorothea Steinbacher
Bildredaktion: Dorothea Steinbacher, Natascha Klebl
Korrektorat: Annette Baldszuhn
Umschlaggestaltung und Layout: ki 36 Editorial Design, Petra Schmidt, Bettina Stickel
Herstellung: Petra Roth
Satz: Ludger Vorfeld
Reproduktion: Longo AG, Bozen
Druck und Bindung: Firmengruppe APPL, aprinta druck, Wemding

UMWELTHINWEIS:

Nachhaltigkeit ist uns sehr wichtig. Der Rohstoff Papier ist in der Buchproduktion hierfür von entscheidender Bedeutung. Daher ist dieses Buch auf PEFC-zertifiziertem Papier gedruckt. PEFC garantiert, dass ökologische, soziale und ökonomische Aspekte in der Verarbeitungskette unabhängig überwacht werden und lückenlos nachvollziehbar sind.

BILDNACHWEIS:

Cover: Stocksy/Hakan & Sophie. Porträt: Bernhard Haselbeck.

Fotos: AdobeStock: 47, 50, 54, 58, 63, 65, 66, 69, 92, 93, 101, 151, 152, 183, 186, 194; Alamy: 11, 14, 20, 28, 30, 33, 35, 39, 87, 88, 91, 95, 96, 100, 105, 107, 108, 111, 115, 119, 120, 128, 132, 137, 138, 142, 155, 156, 164, 167, 169, 173, 180, 197, 198; Bernhard Haselbeck: 5, 7, 8, 16-17, 18, 44, 48, 74, 80, 102, 122, 144, 148, 174, 176, 202, 205, 206-207, 222; Dorothea Steinbacher/Archiv: 43, 84, 99, 163; GAP Photos/Robert Mabic: 61; Gartenbildagentur Friedrich Strauss/Linnhoff, Angelica: 201, /Staffler, Martin: 53, /Strauss, Friedrich: 83, /Wothe, Konrad: 70, 131; Getty Images: 171, 192; GU/Marina Jerkovic: 159; Flora Press/Buiten-Beeld/Michel Geven: 56, /Daniela Kunze: 189; Lisa Storl: 72-73, 79, 134, 140, 141, 146, 160; Shutterstock: 13, 23, 26; Wikicommons: 116, 127, 191, /Dosseman Rogier van der Weyden: 40, /Harry Rose: 179; Wikimedia: 112; Wikipedia: 184, /Martin, W.A.Parsons: 10, / Moritz von Schwind: 125.

Bildagentur Image Professionals GmbH, Tumblingerstr. 32, 80337 München
www.imageprofessionals.com

WICHTIGER HINWEIS

Die Gedanken, Methoden und Anregungen in diesem Buch stellen die Meinung bzw. Erfahrung des Verfassers dar. Sie wurden vom Autor nach bestem Wissen erstellt und mit größtmöglicher Sorgfalt geprüft. Sie bieten jedoch keinen Ersatz für persönlichen kompetenten medizinischen Rat. Jede Leserin, jeder Leser ist für das eigene Tun und Lassen auch weiterhin selbst verantwortlich. Weder Autor noch Verlag können für eventuelle Nachteile oder Schäden, die aus den im Buch gegebenen praktischen Hinweisen resultieren, eine Haftung übernehmen.